用Excel學Python資料分析

推薦序

有幸收到張俊紅的做序邀請，我非常高興。

從 PC 時代到行動網路時代一路走來，每個人都感受到了資料爆炸性的增長，以及其中蘊含的巨大價值。

從 PC 時代開始，我們用鍵盤、掃描器等設備使資訊資料化。在行動網路時代，手機透過攝影機、GPS、陀螺儀等各種感測器將我們的位置、行動軌跡、行為偏好，甚至情緒等資訊資料化。截至 2000 年，全人類儲存了大約 12EB 的資料，要知道 1PB=1024TB，而 1EB=1024PB。但是到了 2011 年，一年所產生的資料就高達 1.82ZB（注：1ZB=1024EB），資料已經變成了一種人造的「新能源」。

在商業領域，從資訊到商品，從商品到服務，越來越多我們熟悉的事物被標準的資料所度量。無論是線上廣告的精準行銷，還是電子商務的個性化推薦，又或者是網路金融的人臉識別，網路的每一次效率提升都依賴於對傳統資訊、物品，甚至人的資料化。

在使用資料進行效率變革及商業化的道路上，Excel 和 Python 扮演了關鍵的角色，它們協助資料分析師高效地從海量資料中發現問題，驗證假設，搭建模型，預測未來。

作為一本資料分析的專業書籍，作者從資料取得、清洗、抽取，以及資料視覺化等多個角度介紹了日常工作中資料分析的標準路徑。藉由同時呈現 Excel 與 Python 在資料處理過程中的操作步驟，詳細說明了 Excel 與 Python 間的差異，以及用 Python 進行資料分析的方法。

雖與作者素未謀面，但是對於 Python 在處理海量資料和建模上的高效性與便捷性，以及 Python 在機器學習中的重要性，我們的觀點是一致的。同時我們也相信對於資料分析從業者來說，掌握一種用於資料處理的程式設計語言是非常必要的，而從 Excel 到 Python 的學習方法則是一條學好資料分析的「捷徑」。

王彥平

（網名「藍鯨」，電子書《從 Excel 到 Python——資料分析進階指南》、
《從 Excel 到 R——資料分析進階指南》、
《從 Excel 到 SQL——資料分析進階指南》的作者）

作者序

為什麼要寫這本書

本書既是一本資料分析的書，也是一本 Excel 資料分析的書，同時還是一本 Python 資料分析的書。在網路上，無論是搜尋資料分析，還是搜尋 Excel 資料分析，亦或是搜尋 Python 資料分析，都可以找到很多相關的圖書。既然已經有這麼多同類題材的書了，為什麼我還要寫呢？因為在我準備寫這本書時，還沒有一本把資料分析、Excel 資料分析、Python 資料分析這三者結合在一起的書。

為什麼我要把它們結合在一起寫呢？那是因為，我認為這三者是一個資料分析師必備的技能，而且這三者本身也是一個有機統一體。資料分析讓你知道怎麼分析以及分析什麼；Excel 和 Python 是你在分析過程中會用到的兩個工具。

為什麼要學習 Python

既然 Python 在資料分析領域是一個和 Excel 類似的資料分析工具，二者實現的功能都一樣，為什麼還要學 Python，把 Excel 學好不就行了嗎？我認為學習 Python 的主要原因有以下幾點。

1. 在處理大量資料時，Python 的效率高於 Excel

   當資料量很小時，Excel 和 Python 的處理速度基本上差不多，但是當資料量較大或使用的公式太過複雜時，Excel 就會變得很慢，這個時候怎麼辦呢？我們可以使用 Python，Python 對於海量資料的處理效果要明顯優於 Excel。用 Vlookup 函數做一個實驗，兩個大小均為 23MB 的表（6 萬行資料），在未作任何處理、不是使用太複雜的公式之前，於 Excel 直接在一個表中用 Vlookup 函數取得另一個表的資料需要 20 秒（我的電腦性能參數是 i7、8GB 記憶體、256GB 固態硬碟），配備稍微差點的電腦可能連打開這個表都很難。但是用 Python 完成上述過程只需要 580 毫秒，即 0.58 秒，是 Excel 效率的 34 倍。

2. Python 可以輕鬆實現自動化

   你可能會說 Excel 的 VBA 也可以自動化，但是 VBA 主要還是基於 Excel 內部的自動化，一些其他方面的自動化 VBA 就做不了。例如，要針對某個資料夾下面的檔案名稱進行批次修改，VBA 就不能實現，但是 Python 可以。

3. Python 可用來做演算法模型

   雖然你是做資料分析的，但是一些基礎的演算法模型還是有必要掌握的，Python 可以讓你在懂一些基礎的演算法原理的情況下就能搭建一些模型，比如你可以使用聚類演算法搭建一個模型去對使用者進行分類。

為什麼要對比 Excel 學習 Python

Python 雖然是一門程式設計語言，但是在資料分析領域實現的功能和 Excel 的基本功能一樣，而 Excel 又是大家比較熟悉、容易上手的軟體，所以可以透過 Excel 資料分析去對比學習 Python 資料分析。對於同一個功能，本書會告訴你在 Excel 中怎麼做，並說明對應到 Python 中是什麼樣的程式碼。例如數值替換即是把一個值替換成另一個值，對把「Excel」替換成「Python」這一要求，在 Excel 中可以透過滑鼠點選實現，如下圖所示。

在 Python 中則透過程式碼實現，如下所示。

```
df.replace("Excel","Python")   # 表示將表 df 中的 Excel 替換成 Python
```

本書將資料分析過程中涉及的每一個操作都按這種方式對照講解，讓你從熟悉的 Excel 操作中去學習對應的 Python 實現，而不是直接學習 Python，大大降低了學習門檻，消除大家對寫程式的恐懼心理。這是本書的一大特色，也是我為什麼要寫本書的最主要原因，就是希望幫助你擺脫對程式的恐懼感，讓你可以像學 Excel 資料分析一樣，輕鬆學習 Python 資料分析。

本書的學習建議

要想完全掌握一項技能，你必須系統學習它，知道它的前因後果。本書不是孤立地講 Excel 或者 Python 中的操作，而是圍繞整個資料分析的一般流程：熟悉工具—釐清目的—取得資料—熟悉資料—處理資料—分析資料—得出結論—驗證結論—展示結論，告訴你每一個過程都會用到什麼操作，這些操作用 Excel 和 Python 分別怎麼實現。這樣一本書既是系統學習資料分析流程操作的說明書，也是資料分析師案頭必備的實務操作工具書。

大家在讀第一遍的時候不用記住所有函數，你是記不住的，即使記住了，如果在工作中不用，那麼很快就會忘記。正確的學習方式應該是，先弄清楚一名資料分析師在日常工作中對工具都會有什麼需求（當然了，本書的順序是按照資料分析的常規分析流程來寫的），希望工具說明你達到什麼樣的目的，羅列好需求以後，再去研究工具的使用方法。比如，要刪除重複值，就要明確用 Excel 如何實現，用 Python 又該如何實現，兩種工具在實現方式上有什麼異同，這樣對比次數多了以後，在遇到問題時，你自然而然就能用最快的速度選出最適合的工具了。

資料分析一定是先有想法，然後再考慮如何用工具實現，而不是剛開始就陷入記憶工具的使用方法中。

本書架構

本書分為三篇。

入門篇：主要講資料分析的一些基礎知識，介紹資料分析是什麼、為什麼要做資料分析、資料分析究竟在分析什麼，以及資料分析的常規流程。

實踐篇：圍繞資料分析的整個流程，分別介紹每一個步驟中的操作、這些操作用 Excel 如何實現、用 Python 又如何實現。本篇內容主要包括：Python 環境配置、Python 基礎知識、資料來源的獲取、資料概覽、資料預處理、數值操作、資料運算、時間序列、資料分組、樞紐分析表、結果檔匯出、資料視覺化等。

進階篇：介紹幾個實戰案例，讓你體會一下在工作中如何使用 Python。具體來說，進階篇的內容主要包括，利用 Python 實現報表自動化、自動發送電子郵件，以及在不同業務場景中的案例分析。此外，還補充介紹了 NumPy 陣列的一些常用方法。

本書適合誰

本書主要適合以下族群：

- Excel 已經用得熟練，想學習 Python 來豐富自己技能的資料分析師。
- 剛入行對 Excel 和 Python 都不精通的資料分析師。
- 其他常用 Excel 卻想透過學習 Python 提高工作效率的人。

Python 雖然是一門程式設計語言，但是它並不難學，而且很容易上手，這也是 Python 深受廣大資料從業者喜愛的原因之一。因此大家在學習 Python 之前首先在心裡告訴自己一句話——Python 並沒有那麼難。

致謝

感謝我的父母，是他們給了我受教育的機會，才有了今天的我。

感謝我的讀者朋友們，如果不是他們，那麼我可能不會堅持撰寫技術文章，更不會有這本書。

感謝慧敏讓我意識到寫書的意義，從而創作本書，感謝為這本書忙碌的所有人。

感謝我的女朋友，在寫書的這段日子裡，我幾乎把所有的業餘時間全用在了寫作上，很少陪她，但她還是一直鼓勵我、支持我。

範例檔案下載

本書範例檔案可由以下連結下載：

http://books.gotop.com.tw/download/ACD019600

目錄

入門篇

>>> 實踐篇 >>>

13

菜品擺放－資料視覺化 208

進階篇

入門篇

藉由入門篇的說明，你會對資料分析有一個宏觀的認識，知道資料分析到底在分析什麼、為什麼要做資料分析，以及做了資料分析有什麼好處。

1 資料分析基礎

1.1 資料分析是什麼

資料分析是指利用合適的工具在統計學理論的支撐下，對資料進行一定程度的預處理，然後結合具體業務分析資料，幫助相關業務部門監控、定位、分析、解決問題，從而幫助企業高效決策，提高經營效率，發現業務機會點，讓企業獲得持續競爭的優勢。

1.2 為什麼要做資料分析

在做一件事情之前，首先得弄清楚為什麼要做，或者說做了這件事以後有什麼好處，這樣我們才能更好地堅持下去。

啤酒和尿布的問題大家應該都聽過，如果沒有資料分析，相信大家是怎麼也不會發現買尿布的人一般也會順便買啤酒。現在各大電商網站都會賣各種套餐，相關商品搭配銷售能大大提高客單價，增加收益，這些套餐的搭配都是基於歷史使用者購買資料得出來的。如果沒有資料分析，可能很難想到要把商品搭配銷售，或者不知道該怎麼搭配。

Google 曾經推出一款名為「Google 流感趨勢」的產品，這款產品能夠預測流感這種傳染疾病的發生時間。這款產品預測的原理就是，某一段時間內某些關鍵字的搜尋量會異常高，Google 藉由分析這些搜尋量高的關鍵字發現，這些關鍵字，比如咳嗽、頭痛、發燒都是一些感冒 / 流感症狀。當有許多人都搜尋這些關鍵字時，說明這次並非一般性感冒，極有可能是一場帶有傳染性的流感，這個時候就可以及時採取一些措施來防止流感的擴散。

雖然 Google 流感趨勢預測最終以失敗告終，但是這個產品的概念是值得借鑒的。感興趣的讀者可以上網查一下它的始末。

資料分析可以把隱藏在大量資料背後的資訊提煉出來，總結出資料的內在規律，代替了以前那種拍腦袋、靠經驗做決策的做法，因此越來越多的企業重視資料分析。具體來說，資料分析在企業日常經營分析中有三大作用，即現狀分析、原因分析、預測分析。

1.2.1 現狀分析

現狀分析可以告訴你過去發生了什麼，具體表現在兩個方面。

第一，告訴你現階段的整體運營情況，透過各個關鍵指標的表現情況來衡量企業的運營狀況，掌握企業目前的發展趨勢。

第二，告訴你企業各項業務的構成，通常公司的業務並不是單一的，而是由很多分支業務構成的，透過現狀分析可以讓你瞭解企業各項分支業務的發展及變動情況，對企業運營狀況有更深入的瞭解。

現狀分析一般透過日常報表來實現，如日報、週報、月報等形式。

例如，電商網站日報中的現狀分析會包括訂單數、新增使用者數、活躍率、留存率等指標同比、環比上漲 / 下跌了多少。如果將公司的業務劃分為華北、東北、華中、華東、華南、西南、西北幾個區域，那麼透過現狀分析，你可以很清楚地知道哪些區域做得比較好，哪些區域做得比較差。

1.2.2 原因分析

原因分析可以告訴你某一現狀為什麼會存在。

經過現狀分析，我們對企業的運營情況有了基本瞭解，知道哪些指標呈上升趨勢，哪些指標呈下降趨勢，或者是哪些業務做得好，哪些做得不好。但是我們還不知道那些做得好的業務為什麼會做得好，做得差的業務的原因又是什麼？找原因的過程就是原因分析。

原因分析一般通過專題分析來完成，根據企業運營情況選擇針對某一現狀進行原因分析。

例如，在某一天的電商網站日報中，某件商品銷量突然大增，那麼就需要針對這件銷量突然增加的商品做專題分析，看看是什麼原因促成了商品銷量大增。

1.2.3 預測分析

預測分析會告訴你未來可能發生什麼。

在瞭解企業經營狀況以後，有時還需要對企業未來發展趨勢做出預測，為制訂企業經營目標及策略提供有效的參考與決策依據，以保證企業可持續健康地發展。

預測分析一般是透過專題分析來完成的，通常在制訂企業季度、年度計畫時進行。

例如，透過上述的原因分析，我們就可以有針對性地實施一些策略。比如透過原因分析，我們得知在颱風來臨之際麵包的銷量會大增，那麼在下次颱風來臨之前就應該多準備一些麵包，同時為了獲得更多的銷量做一系列準備。

1.3 資料分析究竟在分析什麼

資料分析的重點在分析，而不在工具，那麼我們究竟該分析什麼呢？

1.3.1 總體概覽指標

總體概覽指標又稱統計絕對數，是反映某一資料指標的整體規模大小、總量多少的指標。

例如，當日銷售額為 60 萬元、當日訂單量為 2 萬、購買人數是 1.5 萬人，這些都是概覽指標，用來反映某個時段內某項業務的某些指標的絕對量。

我們把經常關注的總體概覽指標稱為關鍵性指標，這些指標的數值將會直接決定公司的盈利情況。

1.3.2 對比性指標

對比性指標是說明現象之間數量對比關係的指標，常見的就是**同比**、**環比**、**差**這幾個指標。

同比是指相鄰時段內某一共同時間點上指標的對比；環比就是相鄰時段內指標的對比；差就是兩個時段內的指標直接做差，差的絕對值就是兩個時段內指標的變化量。

例如，2018 年和 2017 年是相鄰時段，那麼 2018 年的第 26 週和 2017 年的第 26 週之間的對比就是同比，而 2018 年的第 26 週和第 25 週的對比就是環比。

1.3.3 集中趨勢指標

集中趨勢指標是用來反映某一現象在一定時段內所達到的一般水準，通常用平均指標來表示。平均指標分為數值平均和位置平均。例如，某地的平均工資就是一個集中趨勢指標。

數值平均是統計數列中所有數值平均的結果，有普通平均數和加權平均數兩種。普通平均的所有數值的權重都是 1，而加權平均中不同數值的權重是不一樣的，在算平均值時不同數值要乘以不同的權重。

假如你要算一年中每月的月平均銷量，這個時候一般就用數值平均，直接把 12 個月的銷量相加除以 12 即可。

假如你要算一個人的平均信用得分情況，由於影響信用得分的因素有多個，而且不同因素的權重占比是不一樣的，這個時候就需要使用加權平均。

位置平均是基於某個特殊位置上的數或者普遍出現的數，即用出現次數最多的數值來作為這一系列數值的整體一般水準。基於位置的指標最常用的就是中位數，基於出現次數最多的指標就是眾數。

眾數是一系列數值中出現次數最多的數值，是總體中最普遍的值，因此可以用來代表一般水準。如果資料可以分為多組，則為每組找出一個眾數。注意，眾數只有在總體內單位足夠多時才有意義。

中位數是將一系列值中的每一個值按照從小到大順序排列，處於中間位置的數值就是中位數。因為處於中間位置，有一半變數值大於該值，一半小於該值，所以可以用這樣的中等水準來表示整體的一般水準。

1.3.4 離散程度指標

離散程度指標是用來表示總體分佈的離散（波動）情況的指標，如果這個指標較大，則說明資料波動比較大，反之則說明資料相對比較穩定。

全距（又稱極差）、變異數、標準差等幾個指標用於衡量數值的離散情況。

由於平均數讓我們確定一批資料的中心，但是無法知道資料的變動情況，因此引入全距。全距的計算方法是用資料集中最大數（上界）減去資料集中最小數（下界）。

全距存在的問題主要有兩方面：

- 問題 1，容易受異常值影響。
- 問題 2，全距只表示了資料的寬度，沒有描述清楚資料上下界之間的分佈形態。

對於問題 1，我們引入四分位數的概念。四分位數將一些數值從小到大排列，然後一分為四，最小的四分位數為下四分位數，最大的四分位數為上四分位數，中間的四分位數為中位數。

對於問題 2，我們引入了變異數和標準差兩個概念來衡量資料的分散性。

變異數是每個數值與均值距離的平方的平均值，變異數越小，說明各數值與均值之間的差距越小，數值越穩定。

標準差是變異數的平方根，表示數值與均值距離的平均值。

1.3.5 相關性指標

上面提到的幾個維度是對資料整體的情況進行描述，但是我們有的時候想看一下資料整體內的變數之間存在什麼關係，一個變化時會引起另一個怎麼變化，我們把用來反映這種關係的指標叫做相關係數，相關係數常用 r 來表示。

$$r(X,Y)=\frac{\mathrm{Cov}(X,Y)}{\sqrt{\mathrm{Var}[X]\mathrm{Var}[Y]}}$$

其中，$\mathrm{Cov}(X,Y)$ 為 X 與 Y 的共變異數，$\mathrm{Var}[X]$ 為 X 的變異數，$\mathrm{Var}[Y]$ 為 Y 的變異數。

關於相關係數需要注意以下幾點：

- 相關係數 r 的範圍為 [-1, 1]。
- r 的絕對值越大，表示相關性越強。
- r 的正負代表相關性的方向，正代表正相關，負代表負相關。

1.3.6 相關關係與因果關係

相關關係不等於因果關係，相關關係只能說明兩件事情有關聯，而因果關係是說明一件事情導致了另一件事情的發生，不要把這兩種關係混淆使用。

例如，啤酒和尿布是具有相關關係的，但是不具有因果關係；而流感疾病和關鍵字搜尋量上漲是具有因果關係的。

在實際業務中會遇到很多相關關係，但是具有相關關係的兩者不一定有因果關係，一定要注意區分。

1.4 資料分析的常規流程

我們再來回顧一下資料分析的概念，資料分析是借助合適的工具去幫助公司發現資料背後隱藏的資訊，對這些隱藏的資訊進行挖掘，從而促進業務發展。基於此，可以將資料分析分為以下幾個步驟：

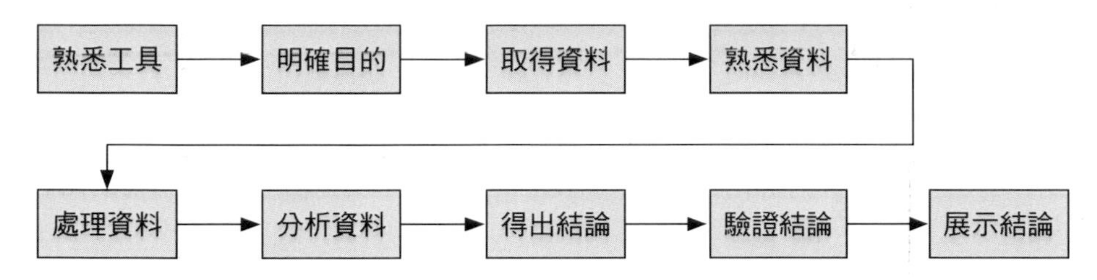

1.4.1 熟悉工具

資料分析是利用合適的工具和合適的理論挖掘隱藏在資料背後的資訊，因此資料分析的第一步就是要熟悉工具。工欲善其事，必先利其器，只有熟練使用工具，才能更有效率地處理資料、分析資料。

1.4.2 明確目的

做任何事情都要目的明確，資料分析也一樣，首先要明確資料分析的目的，即希望透過資料分析得出什麼。例如，希望透過資料分析發現流失的使用者都有哪些特徵，希望透過資料分析找到銷量上漲的原因。

1.4.3 取得資料

目的明確後我們就要取得資料，在取得資料之前還需要確定以下幾點：

- 需要什麼指標？
- 需要什麼時段的資料？
- 這些資料都存在哪個資料庫或哪個表中？
- 如何提取，是自己寫 SQL 還是可以直接從 ERP 系統中下載？

1.4.4 熟悉資料

拿到資料以後，我們要先熟悉資料。熟悉資料就是看一下有多少資料、這些資料是類別型還是數值型的、每個指標大概有哪些值，以及這些資料能不能滿足我們的需求，如果不夠，那麼還需要哪些資料。

取得資料和熟悉資料是一個雙向的過程，當你熟悉完資料以後發現當前資料維度不夠，那就需要重新取得；當你取得到新的資料以後，需要再去熟悉，所以取得資料和熟悉資料會貫穿在整個資料分析過程中。

1.4.5 處理資料

取得的資料是原始資料，這些資料中一般會有一些特殊資料，我們需要對這些資料進行前置處理，常見的特殊資料主要有以下幾種：

- 異常資料。
- 重複資料。
- 缺失資料。
- 測試資料。

重複資料、測試資料一般都是直接刪除。

缺失資料的部分，如果缺失比例高於 30%，那麼我們會選擇放棄這個指標，即做刪除處理。而對於缺失比例低於 30% 的指標，我們一般進行填充處理，即使用 0、均值或眾數等進行填充。

對於異常資料，需要結合具體業務進行處理。如果你是一個電商平台的資料分析師，你想要找出平台上的刷單商戶，那麼異常值就是你要重點研究的目標了；假如你要分析用戶的年齡，那麼一些大於 100 或者是小於 0 的資料，就要刪除。

1.4.6 分析資料

分析資料主要圍繞上節介紹的資料分析指標展開。在分析過程中經常採用的方法之一就是下鑽法，例如當我們發現某一天的銷量突然上漲 / 下滑時，我們會去看是哪個地區的銷量上漲 / 下滑，進而再看哪個品類、哪個產品的銷量出現上漲 / 下滑，層層下鑽，最後找到問題產生的真正原因。

1.4.7 得出結論

透過分析資料，我們就可以得出結論。

1.4.8 驗證結論

有的時候，即使是透過資料分析出來的結論也不一定成立，所以我們要把資料分析和實際業務相聯繫，以驗證結論是否正確。

例如，做新媒體資料分析，你透過分析發現情感類文章的點讚數、轉發量更高，這只是你的分析結論，但是這個結論正確嗎？你可以再寫幾篇情感類文章驗證一下。

1.4.9 展示結論

我們在分析出結論、且結論得到驗證後，就可以把這個結論分享給相關人員，例如主管或者業務人員。這個時候就需要考慮如何展示結論，以什麼樣的形式展現，這就要用到資料視覺化了。

1.5 資料分析工具：Excel 與 Python

資料分析都是圍繞常規資料分析流程進行的，在這個流程中，我們需要選擇合適的工具對資料進行操作。

例如，匯入外部資料。如果用 Excel 實現，那麼直接按一下功能表列中的資料頁籤（如下圖所示），然後根據外部資料的格式選擇不同格式的資料選項即可實現。

如果用 Python，那麼需要編寫如下程式進行資料匯入，你必須根據檔案的格式選擇不同的程式碼來匯入不同格式的檔案。

```
# 匯入 .csv
data = pd.read_csv(filepath + "test.csv",encoding="big5")

# 匯入 .xlsx
data = pd.read_excel(filepath + "test.xlsx",encoding="big5")

# 匯入 .txt
data = pd.read_table(filepath + "test.txt",encoding="big5")

# 匯入資料庫
data = pd.read_sql("select * from test", con)
```

透過這個簡單的例子我們可以看到，同一個操作可以使用不同的工具實現，不同工具的實現方式是不一樣的，Excel 是透過滑鼠點選的方式來運算元據，而 Python 需要透過具體的程式碼來運算元據。雖然兩者的操作方式不同，但都可以達到匯入外部資料的目的。Python 在資料分析領域只不過是和 Excel 類似的一個資料分析工具而已。

本書的編寫都是按照這種方式進行的，針對資料分析中的每一個操作，分別用 Excel 和 Pyhon 進行。

實踐篇

實踐篇是本書的重點，主要圍繞資料分析的各個流程展開，介紹每一個流程中都會有什麼操作，這些操作用 Excel 如何實現，用 Python 又該如何實現。

資料分析的整個流程其實和炒菜做飯的原理一樣，都是將一堆原材料整理分配成不同的成品：首先要瞭解鍋（Python 基礎知識）；然後要買米、菜等原材料（取得資料來源）；菜買回來了，需要淘米洗菜（資料預處理）；菜品洗好後是放在一起的，這個時候你要做什麼菜，就把什麼菜挑出來（資料篩選）；菜挑出來以後就可以進行切配了（數值操作）；菜切好了，就可以下鍋烹調（資料運算）；不同菜品需要烹調的時間不同，你需要有一個炒菜計時器（時間序列）；菜全部做好了，冷盤和熱菜不能放一起，必須要分開放（資料分組）；除了常規菜，還可以做一個水果拼盤（多表拼接）；所有的都做好了，就可以端上桌了（結果匯出）。

菜全部做好後，第一件事情是什麼？就是拍照上傳。拍照時要先將菜品擺盤，然後開啟相機的美顏、濾鏡拍照，拍完後將照片上傳和朋友分享，這一過程就是資料視覺化的過程。

熟悉鍋－Python 基礎知識

2.1 Python 是什麼

Python 是一門程式設計語言，擁有豐富而強大的函式庫。Python 常被譴稱為膠水語言，因為它能夠把用其他語言製作的各種模組（尤其是 C/C++）很輕鬆地連在一起。

Python 的語法簡單、容易上手，有很多現成的函式庫可以供你直接呼叫，可以滿足你在不同領域的需求。Python 在資料分析、機器學習及人工智慧等領域，受到越來越多程式設計師的歡迎，也正因為如此，在 2018 年 7 月的程式設計語言排行榜中，Python 超過 Java 成為第一名，如下圖所示。

Worldwide, Jul 2018 compared to a year ago:

Rank	Change	Language	Share	Trend
1	↑	Python	23.59 %	+5.5 %
2	↓	Java	22.4 %	-0.5 %
3	↑↑	Javascript	8.49 %	+0.2 %
4	↓	PHP	7.93 %	-1.5 %
5	↓	C#	7.84 %	-0.5 %
6		C/C++	6.28 %	-0.8 %
7	↑	R	4.18 %	+0.0 %
8	↓	Objective-C	3.4 %	-1.0 %
9		Swift	2.65 %	-0.9 %
10		Matlab	2.25 %	-0.3 %

2.2 Python 的下載與安裝

2.2.1 安裝教程

本書沒有選擇下載官方 Python 版本，而是下載了 Python 的一個開源版本 Anaconda。之所以選擇 Anaconda，是因為它對剛開始學 Python 的人實在是太友善了。眾所周知，Python 有很多現成的函式庫可以供你直接呼叫，但是在呼叫之前要先進行安裝。如果下載 Python 官方版本，則需要手動安裝自己需要使用的函式庫，而 Anaconda 已有內建一些常用的 Python 函式庫，不需要自己再安裝。現在就來看一下 Anaconda 的實際安裝流程。

STEP 1 查看電腦的系統類型是 32 位元還是 64 位元作業系統，如下圖所示，選擇的是 64 位元作業系統。

STEP 2 進入官網（https://www.anaconda.com），按一下右上角的 Download 按鈕，如下圖所示。

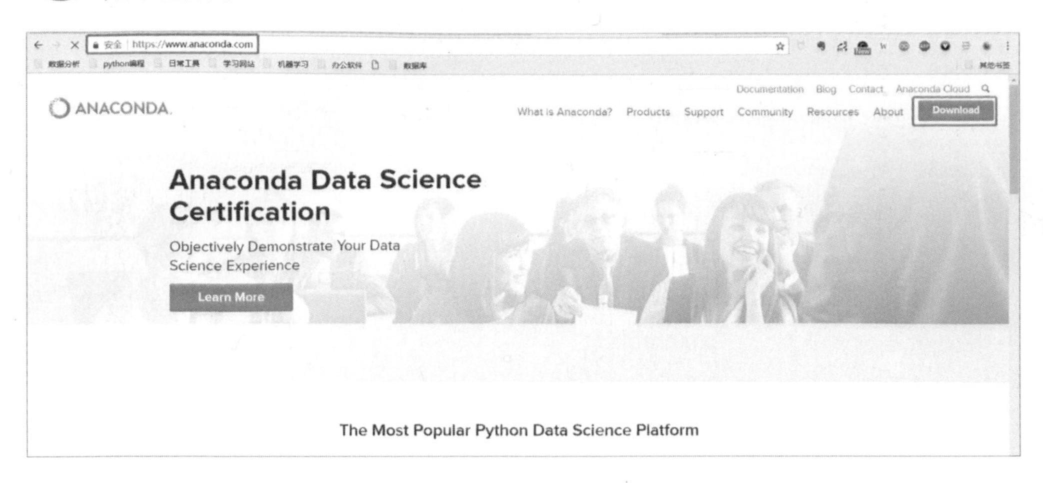

STEP 3 根據電腦系統類型（Windows/macOS/Linux）選擇對應的軟體類型，如下圖所示。

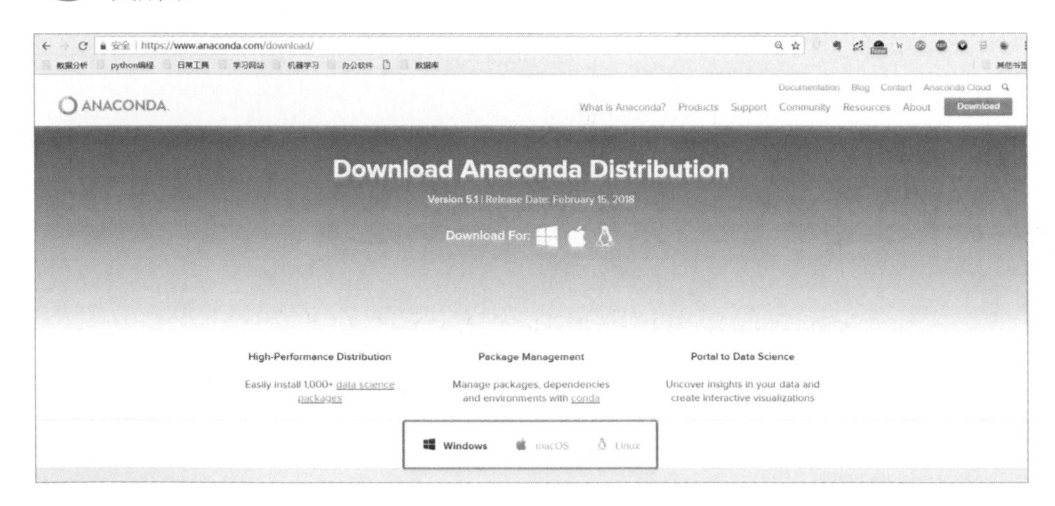

STEP 4 選擇 Python 版本。因為在 2020 年之後官方就不再支援 Python 2 了，所以建議大家選擇 Python 3，本書的程式碼也是基於 Python 3 的，然後根據電腦的作業系統（32Bit/64Bit）選擇對應版本，如下圖所示。

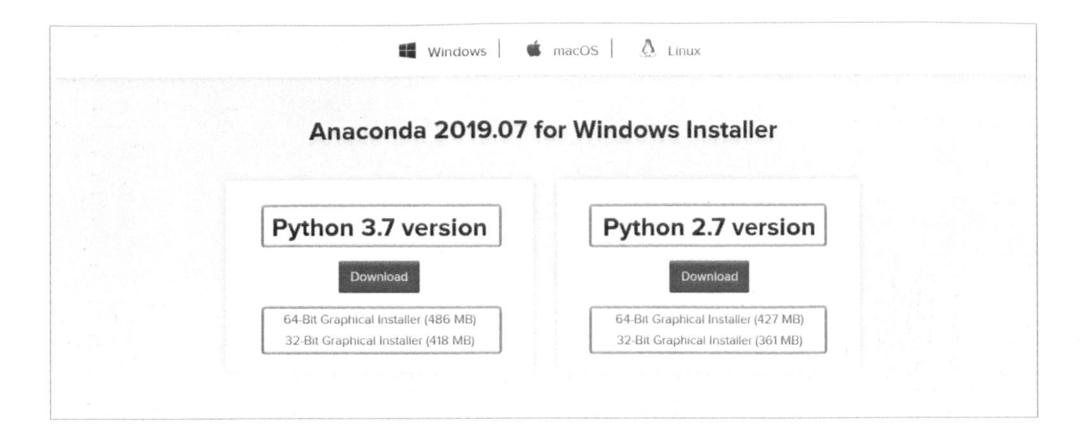

STEP 5 下載後儲存到電腦裡，如下圖所示。

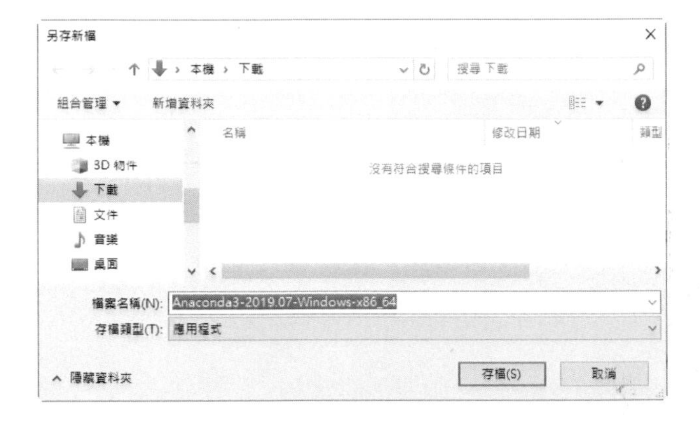

STEP 6 按兩下開啟安裝檔並進行安裝，如下圖所示，依次按一下相應按鈕。

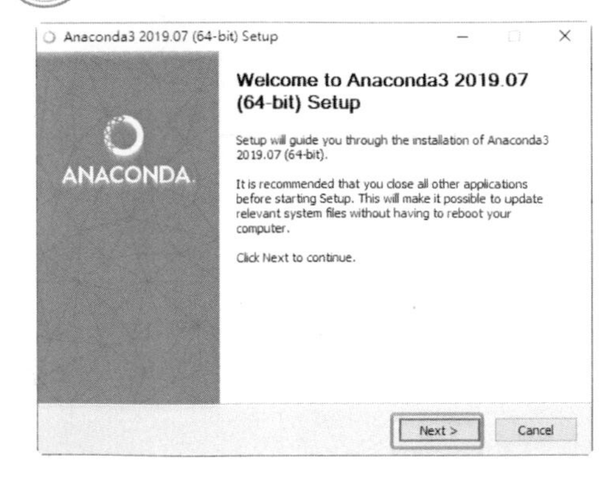

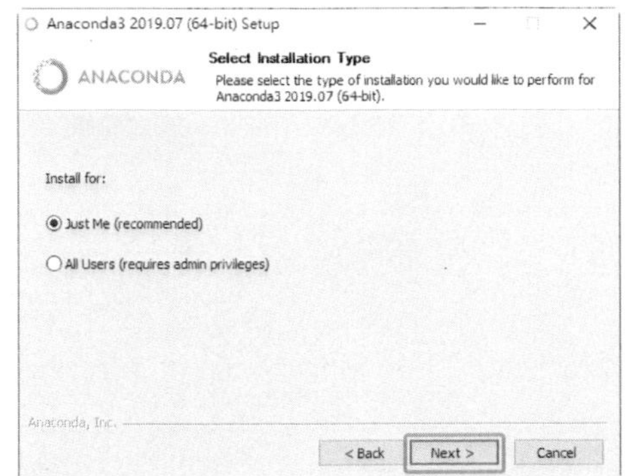

安裝路徑選擇預設路徑即可，不需要添加環境變數，然後按一下 Next 按鈕，並在彈出的對話方塊中勾選相應選項即可。

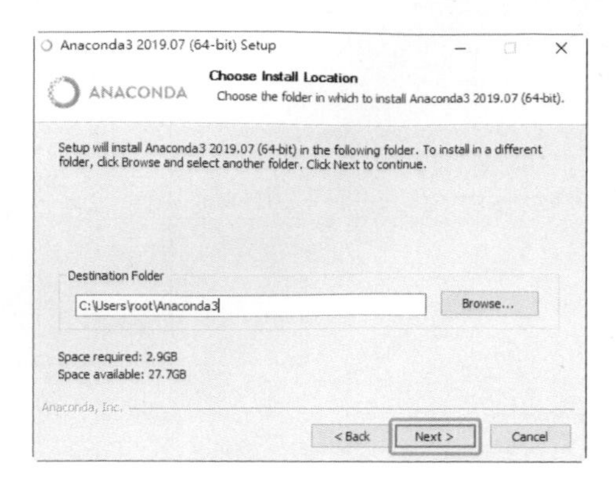

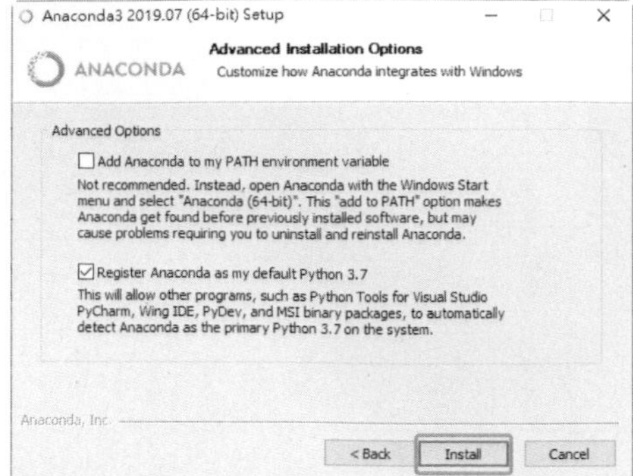

等待下載完成後，繼續按一下 Next 按鈕，如下圖所示。

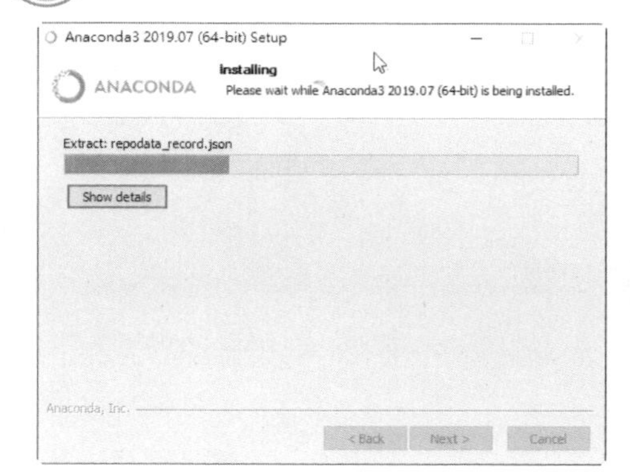

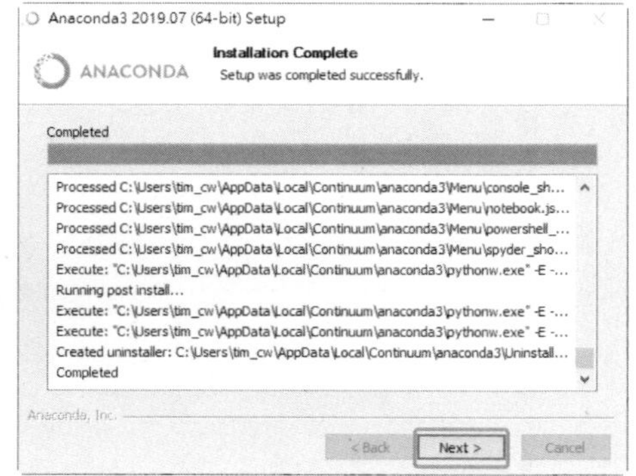

點選 Finish 完成安裝。

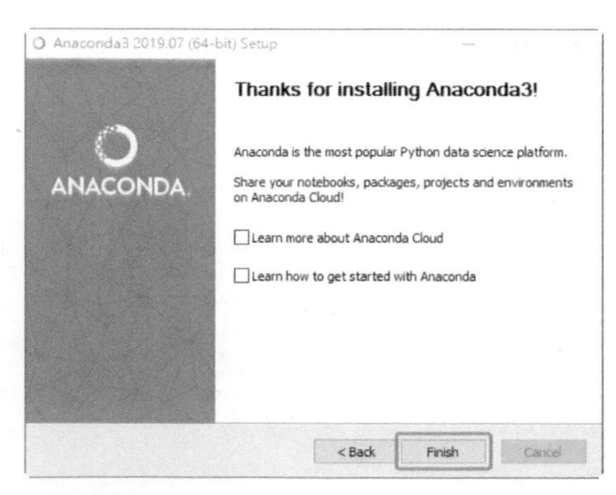

STEP 10 完成上述操作後，即可在電腦開始介面看到如右圖所示的幾個新添加的程式，這就表示 Python 已安裝完成。按一下 Jupyter Notebook 開啟，會彈出一個黑框（如下圖所示），按 Enter 鍵後會讓你選擇用哪個瀏覽器開啟，建議選擇 Chrome 瀏覽器。

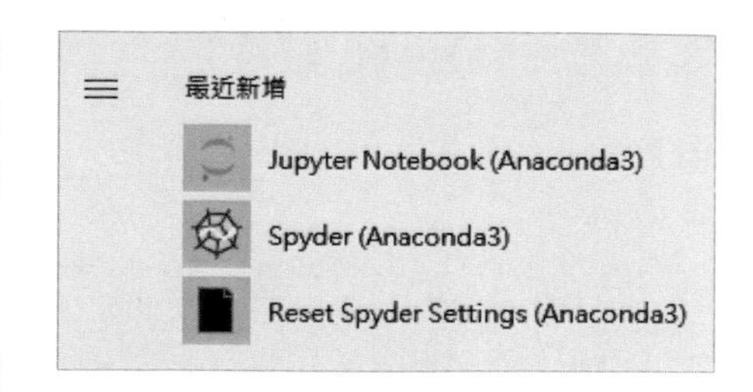


```
Jupyter Notebook (Anaconda3)
[I 10:58:05.420 NotebookApp] Writing notebook server cookie secret to C:\Users\root\AppData\Roaming\jupyter\runtime\note
book_cookie_secret
[I 10:58:06.716 NotebookApp] JupyterLab extension loaded from C:\Users\root\Anaconda3\lib\site-packages\jupyterlab
[I 10:58:06.716 NotebookApp] JupyterLab application directory is C:\Users\root\Anaconda3\share\jupyter\lab
[I 10:58:06.731 NotebookApp] Serving notebooks from local directory: C:\Users\root
[I 10:58:06.731 NotebookApp] The Jupyter Notebook is running at:
[I 10:58:06.731 NotebookApp] http://localhost:8888/?token=e4cc3941e7f7965147e3af64e2cc73b10c12c2b82106a633
[I 10:58:06.731 NotebookApp]  or http://127.0.0.1:8888/?token=e4cc3941e7f7965147e3af64e2cc73b10c12c2b82106a633
[I 10:58:06.731 NotebookApp] Use Control-C to stop this server and shut down all kernels (twice to skip confirmation).
[C 10:58:06.856 NotebookApp]

    To access the notebook, open this file in a browser:
        file:///C:/Users/root/AppData/Roaming/jupyter/runtime/nbserver-6972-open.html
    Or copy and paste one of these URLs:
        http://localhost:8888/?token=e4cc3941e7f7965147e3af64e2cc73b10c12c2b82106a633
     or http://127.0.0.1:8888/?token=e4cc3941e7f7965147e3af64e2cc73b10c12c2b82106a633
[E 10:58:10.857 NotebookApp] Could not open static file ''
[W 10:58:11.528 NotebookApp] 404 GET /static/components/react/react-dom.production.min.js (::1) 46.48ms referer=http://l
ocalhost:8888/tree?token=e4cc3941e7f7965147e3af64e2cc73b10c12c2b82106a633
```

STEP 11 當你看到如下圖所示介面時，表示環境已經配置好了。

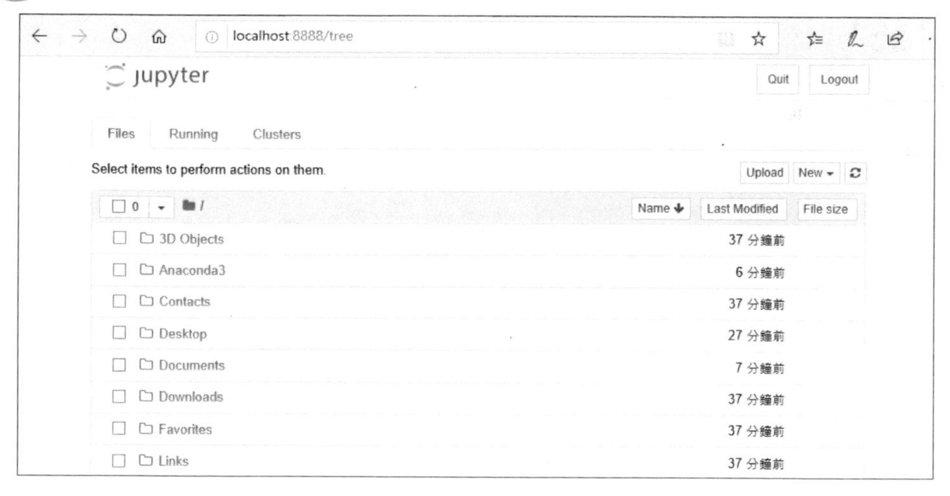

2.2.2 IDE 與 IDLE

程式編寫的步驟如下圖所示。

在程式執行過程中，首先需要一個編輯器來編寫程式碼。編寫完程式碼以後，需要透過編譯器將程式碼進行編譯，讓電腦執行。程式碼在執行過程中難免會出現一些錯誤，這個時候就需要用除錯器對程式碼進行除錯。

IDE 是英文單詞 Integrated Development Environment 的縮寫，表示整合式開發環境。整合式開發環境是用於提供程式開發環境的應用程式，該程式一般包括程式碼編輯器、編譯器、除錯器和圖形化使用者介面等工具。IDE 包含了程式編寫過程中要用到的所有工具，所以通常在編寫程式時都會選擇用 IDE。

現在在資料分析領域中，大家用得比較多的還是 Jupyter Notebook，本書使用的也是它。

2.3 介紹 Jupyter Notebook

2.3.1 新增 Jupyter Notebook 文件

在電腦搜尋框中輸入 Jupyter Notebook（不區分大小寫），然後按一下開啟，如右圖所示。

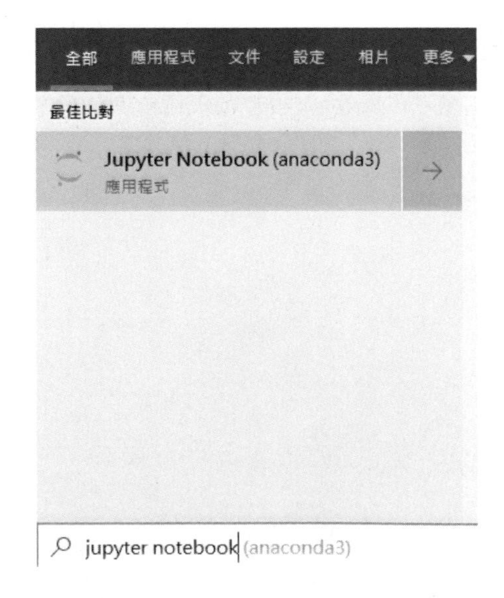

開啟 Jupyter Notebook 後按一下右上角的 New 按鈕，在下拉清單中選擇 Python 3 選項來建立一個 Python 檔，也可以選擇 Text File 選項來建立一個 .txt 格式的檔案，如下圖所示。

當你看到下面這個介面時，就表示已經新增了一個 Jupyer Notebook 檔。

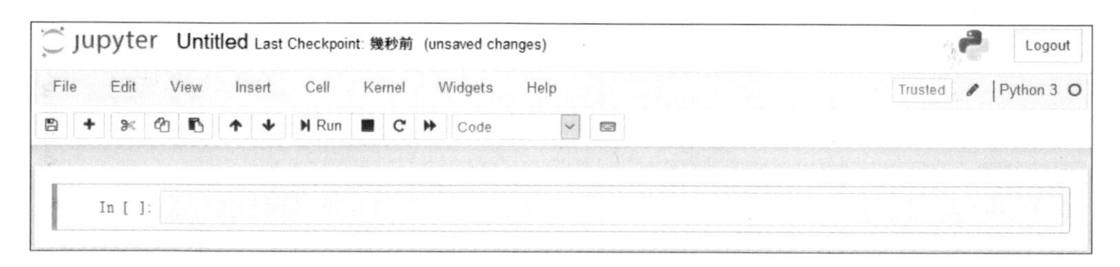

2.3.2 執行你的第一支程式

如下圖所示，在程式碼框中輸入一段程式碼 print("hello world")，然後按一下 Run 按鈕，或者按 Ctrl+Enter 複合鍵，就會輸出 hello world，這就表示你的第一段程式碼執行成功了。當你想換一個程式碼框輸入程式碼時，你可以按一下左上角的 + 按鈕來新增程式碼框。

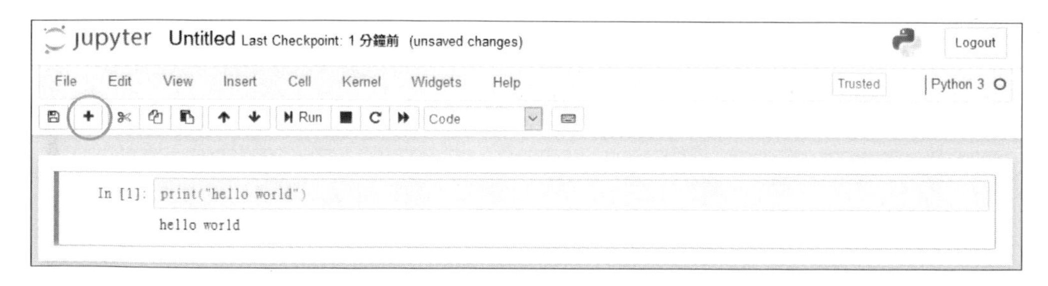

2.3.3 重命名 Jupyter Notebook 檔

當新增一個 Jupyter Notebook 檔時，檔名預設為 Untitled（類似 Excel 中的工作簿），你可以按一下 File>Rename 對該檔進行重命名，如下圖所示。

2.3.4 儲存 Jupyter Notebook 檔

程式碼寫好了，檔名也確定了，這個時候就可以存檔了。存檔的方法有兩種。

方法一，按一下 File>Save and Checkpoint 選項存檔，但是這種方法會將檔案存放到預設路徑下，且檔案格式預設為 ipynb。ipynb 是 Jupyter Notebook 的專屬檔案格式。

方法二，選擇 File>Download as 選項存檔，它相當於 Excel 中的"另存新檔"，你可以自己選擇儲存路徑及儲存格式，如右圖所示。

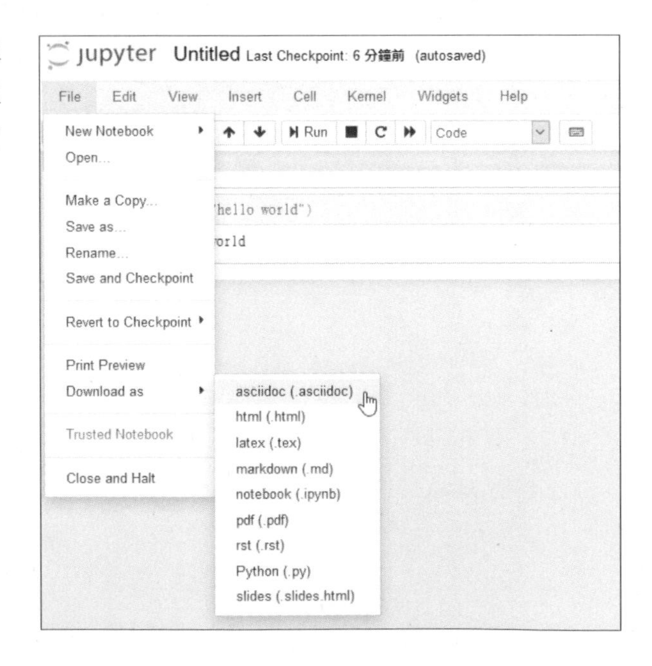

2.3.5 匯入 Jupyter Notebook 檔

當收到 ipynb 檔時，如何在電腦上開啟該檔案呢？你可以按 Upload 按鈕，找到檔案所在位置，將檔案載入到電腦的 Jupyter Notebook 中，如下圖所示。

這個功能類似 Excel 中的“開啟”，如右圖所示。

2.3.6 Jupyter Notebook 與 Markdown

Jupyter Notebook 的程式框預設為 code 模式，即用於程式設計，如下圖所示。

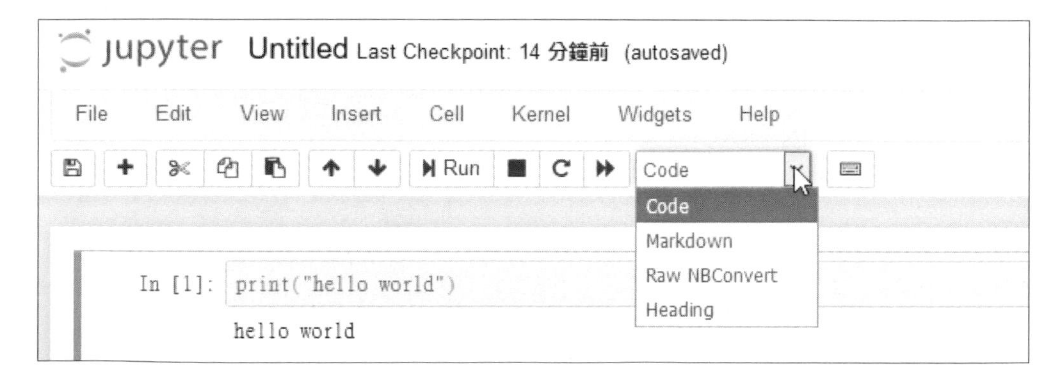

你也可以把 Jupyter Notebook 程式框的模式切換為 Markdown 模式，此時程式框會變成一個文字方塊，這個文字方塊的內容支援 Markdown 語法。當你做資料分析時，可以利用 Markdown 寫下分析結果，如下圖所示。

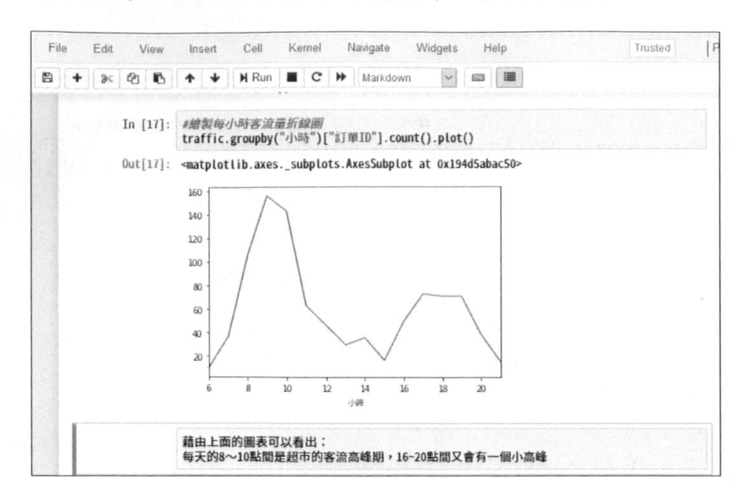

這也是 Jupyter Notebook 在資料分析領域廣受歡迎的原因之一。

2.3.7 為 Jupyter Notebook 添加目錄

目錄的作用是使對應的內容便於查詢，篇幅比較長的內容都會有目錄，如書籍、畢業論文等。當一個專案中有太多支程式，為了便於閱讀，也可以為程式增加一個目錄，下圖左邊框中的內容就是目錄，你可以按一下目錄跳轉到相應的程式部分。

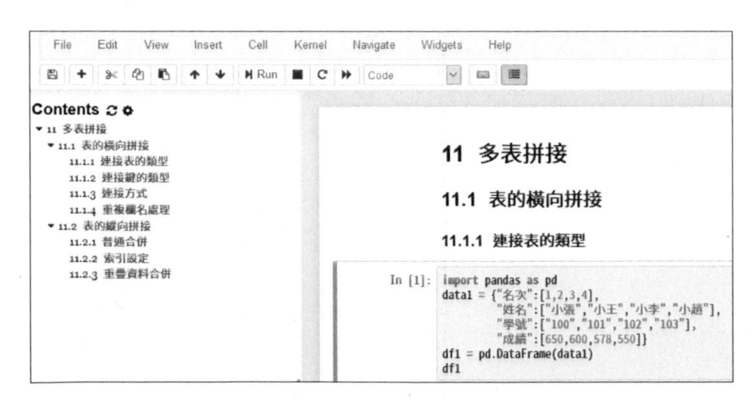

目錄不是 Jupyter Notebook 內建的，需要手動安裝，具體安裝過程如下：

STEP 1 在 Windows 搜尋框中輸入 Anaconda Prompt 並按一下開啟，如下圖所示。

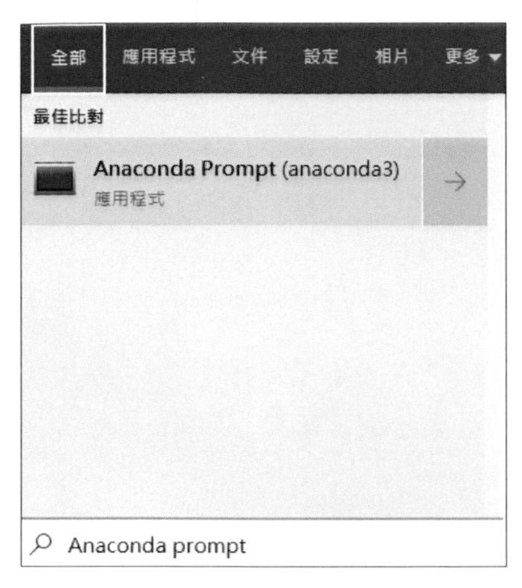

STEP 2 輸入 pip install jupyter_contrib_nbextensions 並按 Enter 鍵執行，以安裝 jupyter_contrib_nbextensions 模組，如下圖所示。

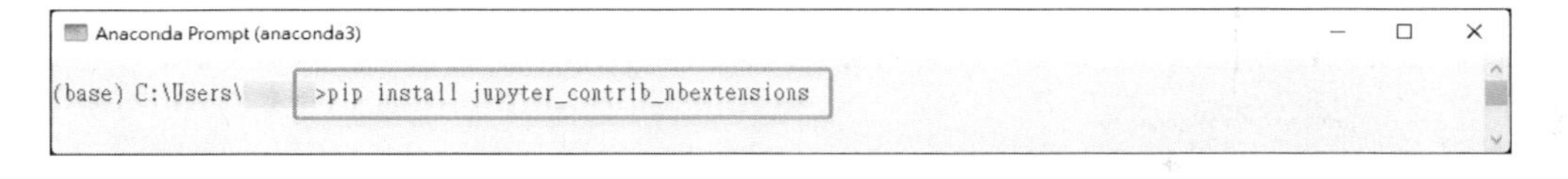

程式執行中途如果出現 y/n 的選項，輸入 y 並按 Enter 鍵執行，直到出現 Successfully installed 的提示，如下圖所示。

```
pip uninstall jupyter_contrib_nbextensions
  c:\programdata\anaconda3\lib\site-packages\jupyter_contrib_nbextensions\nbextensions\varinspector\varinspector.yaml
  c:\programdata\anaconda3\lib\site-packages\jupyter_contrib_nbextensions\nbextensions\zenmode\images\back1.jpg
  c:\programdata\anaconda3\lib\site-packages\jupyter_contrib_nbextensions\nbextensions\zenmode\images\back11.jpg
  c:\programdata\anaconda3\lib\site-packages\jupyter_contrib_nbextensions\nbextensions\zenmode\images\back12.jpg
  c:\programdata\anaconda3\lib\site-packages\jupyter_contrib_nbextensions\nbextensions\zenmode\images\back2.jpg
  c:\programdata\anaconda3\lib\site-packages\jupyter_contrib_nbextensions\nbextensions\zenmode\images\back21.jpg
  c:\programdata\anaconda3\lib\site-packages\jupyter_contrib_nbextensions\nbextensions\zenmode\images\back22.jpg
  c:\programdata\anaconda3\lib\site-packages\jupyter_contrib_nbextensions\nbextensions\zenmode\images\back3.jpg
  c:\programdata\anaconda3\lib\site-packages\jupyter_contrib_nbextensions\nbextensions\zenmode\images\ipynblogo0.png
  c:\programdata\anaconda3\lib\site-packages\jupyter_contrib_nbextensions\nbextensions\zenmode\images\ipynblogo1.png
  c:\programdata\anaconda3\lib\site-packages\jupyter_contrib_nbextensions\nbextensions\zenmode\main.css
  c:\programdata\anaconda3\lib\site-packages\jupyter_contrib_nbextensions\nbextensions\zenmode\main.js
  c:\programdata\anaconda3\lib\site-packages\jupyter_contrib_nbextensions\nbextensions\zenmode\readme.md
  c:\programdata\anaconda3\lib\site-packages\jupyter_contrib_nbextensions\nbextensions\zenmode\zenmode.yaml
  c:\programdata\anaconda3\lib\site-packages\jupyter_contrib_nbextensions\templates\collapsible_headings.tpl
  c:\programdata\anaconda3\lib\site-packages\jupyter_contrib_nbextensions\templates\highlighter.tpl
  c:\programdata\anaconda3\lib\site-packages\jupyter_contrib_nbextensions\templates\highlighter.tplx
  c:\programdata\anaconda3\lib\site-packages\jupyter_contrib_nbextensions\templates\inliner.tpl
  c:\programdata\anaconda3\lib\site-packages\jupyter_contrib_nbextensions\templates\nbextensions.tpl
  c:\programdata\anaconda3\lib\site-packages\jupyter_contrib_nbextensions\templates\nbextensions.tplx
  c:\programdata\anaconda3\lib\site-packages\jupyter_contrib_nbextensions\templates\printviewlatex.tplx
  c:\programdata\anaconda3\lib\site-packages\jupyter_contrib_nbextensions\templates\toc2.tpl
  c:\programdata\anaconda3\scripts\jupyter-contrib-nbextension.exe
Proceed (y/n)? y
```

```
Anaconda Prompt
->nbconvert>=4.2->jupyter_contrib_nbextensions)
Requirement already satisfied: html5lib!=0.9999,!=0.99999,<0.99999999,>=0.999 in c:\programdata\anaconda3\lib\site-packa
ges (from bleach->nbconvert>=4.2->jupyter_contrib_nbextensions)
Requirement already satisfied: jedi>=0.10 in c:\programdata\anaconda3\lib\site-packages (from ipython->jupyter-latex-env
s>=1.3.8->jupyter_contrib_nbextensions)
Requirement already satisfied: pickleshare in c:\programdata\anaconda3\lib\site-packages (from ipython->jupyter-latex-en
vs>=1.3.8->jupyter_contrib_nbextensions)
Requirement already satisfied: simplegeneric>0.8 in c:\programdata\anaconda3\lib\site-packages (from ipython->jupyter-la
tex-envs>=1.3.8->jupyter_contrib_nbextensions)
Requirement already satisfied: prompt_toolkit<2.0.0,>=1.0.4 in c:\programdata\anaconda3\lib\site-packages (from ipython-
>jupyter-latex-envs>=1.3.8->jupyter_contrib_nbextensions)
Requirement already satisfied: colorama in c:\programdata\anaconda3\lib\site-packages (from ipython->jupyter-latex-envs>
=1.3.8->jupyter_contrib_nbextensions)
Requirement already satisfied: pyzmq>=13 in c:\programdata\anaconda3\lib\site-packages (from jupyter_client>=5.2.0->note
book>=4.0->jupyter_contrib_nbextensions)
Requirement already satisfied: python-dateutil>=2.1 in c:\programdata\anaconda3\lib\site-packages (from jupyter_client>=
5.2.0->notebook>=4.0->jupyter_contrib_nbextensions)
Requirement already satisfied: parso==0.1.* in c:\programdata\anaconda3\lib\site-packages (from jedi>=0.10->ipython->jup
yter-latex-envs>=1.3.8->jupyter_contrib_nbextensions)
Requirement already satisfied: wcwidth in c:\programdata\anaconda3\lib\site-packages (from prompt_toolkit<2.0.0,>=1.0.4-
>ipython->jupyter-latex-envs>=1.3.8->jupyter_contrib_nbextensions)
Installing collected packages: jupyter-highlight-selected-word, jupyter-contrib-nbextensions
  Found existing installation: jupyter-highlight-selected-word 0.1.0
    Uninstalling jupyter-highlight-selected-word-0.1.0:
      Successfully uninstalled jupyter-highlight-selected-word-0.1.0
Successfully installed jupyter-contrib-nbextensions-0.5.0 jupyter-highlight-selected-word-0.2.0
```

在 STEP 3 的基礎上繼續輸入 jupyter contrib nbextension install –user，然後按 Enter 鍵進行使用者配置，如下圖所示。

```
Anaconda Prompt
[I 22:40:23 InstallContribNbextensionsApp] - Writing config: C:\Users\zhangjunhong\.jupyter\jupyter_nbconvert_config.json
[I 22:40:23 InstallContribNbextensionsApp] -- Writing updated config file C:\Users\zhangjunhong\.jupyter\jupyter_nbconvert_config.json

(base) C:\Users\zhangjunhong>jupyter contrib nbextension install --user
```

等 STEP 4 完成後，開啟 Jupyter Notebook 會看到介面上多了 Nbextensions 頁籤，如下圖所示。

jupyter
Quit Logout
Files Running Clusters Nbextensions
Select items to perform actions on them
Upload New
0 /
Name Last Modified File size
3D Objects 10 天前

按一下 Nbextensions 頁籤，勾選 Table of Contents(2) 核取方塊，如下圖所示。

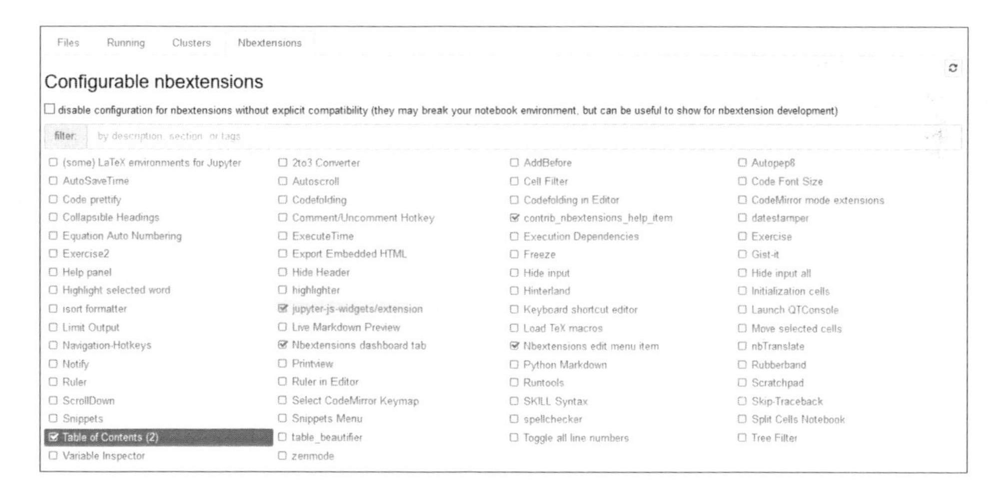

STEP 6 這個時候開啟一個已經帶有目錄的 ipynb 檔，就會看到主介面多了一個方框內的按鈕（如下圖所示的最右側），但是仍然沒有目錄。

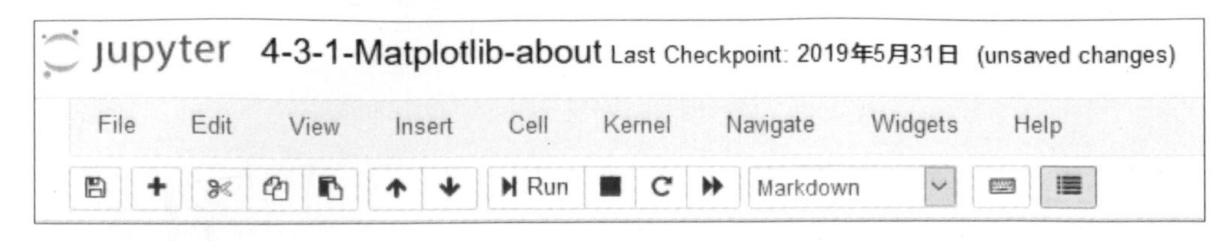

按下圖右上角方框內的按鈕，目錄就會顯示出來了，如下圖所示。

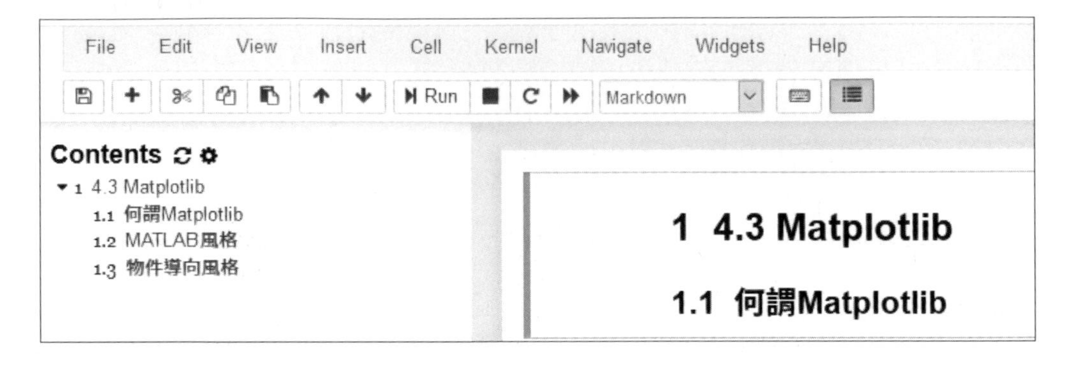

新增包含目錄的檔案

前面的步驟為 Jupyter Notebook 建立了目錄環境，下面介紹如何新增帶有目錄的檔。

STEP 1 將程式框格式選擇為 Heading，如下圖所示。

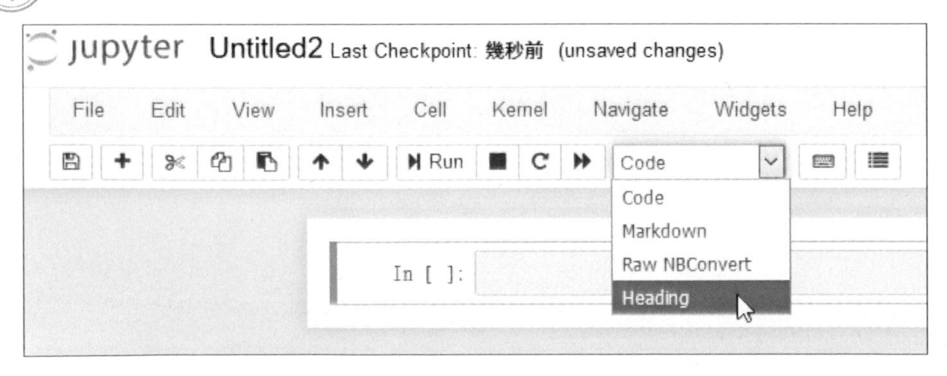

STEP 2 直接在程式框輸入不同級別的標題，1 個 # 表示一級標題，2 個 # 表示二級標題，3 個 # 表示三級標題（注意，# 與標題文字之間是有空格的），標題級別隨著 # 數量的增加依次遞減。

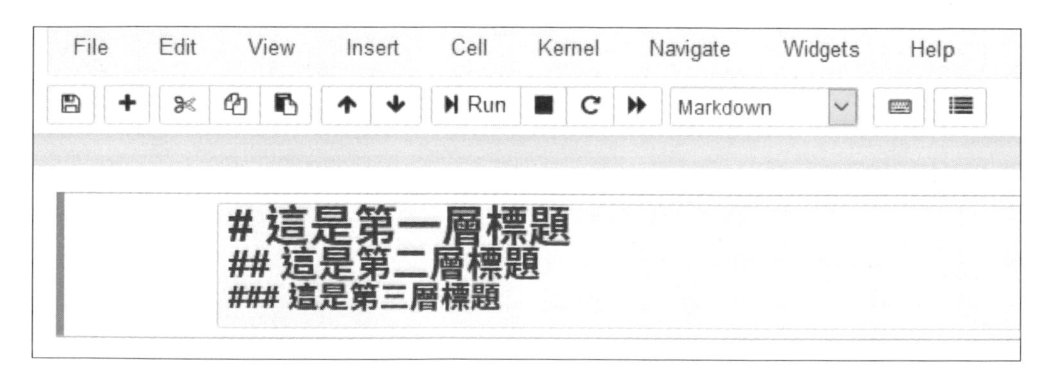

STEP 3 執行 STEP 2 的程式區塊，就可以得到如下圖的結果。

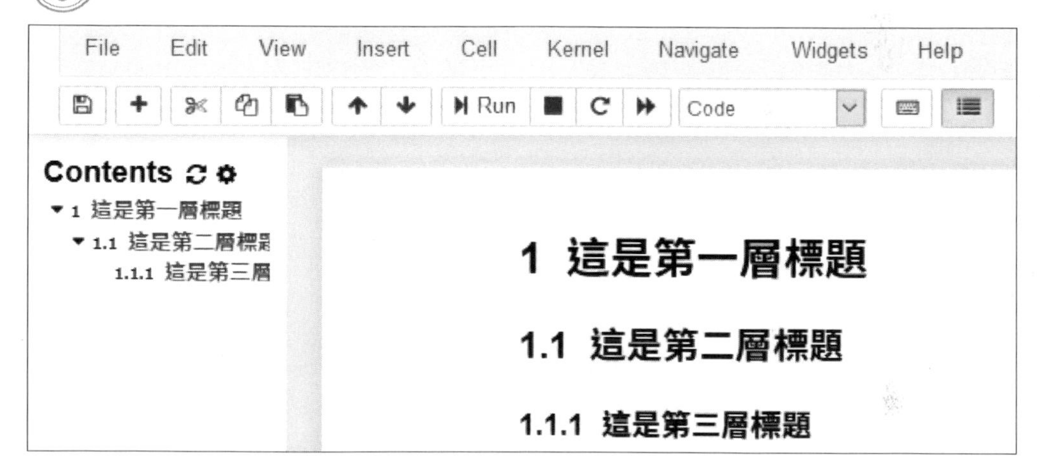

2.4 基本概念

2.4.1 數值

數值就是日常生活中用到的數字，Python 中比較常用的就是整數和浮點數兩種，如下表所示。

類型	符號	概念	示例
整數	int	就是生活中用到的整數	1、2、3……
浮點數	float	就是所謂的帶有小數點的數	1.1、2.2、3.3……

可以透過有沒有小數點來判斷一個數是整數還是浮點數，例如，66 是整數，但是 66.0 就是浮點數。

2.4.2 變數

變數，即變化的量，可以把它理解成一個容器，這個容器裡面可以放（儲存）各種東西（資料），而且放的東西是可以變化的。在電腦中有很多個用來存放不同資料的容器，為了區分不同的容器，我們需要為這些容器命名，也就是變數名，我們可以透過變數名來存取變數。

下圖中的四個瓶子就是四個容器，即四個變數，我們從左到右將它們依序命名為鳳梨罐頭、草莓罐頭、黃桃罐頭、桔子罐頭。這樣從變數名稱就可以取得具體變數了。

變數名稱和我們取名字一樣，是有一定講究的。Python 中定義變數名稱時，需要遵循以下原則：

- 變數名稱必須以字母或底線（_）開始，名字中間只能由字母、數字和下底線組成。
- 變數名稱的長度不得超過 255 個字元。

- 變數名稱在有效的範圍內必須是唯一的。
- 變數名稱不能是 Python 中的關鍵字。

Python 中的關鍵字如下所示。

```
and         elif        import      return
as          else        in          try
assert      except      is          while
break       finally     lambda      with
class       for         not         yield
continue    from        or
def         global      pass
del         if          raise
```

變數名是有大小寫區分的，例如 Var 和 var 就代表兩個不同的變數。

2.4.3 識別字

識別字是用來標示某樣東西名字的，在 Python 中用來標示變數名稱、符號常數名稱、函式名稱、陣列名稱、檔案名稱、類別名稱、物件名稱等。

識別字的命名需要遵循的規則與變數名的命名規則一致。

2.4.4 資料類型

Python 中的資料類型主要有數值和字串兩種，其中數值包括整數和浮點數。我們可以使用 type() 函式來查看具體值的資料類型。

```
>>>type(1)
int

>>>type(1.0)
float

>>>type("hello world")
str
```

在上面的程式中，1 是整數，type(1) 執行結果為 int；1.0 是浮點數，type(1.0) 執行結果為 float；"hello world" 是字串，type("hello world") 執行結果為 str。

2.4.5 輸出與輸出格式設定

在 Python 中可利用關鍵字 print 進行輸出。

```
>>>print("hello world")
hello world
```

我們有的時候需要對輸出格式做一定的設定，可以使用 str.format() 方法進行設定。其中 str 是一個字串，將 format 裡面的內容填充到 str 字串的 {} 中。幾種常用的主要形式如下所示：

- 一對一填充

```
>>>print('我正在學習:{}'.format('python基礎知識'))
我正在學習:python基礎知識
```

- 多對多填充

```
>>>print('我正在學習:{}中的{}'.format(
'python資料分析','python基礎知識'))
我正在學習:python資料分析中的python基礎知識
```

- 浮點數設定

  .2f 表示以浮點型展示，且顯示小數點後兩位，也可以是 .3f 或者其他。

```
>>>print("{}約{:.2f}億".format("2018年中國單身人數",2))
2018年中國單身人數約2.00億
```

- 百分數設定

  .2% 表示以百分比的形式展示，且顯示小數點後兩位，也可以是 .3% 或者其他。

```
>>>print("中國男性占總人口的比例:{:.2%}".format(0.519))
中國男性占總人口的比例:51.90%
```

2.4.6 縮排與註解

縮排

我們把程式前面空白的部分稱為縮排。縮排的目的是為了識別程式區塊，即讓程式知道該執行哪一部分，拿 if 條件陳述式來說，縮排是為了讓程式知道當條件滿足時該執行哪一段程式區塊。在其他語言中，一般用大括弧表示縮排，前面只要有空格，不管空格有幾個都算縮排，但一般來說都是以 4 個空格作為縮排，這樣也方便閱讀程式碼。

Python 中的函式、條件陳述式、迴圈程式區塊中的程式都需要縮排，如下圖所示。

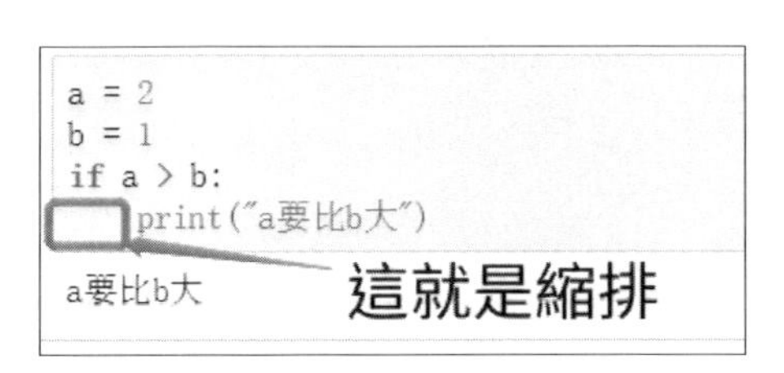

註解

註解是對程式碼的說明，並不真正執行。單行註解以 # 開頭，如下所示。

```
>>># 這是單行註解，不執行
>>>print("hello world")
hello world
```

多行註解可以用多個 #、''' 或者 """ 實現，如下所示。

```
# 這是多行註解的第一行
# 這是多行註解的第二行

'''
這是多行註解的第一行
這是多行註解的第二行
'''

"""
這是多行註解的第一行
```

```
這是多行註解的第二行
"""
>>>print("hello world")
hello world
```

2.5 字串

2.5.1 字串的概念

字串是由零個或多個字元組成的有限串列，是用單引號或者雙引號括起來的，符號是 str（string 的縮寫）。下面這些都是字串：

```
"hello world"
" 黃桃罐頭 "
" 桔子罐頭 "
"Python"
"123"
```

2.5.2 字串的連接

字串的連接是一個比較常見的需求，比如將姓和名進行連接。直接使用運算子 + 就可以將兩個或者兩個以上的字串進行連接。

```
>>>" 張 " + " 俊紅 "
' 張俊紅 '
```

2.5.3 字串的複製

有的時候，我們需要把一個字串重複多遍。例如，你要把 "Python 真強大" 這句話重複三遍，可以使用運算子 * 對字串進行重複。

```
>>>"Python 真強大 "*3
'Python 真強大 Python 真強大 Python 真強大 '
```

上面程式對字串重複三遍，輸入 *3 就可以。你可以根據需要，重複多遍。

2.5.4 取得字串的長度

手機號、身分證字號、姓名都是字串，想要知道這些字串的長度，可以利用 len() 函式來取得。

```
#注：以下號碼是隨機產生的

#取得身分證號長度
>>>len("A123456789")
10

#取得手機號長度
>>>len("09123456789")
10

#取得姓名長度
>>>len("張俊紅")
3
```

2.5.5 字串查詢

字串查詢是指查詢某一個字串是否包含在另一個字串中，比如知道一個用戶名，你想知道這個用戶是不是測試帳號（測試帳號的判斷依據是名字中包含測試兩字），那麼只要在名字中查詢“測試”字串即可。如果找到了，表示該用戶是測試帳號；如果查詢不到，則表示不是測試帳號。用 in 或者 not in 這兩種方法均可實現。

```
>>>"測試" in "新產品上線測試號"
True

>>>"測試" in "我是一個正常用戶"
False

>>>"測試" not in "新產品上線測試號"
False

>>>"測試" not in "我是一個正常用戶"
True
```

除了 in 和 not in，還可以用 find，當用 find 查詢某一字元是否存在於某個字串中時，如果存在則傳回該字元的具體位置，如果不存在則傳回 –1，如下所示：

```
#字元c在字串Abc中的第3位
>>>"Abc".find("c")
2
```

注意，因為在 Python 中位置是從 0 開始數的，所以第 3 位就是 2。

```
#字元d不存在於字串Abc中
>>>"Abc".find("d")
-1
```

2.5.6 字串索引

字串索引是指根據字串中，值所處的位置對值進行選取。需要注意的是，字串中的位置是從 0 開始的。

取得字串中的第 1 個字元。

```
>>>a = "Python資料分析"
>>>a[0]
'P'
```

取得字串中的第 4 個字元。

```
>>>a = "Python資料分析"
>>>a[3] #取得字串中的第4個字元
'h'
```

取得字串中第 2 個到第 4 個之間的字元，且不包含第 4 個字元。

```
>>>a = "Python資料分析"
>>>a[1:3]
'yt'
```

取得字串中第 1 個到第 4 個之間的字元，且不包含第 4 個字元，第 1 個 1 可以省略不寫。

```
>>>a = "Python 資料分析 "
>>>a[:3]
'Pyt'
```

取得字串中第 7 個字元之後的所有字元，最後一位可以省略不寫。

```
>>>a = "Python 資料分析 "
>>>a[6:]
' 資料分析 '
```

取得字串中的最後一個字元。

```
>>>a = "Python 資料分析 "
>>>a[-1]
' 析 '
```

我們把上面這種透過具體某一個位置取得該位置的值的方式稱為「普通索引」；把透過某一位置區間取得該位置區間內的值的方式稱為「切片索引」。

2.5.7 字串分隔

字串分隔是先將一個字元用某個分隔符號分開，然後將分隔後的值以列表的形式傳回，用到的是 split() 函式。

```
#將字串 "a,b,c" 用逗號進行分隔
>>>"a,b,c".split(",")
['a', 'b', 'c']
#將字串 "a|b|c" 用 | 進行分隔
>>>"a|b|c".split("|")
['a', 'b', 'c']
```

2.5.8 移除字元

移除字元用到的方法是 strip() 函式，該函式用來移除字串前後的指定字元，預設移除字串前後的空格或分行符號：

```
# 移除空格
>>>" a ".strip()
'a'
# 移除分行符號
>>>"\ta\t ".strip()
'a'
# 移除指定字元 A
>>>"AaA".strip("A")
'a'
```

2.6 資料結構—清單

2.6.1 列表的概念

清單（list）是用來儲存一組有序資料元素的資料結構，元素之間用逗號分隔。列表中的資料元素應該包括在中括號中，而且列表是可變的資料類型，一旦建立了一個列表，你可以添加、刪除或者搜尋清單中的元素。在中括號中的資料可以是 int 類型，也可以是 str 類型。

2.6.2 新增一個列表

新增列表的方法比較簡單，直接將資料元素用中括號括起來就行，以下是幾種常見類型清單的新增實例。

建立一個空列表

當中括號中沒有任何資料元素時，列表就是一個空列表。

```
>>>null_list = []
```

建立一個 int 類型列表

當中括號的資料元素全部為 int 類型時，這個列表就是 int 類型列表。

```
>>>int_list = [1,2,3]
```

建立一個 str 類型列表

當中括號中的資料元素全部為 str 類型時，這個列表就是 str 類型列表。

```
>>>str_list = ["a","b","c"]
```

建立一個 int+str 類型列表

當中括號中的資料元素既有 int 類型、也有 str 類型時，這個列表就是 int+str 類型列表。

```
>>>int_str_list = [1,2,"a","b"]
```

2.6.3 列表的複製

清單的複製和字串的複製類似，也是利用 * 運算子。

```
>>>int_list = [1,2,3]
>>>int_list*2
[1,2,3,1,2,3]

>>>str_list = ["a","b","c"]
>>>str_list*2
["a","b","c","a","b","c"]
```

2.6.4 列表的合併

列表的合併就是將兩個現有的 list 合併在一起，主要有兩種實現方式，一種是利用 + 運算子，它和字串的連接一致；另外一種用的是 extend() 函式。

直接將兩個列表用 + 運算子連接即可達到合併的目的，清單的合併是有先後順序的。

```
>>>int_list = [1,2,3]
>>>str_list = ["a","b","c"]
>>>int_list + str_list
[1,2,3,"a","b","c"]

>>>str_list + int_list
['a', 'b', 'c', 1, 2, 3]
```

將列表 B 合併到列表 A 中，用到的方法是 A.extend(B)，將列表 A 合併到列表 B 中，用到的方法是 B.extend(A)。

```
>>>int_list = [1,2,3]
>>>str_list = ["a","b","c"]
>>>int_list.extend(str_list)
>>>int_list
[1,2,3,"a","b","c"]

>>>int_list = [1,2,3]
>>>str_list = ["a","b","c"]
>>>str_list.extend(int_list)
>>>str_list
['a', 'b', 'c', 1, 2, 3]
```

2.6.5 在清單中插入新元素

列表是可變的，也就是當新增一個列表後你還可以對這個列表進行操作，對列表進行插入資料元素的操作主要有 append() 和 insert() 兩個函式可用。這兩個函式都會直接改變原清單，不會直接輸出結果，需要呼叫原清單的清單名來取得插入新元素以後的清單。

函式 append() 是在清單末端插入新的資料元素。

```
>>>int_list = [1,2,3]
>>>int_list.append(4)
>>>int_list
[1,2,3,4]
```

```
>>>str_list = ["a","b","c"]
>>>str_list.append("d")
>>>str_list
["a","b","c","d"]
```

函式 insert() 是在清單的指定位置插入新的資料元素。

```
>>>int_list = [1,2,3]
>>>int_list.insert(3,4)# 表示在第 4 位插入元素 4
>>>int_list
[1,2,3,4]

>>>int_list = [1,2,3]
>>>int_list.insert(2,4)# 表示在第 3 位插入元素 4
>>>int_list
[1,2,4,3]
```

2.6.6 取得列表中值出現的次數

利用 count() 函式取得某個值在清單中出現的次數。

例如，將全校成績排名前 5 的 5 個學生所對應的班級組成一個列表，想看一下你所在的班級（一班）有幾個人在這個列表中。

```
>>>score_list = [" 一班 "," 一班 "," 三班 "," 二班 "," 一班 "]
>>>score_list.count(" 一班 ")
3
```

2.6.7 取得列表中值出現的位置

取得值出現的位置，就是看該值位於列表中的哪裡。

已知公司的所有銷售業績是按降冪排列的，想看一下楊新竹的業績排在第幾。

```
>>>sale_list = [" 倪凌曉 "," 僑星津 "," 曹覓風 "," 楊新竹 "," 王元菱 "]
>>>sale_list.index(" 楊新竹 ")
3
```

上面的結果是 3，也就是楊新竹的業績排第四名。

2.6.8　取得列表中指定位置的值

取得指定位置的值所利用的方法和字串索引是一致的，主要有普通索引和切片索引兩種。

普通索引

普通索引是取得某一特定位置的數。

```
>>>v = ["a","b","c","d","e"]
>>>v[0]# 取得第 1 位的數
'a'

>>>v[3]# 取得第 4 位的數
'd'
```

切片索引

切片索引是取得某一位置區間內的數。

```
>>>i = ["a","b","c","d","e"]
>>>i[1:3]# 取得第 2 位到第 4 位的數
['b','c']

>>>i[:3]# 取得第 1 位到第 4 位的數，且不包含第 4 位
['a', 'b', 'c']

>>>i[3:]# 取得第 4 位到最後一位的數
['d', 'e']
```

2.6.9　刪除列表中的值

對列表中的值進行刪除時，有 pop() 和 remove() 兩個函式可用。

pop() 函式是根據清單中的位置進行刪除，也就是刪除指定位置的值。

```
>>>str_list = ["a","b","c","d"]
>>>str_list.pop(1)# 刪除第 2 位的值
>>>str_list
['a', 'c', 'd']
```

remove() 函式是根據清單中的元素進行刪除，也就是刪除某一元素。

```
>>>str_list = ["a","b","c","d"]
>>>str_list.remove("b")
>>>str_list
['a', 'c', 'd']
```

2.6.10 對列表中的值進行排序

對清單中的值排序所利用的是 sort() 函式，sort() 函式預設採用昇冪排列。

```
>>>s = [1,3,2,4]
>>>s.sort()
>>>s
[1,2,3,4]
```

2.7 資料結構—字典

2.7.1 字典的概念

字典（dict）是一種鍵值對的結構，類似於透過連絡人姓名查詢位址和連絡人詳細情況的位址簿，即把鍵（名字）和值（詳細情況）聯繫在一起。注意，鍵必須是唯一的，就像如果有兩個人恰巧同名，那麼你無法找到正確的資訊一樣。

鍵值對在字典中以 {key1:value1,key2:value2} 方式標記。注意，鍵值對的內部用**冒號**分隔，而各個對之間用逗號分隔，所有這些都包括在**大括弧**中。

2.7.2 新增一個字典

先建立一個空的字典，然後向該字典內輸入值。下面新增一個通訊錄：

```
>>>test_dict={}
>>>test_dict[" 張三 "]=13313581900
>>>test_dict[" 李四 "]=15517896750
>>>test_dict
{' 張三 ': 13313581900, ' 李四 ': 15517896750}
```

將值直接以鍵值對的形式傳入字典中。

```
>>>test_dict = {'張三': 13313581900, '李四': 15517896750}
>>>test_dict
{'張三': 13313581900, '李四': 15517896750}
```

再將鍵值以列表的形式存放在元組中，然後用 dict() 進行轉換。

```
>>>contact=(["張三",13313581900],["李四",15517896750])
>>>test_dict=dict(contact)
>>>test_dict
{'張三': 13313581900, '李四': 15517896750}
```

2.7.3 字典的 keys()、values() 和 items() 方法

keys() 方法用來取得字典內的所有鍵。

```
>>>test_dict = {'張三': 13313581900, '李四': 15517896750}
>>>test_dict.keys()
dict_keys(['張三', '李四'])
```

values() 方法用來取得字典內的所有值。

```
>>>test_dict = {'張三': 13313581900, '李四': 15517896750}
>>>test_dict.values()
dict_values([13313581900, 15517896750])
```

items() 方法用來得到一組組的鍵值對。

```
>>>test_dict = {'張三': 13313581900, '李四': 15517896750}
>>>test_dict.items()
dict_items([('張三', 13313581900), ('李四', 15517896750)])
```

2.8 資料結構—元組

2.8.1 元組的概念

元組（tuple）雖然與列表類似，但也有不同之處，元組的元素不能修改；元組使用小括弧，而列表使用中括弧。

2.8.2 新增一個元組

元組的建立很簡單，直接將一組資料元素用小括弧括起來即可。

```
>>>tup = (1,2,3)
>>>tup
(1,2,3)

>>>tup = ("a","b","c")
>>>tup
 ('a','b','c')
```

2.8.3 取得元組的長度

取得元組長度的方法與取得列表長度的方法是一樣的，都使用函式 len()。

```
>>>tup = (1,2,3)
>>>len(tup)
3

>>>tup = ("a","b","c")
>>>len(tup)
3
```

2.8.4 取得元組內的元素

元組內元素的取得方法主要分為普通索引和切片索引兩種。

普通索引

```
>>>tup = (1,2,3,4,5)
>>>tup[2]
3

>>>tup = (1,2,3,4,5)
>>>tup[3]
4
```

切片索引

```
>>>tup = (1,2,3,4,5)
>>>tup[1:3]
(2,3)

>>>tup[:3]
(1,2,3)

>>>tup[1:]
(2,3,4,5)
```

2.8.5 元組與列表相互轉換

元組和清單是兩種相似的資料結構，兩者經常互相轉換。

使用函式 list() 將元組轉化為列表。

```
>>>tup = (1,2,3)
>>>list(tup)
[1,2,3]
```

使用函式 tuple() 將清單轉化為元組。

```
>>>t_list = [1,2,3]
>>>tuple(t_list)
(1,2,3)
```

2.8.6 zip() 函式

zip() 函式用於把可反覆運算的對象（清單、元組）作為參數，將物件中對應的元素打包成一個個元組，然後傳回由這些元組組成的列表。zip() 函式常與 for 迴圈一起搭配使用。

當可反覆運算對象是清單時：

```
>>>list_a = [1,2,3,4]
>>>list_b = ["a","b","c","d"]
>>>for i in zip(list_a,list_b):
       print(i)
(1, 'a')
(2, 'b')
(3, 'c')
(4, 'd')
```

當可反覆運算對象是元組時：

```
>>>list_a = (1,2,3,4)
>>>list_b = ("a","b","c","d")
>>>for i in zip(list_a,list_b):
       print(i)
(1, 'a')
(2, 'b')
(3, 'c')
(4, 'd')
```

2.9 運算子

2.9.1 算術運算子

算數運算就是一般的加、減、乘、除類運算。下表為基本的算術運算子及其範例。

運算子	描述	範例
+	兩數相加	10 + 20 = 30
-	兩數做差	10 - 20 = -10
*	兩數相乘	10 * 20 = 200
/	兩數相除	10 / 20 = 0.5
%	傳回兩數相除的餘數	10 % 20 = 10
**	傳回 x 的 y 次冪	10 ** 20 = 100000000000000000000
//	傳回兩數相除以後商的整數部分	10 // 20 = 0

2.9.2 比較運算子

比較運算子就是大於、等於、小於之類的，主要是用來做比較的，傳回 True 或 False 的結果，常用的比較運算子如下表所示。

運算子	描述	範例
==	等於	(10 == 20) 傳回 False
!=	不等於	(10 != 20) 傳回 True
<>	不等於 (<> 在 python3.x 中已經取消)	(10 <> 20) 傳回 True
>	大於	(10 > 20) 傳回 False
<	小於	(10 < 20) 傳回 True
>=	大於等於	(10 >= 20) 傳回 False
<=	小於等於	(10 <= 20) 傳回 True

2.9.3 邏輯運算子

邏輯運算子就是與、或、非，下表為邏輯運算子及其範例。

運算子	邏輯運算式	描述	範例
and	a and b	a 和 b 同時為 True，結果才為 True	((10 > 20) and (10 < 20)) 傳回結果為 False
or	a or b	a 和 b 只要有一個為 True，結果就為 True	((10 > 20) or (10 < 20)) 傳回結果為 True
not	not a	如果 a 為真，則傳回 False，否則傳回 True	not (10 > 20) 傳回結果為 True

2.10 迴圈

2.10.1 for 迴圈

for 迴圈用來遍歷任何序列的項目，這個序列可以是一個清單，也可以是一個字串，針對這個序列中的每個項目去執行相應的操作。

舉一個例子，一個資料分析師的必修課程主要有 Excel、SQL、Python 和統計學，若你想成為一名資料分析師，那麼這四門課程是必須要學的，且學習順序也應該是先 Excel，再 SQL，然後 Python，最後是統計學。依次學習這四門課程的過程就是在遍歷一個 for 迴圈。

```
>>>subject = ["Excel","SQL","Python","統計學"]
>>>for sub in subject:
       print("我目前正在學習：{}".format(sub))

我目前正在學習：Excel
我目前正在學習：SQL
我目前正在學習：Python
我目前正在學習：統計學
```

2.10.2 while 迴圈

while 迴圈用來迴圈執行某程式，即當條件滿足時，則一直執行某程式，直到條件不滿足時，終止程式。

舉一個例子，七週成為資料分析師，即只要你按課程表學習七週，你就算是一名資料分析師，可以去找工作了。這裡就是以你是否已經學習了七週作為判斷條件，如果學習時間沒有達到七週，那麼你就需要一直學，直到學習時間大於七週，你才可以停止學習，去找工作了。用 while 迴圈執行時的具體流程如下圖所示。

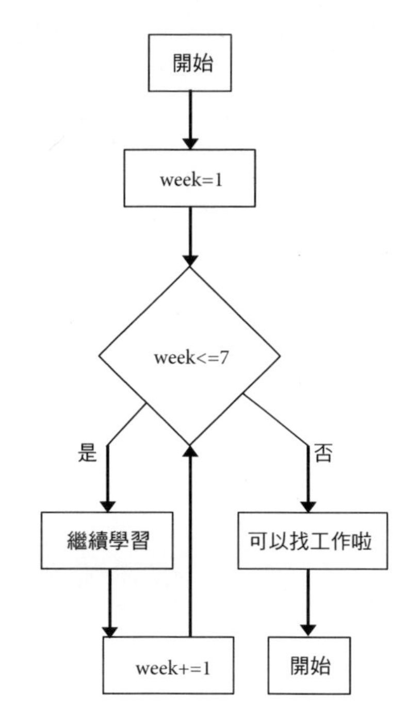

以下為其程式碼。

```
>>>week = 0# 從 0 開始學
>>>while week <= 7:
       print(" 我已經學習資料分析 {} 週啦 ".format(week)) # 這裡需要縮排
       week += 1
>>>print(" 我已經學習資料分析 {} 週啦，我可以去找工作啦 ".format(week-1))

我已經學習資料分析 0 週啦
我已經學習資料分析 1 週啦
我已經學習資料分析 2 週啦
我已經學習資料分析 3 週啦
我已經學習資料分析 4 週啦
```

```
我已經學習資料分析 5 週啦
我已經學習資料分析 6 週啦
我已經學習資料分析 7 週啦
我已經學習資料分析 7 週啦，我可以去找工作啦
```

2.11 條件陳述式

2.11.1 if

if 條件陳述式是程式先去判斷某個條件是否滿足，如果該條件滿足，則執行判斷式後的程式。if 條件後面的程式需要首行縮排。

舉一個例子，如果你好好學習資料分析師的必備技能，那麼你就可以找到一份資料分析相關的工作，如果不好好學習，你就很難找到一份資料分析相關的工作。

我們用 1 表示好好學習，0 表示沒有好好學習，並賦初值為 1，也就是假設你好好學習了。

當判斷條件為是否好好學習時，具體流程如下圖所示。

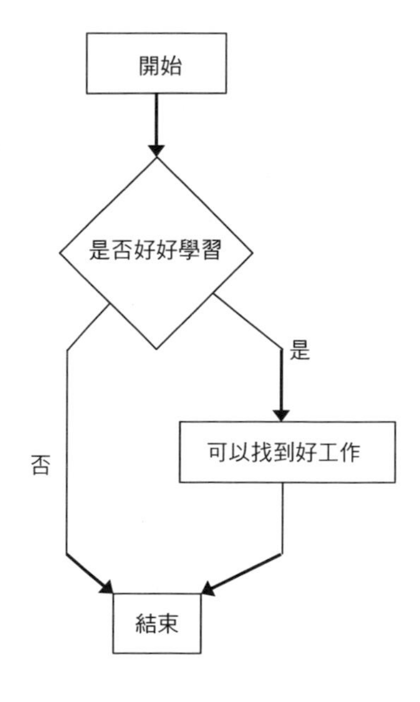

下面為其程式碼：

```
>>>is_study = 1
>>>if is_study == 1:
      print(" 可以找到好工作 ") # 這裡需要縮排
可以找到好工作
```

當判斷條件為是否沒有好好學習時，具體流程如下圖所示。

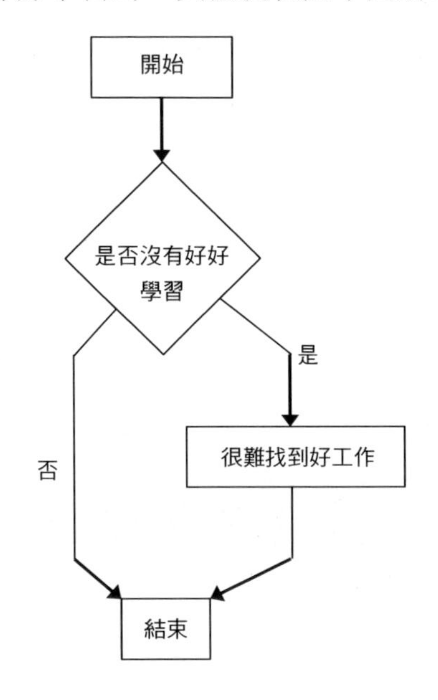

下面為其程式碼：

```
>>>is_study = 1
>>>if is_study == 0:
      print(" 很難找到好工作 ") # 這裡需要縮排
```

因為條件不滿足，所以執行 if 條件後面的程式後，即輸出為空。

2.11.2 else

else 是 if 的補充，if 條件只說明了當條件滿足時程式做什麼，沒有說明當條件不滿足時程式做什麼。而 else 正好是用來說明當條件不滿足時，程式做什麼。

當判斷條件為是否好好學習時，具體流程如下圖所示。

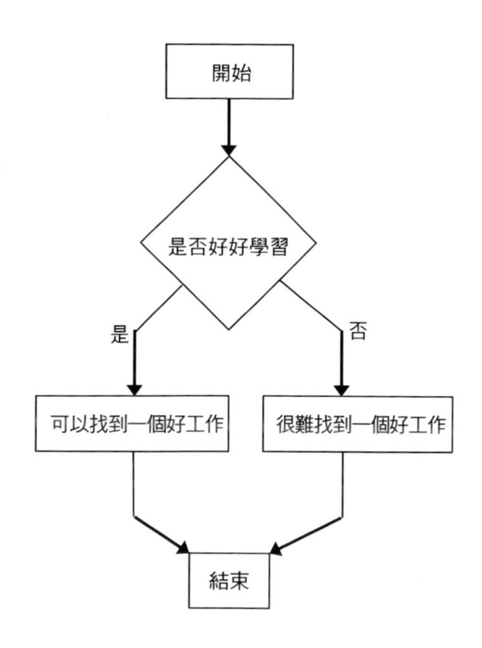

其程式如下：

```
>>>is_study = 1
>>>if is_study == 1:
      print(" 可以找到一個好工作 ")
>>>else:
      print(" 很難找到一個好工作 ")
可以找到一個好工作
```

當判斷條件為是否沒有好好學習時，其程式如下：

```
>>>is_study = 1
>>>if is_study == 0:
      print(" 很難找到一個好工作 ")
>>>else:
      print(" 可以找到一個好工作 ")
可以找到一個好工作
```

2.11.3 elif

elif 可以理解成 else_if，前面提到的 if、else 都只能對一個條件進行判斷，但是當你需要對多個條件進行判斷時，就可以用 elif。

elif 中可以有 else，也可以沒有，但是一定要有 if，具體執行順序是先判斷 if 後面的條件是否滿足，如果滿足則執行 if 為真時的程式，結束迴圈；如果 if 條件不滿足就去判斷 elif。可以有多個 elif，但是只有 0 個或 1 個 elif 語句會被執行。

舉例來說，你要猜某個人的考試分數，你該怎麼猜？先判斷這個人是否及格（60 分為準），如果不及格，分數範圍直接猜一個小於 60 分的即可，如果及格了，再去判斷他的分數到底在哪個區間，具體流程如下圖所示。

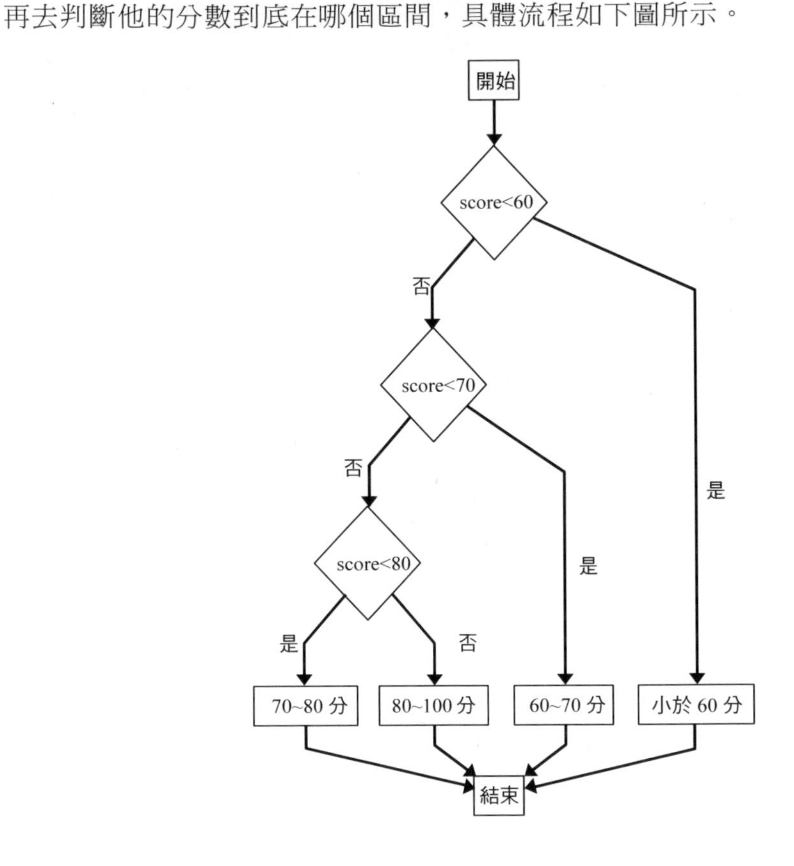

程式如下所示。

```
>>>if score < 60:
      print(" 小於 60 分 ")
>>>elif score < 70:
      print("60~70 分 ")
>>>elif score < 80:
      print("70~80 分 ")
>>>else:
      print("80~100 分 ")
```

2.12 函式

函式是在一個程式中可以被重複使用的一段程式。這段程式是由一個程式區塊和一個名稱所組成，只要函式定義好以後，你就可以在程式中呼叫該名字執行這段程式。

2.12.1 普通函式

普通函式一般由函式名（必需）、參數、程式區塊（必需）、return、變數這幾部分組成。

函式定義語法如下所示。

```
def 函式名(參數):
    程式區塊
```

定義函式使用的關鍵字是 def，函式名後面的括弧裡面放參數（參數可以為空），參數後面要以冒號結尾，程式區塊要縮排四個空格，程式區塊是函式具體要做的事情。

定義一個名為 learn_python 的函式：

```
>>>def learn_python(location):
       print("我正在{}上學 Python".format(location)) #程式區塊

>>>learn_python("地鐵")    #呼叫函式
我正在地鐵上學 Python

>>>learn_python("公車")    #呼叫函式
我正在公車上學 Python

>>>learn_python("計程車") #呼叫函式
我正在計程車上學 Python
```

上面的函式利用函式名 learn_python 呼叫了多次 learn_python 對應的語句塊。

函式的參數有形參（形式參數）和實參（實際參數）兩種。在定義函式的時候使用的參數是形參，比如上面的 location；在呼叫函式時傳遞的參數是實參，比如上面的地鐵。

上面語句塊中直接執行了 print 操作，沒有傳回值，我們也可以利用 return 對語句塊的執行結果進行傳回。

定義一個含有 return 的函式：

```
>>>def learn_python(location):
     doing = (" 我正在 {} 上學 Python".format(location)) # 將執行結果賦值給
doing
     return doing #return 用來傳回 doing 的結果

>>>learn_python(" 地鐵 ")
我正在地鐵上學 Python

>>>learn_python(" 公車 ") # 呼叫函式
我正在公車上學 Python

>>>learn_python(" 計程車 ") # 呼叫函式
我正在計程車上學 Python
```

這次呼叫函式以後，沒有直接進行 print 操作，而是將執行結果利用 return 進行了傳回。

定義一個含有多個參數的函式：

```
>>>def learn_python(location,people):
    doing = (" 我正在 {} 上學 Python, 人 {}".format(location,people))
    return doing

>>>learn_python(" 地鐵 "," 很多 ")
我正在地鐵上學 Python, 人很多
```

2.12.2 匿名函式

匿名函式，顧名思義就是沒有名字的函式，也就是省略了 def 定義函式的過程。lambda 只是一個運算式，沒有函式體，其使用方法如下：

```
lambda arg1,arg2,arg3,... : expression
```

arg1,arg2,arg3 表示具體的參數，expression 表示參數要執行的操作。

現在，我們分別利用普通函式和匿名函式兩種方式來建立一個兩數相加的函式，讓大家看看兩者的不同。

普通函式如下：

```
>>>def two_sum(x,y):
       result = x + y
       return result

>>>two_sum(1,2)
3
```

匿名函式如下：

```
>>>f = lambda x,y:x+y
>>>f(1,2)
3
```

匿名函式比普通函式簡潔得多，也是比較常用的，大家務必熟練掌握。

2.13 進階特性

2.13.1 列表產生式

現在有一個清單，你需要對該清單中的每個值求平方，然後將結果組成一個新列表。我們先看看普通方法怎麼實現。

普通方法實現如下：

```
>>>num = [1,2,3,4,5]
>>>new = []#建立一個空列表來存放計算後的結果
>>>for i in num:
       new.append(i**2)
>>>new
[1,4,9,16,25]
```

列表產生式實現如下：

```
>>>num = [1,2,3,4,5]
>>>[i**2 for i in num]
[1,4,9,16,25]
```

上面的需求比較簡單，你可能沒有領略到列表產生式的妙用。我們再來看一些比較複雜的需求。

現在有兩個清單，需要把這兩個清單中的值兩兩組合，我們分別用普通方法和列表產生式實現一下。

普通方法實現如下：

```
>>>list1 = ["A","B","C"]
>>>list2 = ["a","b","c"]
>>>new = []
>>>for m in list1:
       for n in list2:
           new.append(m+n)
>>>new
['Aa', 'Ab', 'Ac', 'Ba', 'Bb', 'Bc', 'Ca', 'Cb', 'Cc']
```

列表產生式實現如下：

```
>>>list1 = ["A","B","C"]
>>>list2 = ["a","b","c"]
>>>[m + n for m in list1 for n in list2]
['Aa', 'Ab', 'Ac', 'Ba', 'Bb', 'Bc', 'Ca', 'Cb', 'Cc']
```

上面的需求用普通方法要使用到巢狀 for 迴圈，但是用列表產生式只要一行程式即可。如果資料量很小，那麼巢狀 for 迴圈執行速度還行；如果資料量很大，那麼使用巢狀迴圈的執行速度就會變得很慢。

2.13.2 map 函式

map 函式的表現形式是 map(function,agrs)，表示對序列 args 中的每個值進行 function 操作，最終得到一個結果序列。

```
>>>a = map(lambda x,y:x+y,[1,2,3],[3,2,1])
>>>a
<map at 0x1b0260d29b0>

>>>for i in a:
        print(i)
4
4
4
```

map 函式產生的結果序列不會直接顯示結果，若要取得結果，需要使用 for 迴圈遍歷取出。你也可以使用 list 方法，將結果值產生一個列表。

```
>>>b = list(map(lambda x,y:x+y,[1,2,3],[3,2,1]))
>>>b
[4,4,4]
```

2.14 模組

模組是升級版的函式。前面說過，在一段程式中可以透過函式名多次呼叫函式，但是必須在定義函式的這段程式裡面呼叫，如果換到其他程式裡，該函式就不起作用了。

模組之所以是升級版的函式，是因為在任意程式中都可以透過模組名去呼叫該模組對應的程式。

你要呼叫函式首先需要定義一個函式，同理，你要呼叫模組，首先需要匯入模組。匯入模組的方法主要有兩種：

```
import module_name # 直接 import 具體的模組名

from module1 import module2 # 從一個較大的模組中 import 一個較小的模組
```

資料分析領域用得比較多的三個模組分別是 NumPy、Pandas、matplotlib。Python 中還有很多類似的模組，正是因為這類別模組的存在，使得 Python 變得很簡單，受到越來越多人的歡迎。

3 Pandas 資料結構

前面講了 Python 的基礎知識，本章開始進入正式的資料分析過程中，主要講述每個資料分析過程都會用到什麼操作、這些操作用 Excel 是怎麼實現的，如果用 Python，那麼程式應該怎麼寫。

接下來的幾章會用到 Pandas、NumPy、matplotlib 這幾個模組。在使用它們之前我們要先將其匯入，匯入方法在 Python 基礎知識部分講過，一個程式中只需要匯入一次即可。

```
>>>import pandas as pd
>>>import numpy as np
>>>import matplotlib.pyplot as plt
```

為了在引用模組時書寫方便，上面的程式中用 as 分別為這幾個模組起了別名。所以在本書中見到 pd 就是代表 Pandas，見到 np 就是代表 NumPy，見到 plt 就是代表 matplotlib.pyplot。

3.1 Series 資料結構

3.1.1 Series 是什麼

Series 是一種類似於一維陣列的物件，由一組資料及一組與之相關的資料標籤（即索引）組成。

```
0 A
1 B
2 C
3 D
4 E
dtype: object
```

上面這樣的資料結構就是 Series，第一欄數字是資料標籤，第二欄是具體的資料，資料標籤與資料是一一對應的。上面的資料用 Excel 表展示如右表所示。

資料標籤	資料
0	A
1	B
2	C
3	D
4	E

3.1.2 建立一個 Series

建立一個 Series 利用的方法是 pd.Series()，透過給 Series() 方法傳入不同的物件即可實現。

傳入一個列表

傳入一個列表的實現如下所示。

```
>>>import pandas as pd
>>>S1 = pd.Series(["a","b","c","d"])
>>>S1
0   a
1   b
2   c
3   d
dtype: object
```

如果只是傳入一個列表而不指定資料標籤，那麼 Series 會預設使用從 0 開始的數做資料標籤，上面的 0、1、2、3 就是預設的資料標籤。

指定索引

直接傳入一個清單會使用預設索引，也可以透過設定 index 參數來自訂索引。

```
>>>S2 = pd.Series([1,2,3,4],index = ["a","b","c","d"])
>>>S2
a   1
```

```
b   2
c   3
d   4
dtype: int64
```

傳入一個字典

也可以將資料與資料標籤以 key:value（字典）的形式傳入，如此一來，字典的 key 值就是資料標籤，value 就是資料值。

```
>>>S3 = pd.Series({"a":1,"b":2,"c":3,"d":4})
>>>S3
a   1
b   2
c   3
d   4
dtype: int64
```

3.1.3 利用 index 方法取得 Series 的索引

取得一組資料的索引是比較常見的需求，直接利用 index 方法就可以取得 Series 的索引值，程式如下：

```
>>>S1.index
RangeIndex(start=0, stop=4, step=1)
>>>S2.index
Index(['a', 'b', 'c', 'd'], dtype='object')
```

3.1.4 利用 values 方法取得 Series 的值

與索引值對應的就是取得 Series 的值，使用的方法是 values 方法。

```
>>>S1.values
array(['a', 'b', 'c', 'd'], dtype=object)
>>>S2.values
array([1, 2, 3, 4], dtype=int64)
```

3.2 DataFrame 表格型資料結構

3.2.1 DataFrame 是什麼

Series 是由一組資料與一組索引（行索引）組成的資料結構，而 DataFrame 是由一組資料與一對索引（列索引和欄索引）組成的表格型資料結構。之所以叫做表格型資料結構，是因為 DataFrame 的資料形式和 Excel 的資料儲存形式很相近，接下來的章節主要圍繞 DataFrame 這種表格型資料結構展開。以下就是一個簡單的 DataFrame 資料結構：

```
        技能
第一    Excel
第二    SQL
第三    Python
第四    PPT
```

上面這種資料結構和 Excel 的資料結構很像，既有欄索引又有列索引，由列索引和欄索引確定唯一值。如果把上面這種結構用 Excel 表展示如右表所示。

	技能
第一	Excel
第二	SQL
第三	Python
第四	PPT

3.2.2 建立一個 DataFrame

建立 DataFrame 使用的方法是 pd.DataFrame()，透過將不同的物件傳入 DataFrame() 方法即可實現。

傳入一個列表

傳入一個列表的實現如下所示。

```
>>>import pandas as pd
>>>df1 = pd.DataFrame(["a","b","c","d"])
>>>df1
```

```
     0
0    a
1    b
2    c
3    d
```

只傳入一個單一列表時，該清單的值會顯示成一欄，且列和欄都是從 0 開始的預設索引。

傳入一個巢狀列表

```
>>>df2 = pd.DataFrame([["a","A"],["b","B"],["c","C"],["d","D"]])
>>>df2
     0   1
0    a   A
1    b   B
2    c   C
3    d   D
```

當傳入一個巢狀清單時，會根據巢狀清單數顯示成多列資料，列、欄索引同樣是從 0 開始的預設索引。列表裡面的巢狀列表也可以換成元組。

```
>>>df2 = pd.DataFrame([("a","A"),("b","B"),("c","C"),("d","D")])
>>>df2
     0   1
0    a   A
1    b   B
2    c   C
3    d   D
```

指定列、欄索引

如果只給 DataFrame() 方法傳入列表，DataFrame() 方法的列、欄索引都是預設值，則可以透過設定 columns 參數自訂欄索引，設定 index 參數自訂列索引。

```
#設定欄索引
>>>df31 = pd.DataFrame([["a","A"],["b","B"],["c","C"],["d","D"]],
   columns = ["小寫","大寫"])
```

```
>>>df31

   小寫 大寫
0   a   A
1   b   B
2   c   C
3   d   D
# 設定列索引
>>>df32 = pd.DataFrame([["a","A"],["b","B"],["c","C"],["d","D"]],
   index = [" 一 "," 二 "," 三 "," 四 "])
>>>df32

     0   1
一   a   A
二   b   B
三   c   C
四   d   D
# 列、欄索引同時設定
>>>df33 = pd.DataFrame([["a","A"],["b","B"],["c","C"],["d","D"]],
   columns = [" 小寫 "," 大寫 "],
   index = [" 一 "," 二 "," 三 "," 四 "])
>>>df33

   小寫 大寫
一   a   A
二   b   B
三   c   C
四   d   D
```

傳入一個字典

傳入一個字典的實現如下所示。

```
>>>data = {" 小寫 ":["a","b","c","d"]," 大寫 ":["A","B","C","D"]}
>>>df41 = pd.DataFrame(data)
>>>df41
   小寫 大寫
0   a   A
1   b   B
2   c   C
3   d   D
```

直接以字典的形式傳入 DataFrame 時，字典的 key 值就相當於欄索引，這時候如果沒有設定列索引，列索引還是使用從 0 開始的預設索引，同樣可以使用 index 參數自訂列索引，程式如下：

```
>>>data = {" 小寫 ":["a","b","c","d"]," 大寫 ":["A","B","C","D"]}
>>>df42 = pd.DataFrame(data,index = [" 一 "," 二 "," 三 "," 四 "])
>>>df42
   大寫 小寫
一   A   a
二   B   b
三   C   c
四   D   d
```

3.2.3 取得 DataFrame 的列、欄索引

利用 columns 方法取得 DataFrame 的欄索引。

```
>>>df2.columns
RangeIndex(start=0, stop=2, step=1)
>>>df33.columns
Index([' 小寫 ', ' 大寫 '], dtype='object')
```

利用 index 方法取得 DataFrame 的列索引。

```
>>>df2.index
RangeIndex(start=0, stop=4, step=1)
>>>df33.index
Index([' 一 ', ' 二 ', ' 三 ', ' 四 '], dtype='object')
```

3.2.4 取得 DataFrame 的值

取得 DataFrame 的值就是取得 DataFrame 中的某些欄或列，有關欄、列的選擇在第 6 章會有詳細講解。

準備食材－取得資料來源

俗話說，巧婦難為無米之炊。不管你廚藝多好，如果沒有食材，也做不出飯菜來，所以要想做出飯菜來，首先要買米買菜。而資料分析就好比做飯，首先也應該是準備食材，即取得資料來源。

4.1 匯入外部資料

匯入資料主要用到的是 Pandas 裡的 read_x() 方法，x 表示待匯入檔的格式。

4.1.1 匯入 .xlsx

在 Excel 中匯入 .xlsx 格式的檔案很簡單，按兩下開啟即可。在 Python 中匯入 .xlsx 檔案的方法則是 read_excel()。

基本匯入

在匯入檔案時首先要指定檔案路徑，也就是這個檔案存放在電腦中的哪個資料夾。

```
>>>import pandas as pd
>>>df = pd.read_excel(r"C:\ACD019600\test.xlsx")
>>>df
    編號    年齡    性別    註冊時間
0   A1      54      男      2018-08-08
1   A2      16      女      2018-08-09
2   A3      47      女      2018-08-10
3   A4      41      男      2018-08-11
```

電腦中的檔案路徑預設使用 \，這個時候需要在路徑前面加一個 r（轉義符）避免路徑裡面的 \ 被轉義。也可以不加 r，但是需要把路徑裡面的所有 \ 轉換成 /，這個規則在匯入其他格式的檔案時也是一樣的，我們通常會選擇在路徑前面加 r。

```
#路徑前面不加r
>>>df = pd.read_excel("C:/ACD019600/test.xlsx")
>>>df
    編號    年齡    性別    註冊時間
0   A1     54     男      2018-08-08
1   A2     16     女      2018-08-09
2   A3     47     女      2018-08-10
3   A4     41     男      2018-08-11
```

指定匯入哪個 Sheet

.xlsx 格式的檔案可以有多個 Sheet，可藉由 sheet_name 參數來指定要匯入哪個 Sheet。

```
>>>df = pd.read_excel("C:/ACD019600/test.xlsx",
   sheet_name = "工作表1")
>>>df
    編號    年齡    性別    註冊時間
0   A1     54     男      2018-08-08
1   A2     16     女      2018-08-09
2   A3     47     女      2018-08-10
3   A4     41     男      2018-08-11
```

除了可以指定具體 Sheet 的名字，還可以傳入 Sheet 的順序，從 0 開始計數。

```
>>>df = pd.read_excel("C:/ACD019600/test.xlsx", sheet_name = 0)
>>>df
    編號    年齡    性別    註冊時間
0   A1     54     男      2018-08-08
1   A2     16     女      2018-08-09
2   A3     47     女      2018-08-10
3   A4     41     男      2018-08-11
```

如果不指定 sheet_name 參數，那麼預設匯入的都是第一個 Sheet 的內容。

指定列索引

將檔案匯入 DataFrame 時，列索引使用從 0 開始的預設索引，可以透過 index_col 參數來設定。

```
>>>df = pd.read_excel("C:/ACD019600/test.xlsx",
   sheet_name = 0,index_col = 0)
>>>df
     年齡    性別       註冊時間
編號
A1   54     男        2018-08-08
A2   16     女        2018-08-09
A3   47     女        2018-08-10
A4   41     男        2018-08-11
```

index_col 表示用 .xlsx 檔中的第幾列做列索引，從 0 開始計數。

指定欄索引

將檔案匯入 DataFrame 時，預設使用來源資料表的第一列作為欄索引，也可以透過 header 參數來設定欄索引。header 參數值預設為 0，即用第一列作為欄索引；也可以是其他列，只需要傳入具體的那一列即可；也可以使用預設從 0 開始的數作為欄索引。

```
#使用第一列作為欄索引
>>>df = pd.read_excel("C:/ACD019600/test.xlsx",
   sheet_name = 0,header = 0)
>>>df
     編號     年齡      性別       註冊時間
0    A1      54       男        2018-08-08
1    A2      16       女        2018-08-09
2    A3      47       女        2018-08-10
3    A4      41       男        2018-08-11
#使用第一列作為欄索引
>>>df = pd.read_excel("C:/ACD019600/test.xlsx",
   sheet_name = 0,header = 1)
>>>df
     A1      54       男        2018-08-08
1    A2      16       女        2018-08-09
```

```
2   A3      47      女       2018-08-10
3   A4      41      男       2018-08-11
#使用預設從0開始的數作為欄索引
>>>df = pd.read_excel("C:/ACD019600/test.xlsx",
   sheet_name = 0,header = None)
>>>df
    0       1       2       3
0   編號    年齡    性別    註冊時間
1   A1      54      男       2018-08-08
2   A2      16      女       2018-08-09
3   A3      47      女       2018-08-10
4   A4      41      男       2018-08-11
```

指定匯入欄

有的時候本地檔的欄數太多，而我們又不需要那麼多欄時，可以藉由設定 usecols 參數來指定要匯入的欄。

```
>>>df = pd.read_excel("C:/ACD019600/test.xlsx", usecols = [0])
>>>df
    編號
0   A1
1   A2
2   A3
3   A4
```

可以給 usecols 參數具體的某個值，表示要匯入第幾欄，同樣是從 0 開始計數，也可以用列表的形式傳入多個值，表示要傳入哪些欄。

```
>>>df = pd.read_excel("C:/ACD019600/test.xlsx",
   usecols = [0,2])
>>>df
    編號    性別
0   A1      男
1   A2      女
2   A3      女
3   A4      男
```

4.1.2 匯入 .csv

在 Excel 中匯入 .csv 格式的檔案和開啟 .xlsx 格式的檔案一樣，按兩下即可。而在 Python 中匯入 .csv 檔用的方法是 read_csv()。

直接匯入

只需要指明檔案路徑即可。

```
>>>import pandas as pd
>>>df = pd.read_csv(r"C:\ACD019600\test.csv")
>>>df
     編號    年齡    性別    註冊時間
0    A1      54      男      2018/8/8
1    A2      16      女      2018/8/9
2    A3      47      女      2018/8/10
3    A4      41      男      2018/8/11
```

指明分隔符號

Excel 和 DataFrame 中的資料排列是整齊有規則的，這都是工具在後台根據某條規則進行切分的。read_csv() 預設檔中的資料都是以逗號分開，但是有的檔案不是用逗號分開的，這個時候就需要人為指定分隔符號，否則就會出現錯誤。

新增一個以空格作為分隔符號的檔案，如下所示：

```
編號 年齡 性別 註冊時間
A1   54   男   2018/8/8
A2   16   女   2018/8/9
A3   47   女   2018/8/10
A4   41   男   2018/8/11
```

如果用預設的逗號作為分隔符號，看看匯入的結果如何。

```
>>>df = pd.read_csv(r"C:\ACD019600\test1.csv")
>>>df
    編號年齡性別註冊時間
0   A1 54 男 2018/8/8
1   A2 16 女 2018/8/9
2   A3 47 女 2018/8/10
3   A4 41 男 2018/8/11
```

我們看到所有的資料還是一個整體，並沒有被分開，把分隔符號換成空格以後再看看效果：

```
>>>df = pd.read_csv(r"C:\ACD019600\test1.csv",sep = " ")
>>>df

    編號    年齡    性別    註冊時間
0   A1      54      男      2018/8/8
1   A2      16      女      2018/8/9
2   A3      47      女      2018/8/10
3   A4      41      男      2018/8/11
```

使用正確的分隔符號以後，資料被整齊有規則地分好了。常見的分隔符號除了逗號、空格，還有定位字元（\t）。

指定讀取列數

假設現在有一個幾百 MB 大小的檔案，你想大概看一下這個檔案裡有哪些資料，此時就沒必要把全部資料都匯入，你只要看到前面幾列，因此只要設定 nrows 參數即可。

```
>>>df = pd.read_csv(r"C:\ACD019600\test1.csv",sep = " ",nrows = 2)
>>>df

    編號  年齡  性別  註冊時間
0   A1    54    男    2018/8/8
1   A2    16    女    2018/8/9
```

指定編碼格式

Python 用得比較多的兩種編碼格式是 UTF-8 和 big5，預設編碼格式是 UTF-8。我們要根據匯入檔本身的編碼格式進行設定，透過設定參數 encoding 來指定匯入的編碼格式。有時候，兩個檔案看起來一樣，檔名一樣，格式也一樣，但如果它們的編碼格式不一樣，就是不一樣的檔案。例如，當你把一個 Excel 檔另存為新檔時，會出現兩個選項，雖然都是 .csv 檔，但是這兩種格式代表兩種不同的檔案，如下圖所示。

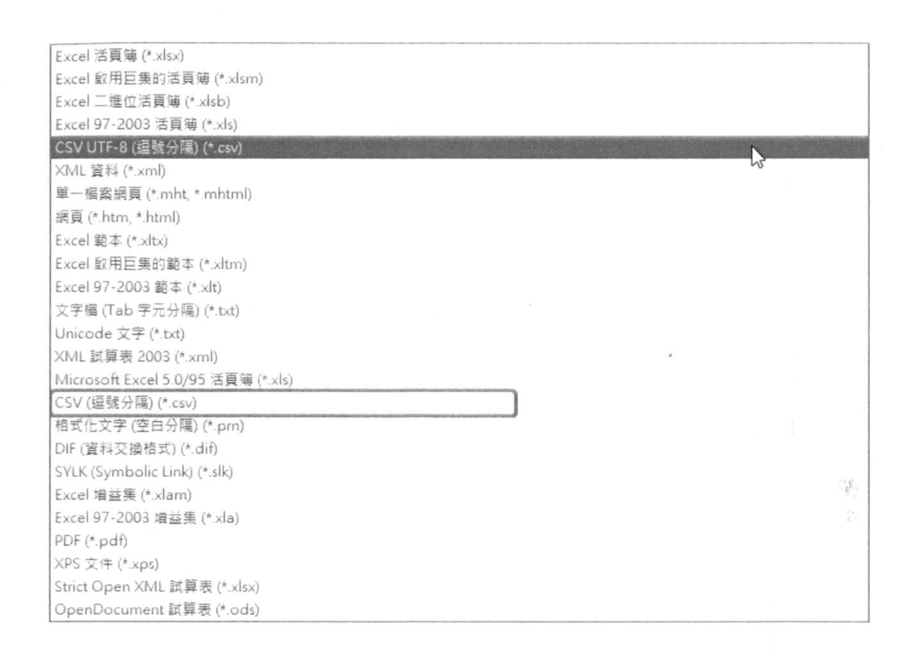

如果是 CSV UTF-8(逗號分隔)(*.csv) 格式的檔案，那麼匯入時就需要加 encoding 參數。

```
>>>df1 = pd.read_csv(r"C:\ACD019600\test2.csv",encoding = "utf-8")
>>>df1
    編號  年齡  性別  註冊時間
0   A1    54    男    2018/8/8
1   A2    16    女    2018/8/9
2   A3    47    女    2018/8/10
3   A4    41    男    2018/8/11
```

你也可以不加 encoding 參數，因為 Python 預設的編碼格式就是 UTF-8。

```
>>>df1 = pd.read_csv(r"C:\ACD019600\test2.csv")
>>>df1
    編號  年齡  性別  註冊時間
0   A1    54    男    2018/8/8
1   A2    16    女    2018/8/9
2   A3    47    女    2018/8/10
3   A4    41    男    2018/8/11
```

如果是 CSV(逗號分隔) (*.csv) 格式的檔案，那麼，在匯入時就需要把編碼格式更改為 big5，如果使用 UTF-8 就會出現錯誤。

```
>>>df1 = pd.read_csv(r"C:\ACD019600\test3.csv",encoding = "big5")
>>>df1
    編號  年齡  性別  註冊時間
0   A1    54    男    2018/8/8
1   A2    16    女    2018/8/9
2   A3    47    女    2018/8/10
3   A4    41    男    2018/8/11
```

engine 指定

當檔案路徑或者檔案名中包含中文時，如果還用上面的匯入方式就會出現錯誤。

```
>>>df1 = pd.read_csv(r"C:\ACD019600\data\test.csv")
>>>df1
OSError                                   Traceback (most recent call last)
<ipython-input-147-87fc2d876174> in <module>()
----> 1 df1 = pd.read_csv(r"C:\ACD019600\data\test.csv")
      2 df1
OSError: Initializing from file failed
```

這個時候我們就可以設定 engine 參數來消除這個錯誤。這個錯誤產生的原因是，當呼叫 read_csv() 方法時，預設使用 C 語言作為解析語言，我們只需要把預設值 C 更改為 Python 就可以了；如果檔案格式是 CSV UTF-8(逗號分隔)(*.csv)，那麼編碼格式也需要跟著變為 utf-8-sig；如果檔案格式是 CSV(逗號分隔)(*.csv) 格式，對應的編碼格式則為 big5。

```
>>>df1 = pd.read_csv(r"C:\ACD019600\data\test.csv",
   engine = "python",encoding = "utf-8-sig")
>>>df1
    編號  年齡  性別  註冊時間
0   A1    54    男    2018/8/8
1   A2    16    女    2018/8/9
2   A3    47    女    2018/8/10
3   A4    41    男    2018/8/11
```

其他

.csv 檔也涉及列、欄索引設定及指定匯入某欄或某幾列，設定方法與匯入 .xlsx 檔相同。

4.1.3 匯入 .txt

使用 Excel

在 Excel 中匯入 .txt 檔時，需要依序按一下功能表列中的資料 > 取得及轉換資料 > 從文字 /CSV，然後選擇要匯入的 .txt 檔所在的路徑，如下圖所示。（編注：在較新版本（如 Office 365/2019）中，需要透過檔案 > 開啟文字檔的方式，才會見到以下畫面）

選完路徑以後會出現如下圖所示介面，預覽檔案就是我們要匯入的檔案，確認無誤後按下一步按鈕即可。

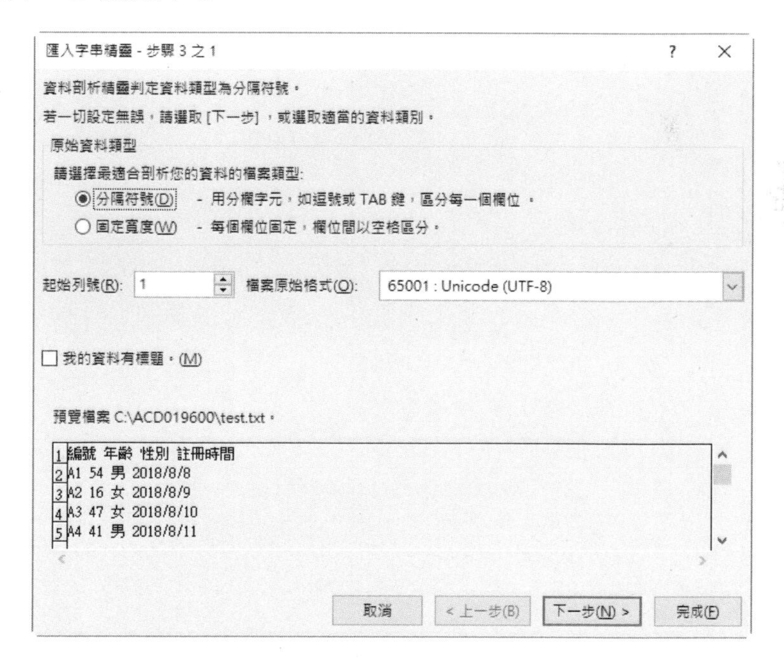

因為我們舉例的 .txt 檔是用空格分開的，所以在分隔符號項勾選空格核取方塊。如果待匯入的 .txt 檔是用其他分隔符號分隔的，那麼請選擇對應的分隔符號，然後直接按完成按鈕即可，如下圖所示。

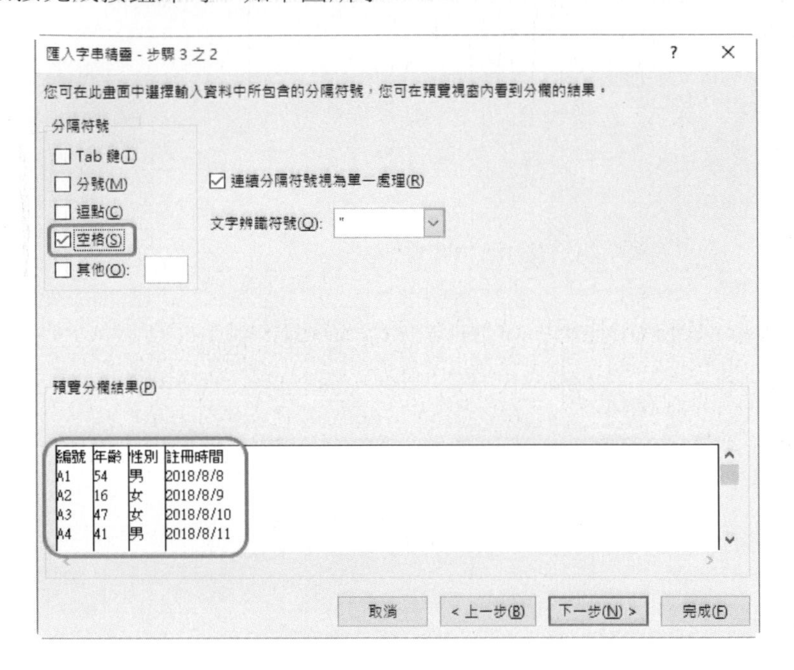

使用 Python

在 Python 中匯入 .txt 檔所用的方法也是 read_csve()，read_csv() 是將利用分隔符號分開的檔匯入 DataFrame 的通用函式。它不僅可以匯入 .csv 檔，還可以匯入 .txt 檔。

```
#利用 read_table() 匯入 .txt
>>>import pandas as pd
>>>df1 = pd.read_csv(r"C:\ACD019600\test.txt",sep = " ")
>>>df1
    編號  年齡  性別  註冊時間
0   A1    54    男    2018/8/8
1   A2    16    女    2018/8/9
2   A3    47    女    2018/8/10
3   A4    41    男    2018/8/11
```

4.1.4 匯入 sql 文件

使用 Excel

Excel 可以直接連接資料庫，透過依次按一下功能表列中的資料 > 取得資料 > 從資料庫。如果你的資料庫是 SQL Server，那麼直接選擇來自 SQL Server 即可；如果是 MySQL 資料庫，那麼你需要選擇「從 MySQL 資料庫」如下圖所示。

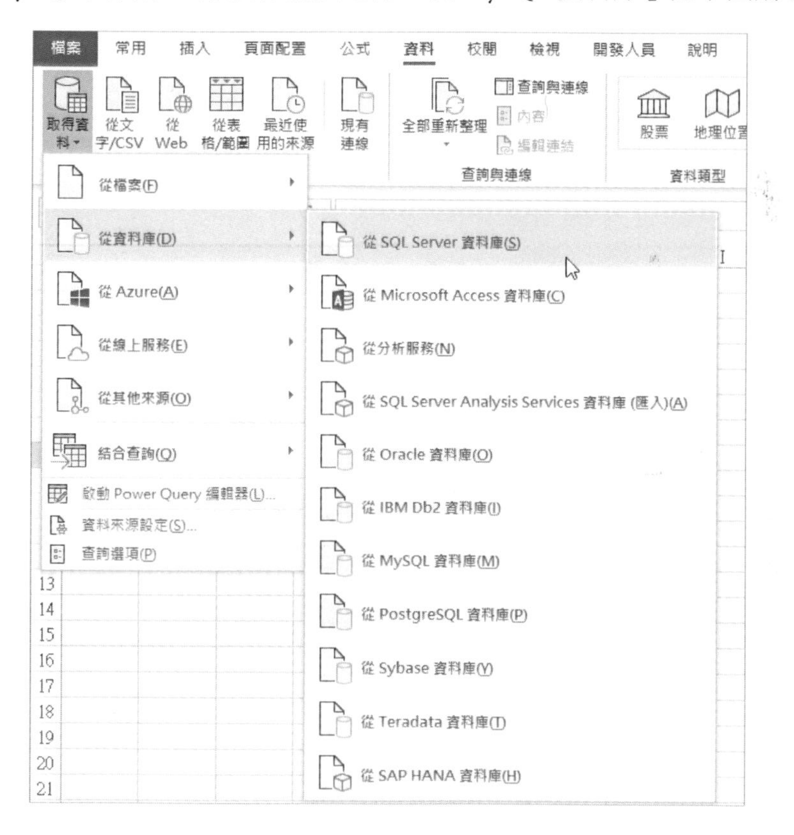

使用 Python

Python 匯入 sql 檔主要分為兩步，第一步將 Python 與資料庫進行連接，第二步是利用 Python 執行 sql 查詢。

將 Python 與資料庫連接時利用的是 pymysql 模組，這個模組 Anaconda 沒有內建，需要手動安裝。請開啟 Anaconda Promt，然後輸入 pip install pymysql 進行安裝即可，安裝完成以後直接用 import 匯入就可以使用，具體連接方法如下：

```
# 匯入 pymysql 模組
import pymysql

# 建立連接
eng = pymysql.connect(host='localhost',
                      user='user',
                      password='passwd',
                      db='db',
                      charset='utf8')


# user：用戶名
# password：密碼
# host：資料庫位址 / 本機使用 localhost
# db: 資料庫名
# charset：資料庫編碼，一般為 UTF-8
```

連接資料庫以後，就可以執行 sql 查詢，利用的是 read_sql() 方法。

```
pd.read_sql(sql,con)
# 參數 sql 是需要執行的 sql 敘述
# 參數 con 是第一步建立好的資料庫連接，即 eng
```

除了 sql 和 con 這兩個關鍵參數，read_sql() 函式也有用來設定列索引的參數 index_col，設定欄索引的 columns，實例如下：

```
>>>sql = "SELECT * FROM memberinfo"
>>>eng = pymysql.connect("118.190.201.130",
                         "zhangjh",
                         "zhangjh2018",
                         "test" ,
                         charset = "utf8")
>>>df = pd.read_sql(sql, eng)
>>>df
    編號  年齡  性別  註冊時間
0   A1    54    男    2018/8/8
1   A2    16    女    2018/8/9
2   A3    47    女    2018/8/10
3   A4    41    男    2018/8/11
```

4.2 新增資料

這裡的新增資料主要指新增 DataFrame 資料，我們在第 3 章時講過，利用 pd.DataFrame() 方法進行新增。

4.3 熟悉資料

當我們有了資料來源以後，先別急著分析，應該先熟悉資料，只有對資料充分熟悉了，才能有效率地進行分析。

4.3.1 利用 head 預覽前幾行

當資料表中包含資料筆數過多，而我們又想快速瀏覽一下有哪些資料時，就可以選擇只顯示資料表中前幾筆資料的方式來進行查看。

使用 Excel

Excel 其實沒有嚴格意義的顯示前幾行，當你開啟一個資料表時，一定會載入所有的資料，如果資料的筆數過多，則可以透過捲軸來瀏覽。

使用 Python

在 Python 中，當一個檔案匯入後，可以用 head() 方法來控制要顯示多少列。只需要在 head 後面的括弧中輸入要展示的列數即可，預設展示前 5 列。

```
>>>df = pd.read_csv(r"C:\ACD019600\test_head.csv")
>>>df
    編號  年齡  性別  註冊時間
0   A1    54    男    2018/8/8
1   A2    16    女    2018/8/9
2   A3    47    女    2018/8/10
3   A4    41    男    2018/8/11

>>>df.head()# 預設顯示前 5 列
    編號  年齡  性別  註冊時間
0   A1    54    男    2018/8/8
1   A2    16    女    2018/8/9
2   A3    47    女    2018/8/10
```

```
3    A4    41    男    2018/8/11
4    A3    47    女    2018/8/10
>>>df.head(2)# 只顯示前 2 列
     編號  年齡  性別  註冊時間
0    A1    54    男    2018/8/8
1    A2    16    女    2018/8/9
```

4.3.2 利用 shape 取得資料表的大小

熟悉資料的第一點就是先看一下資料表的大小，即資料表有多少列、多少欄。

使用 Excel

在 Excel 中查看資料表有多少列，一般都是選取某一欄，右下角就會出現該欄的項目個數，如下圖所示。

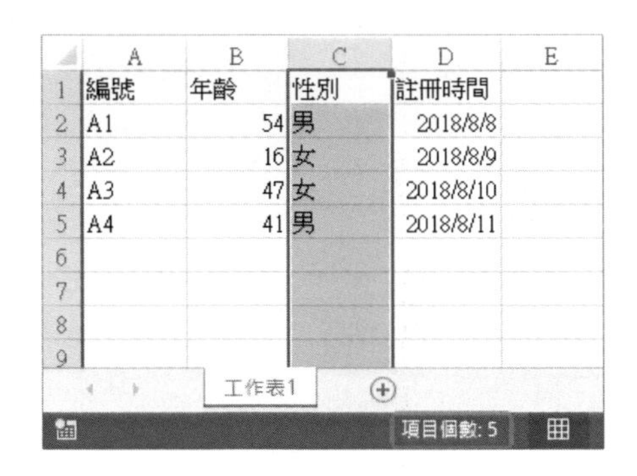

	A	B	C	D	E
1	編號	年齡	性別	註冊時間	
2	A1	54	男	2018/8/8	
3	A2	16	女	2018/8/9	
4	A3	47	女	2018/8/10	
5	A4	41	男	2018/8/11	

在 Excel 中選取某一列，右下角就會出現該表的欄數，如下圖所示。

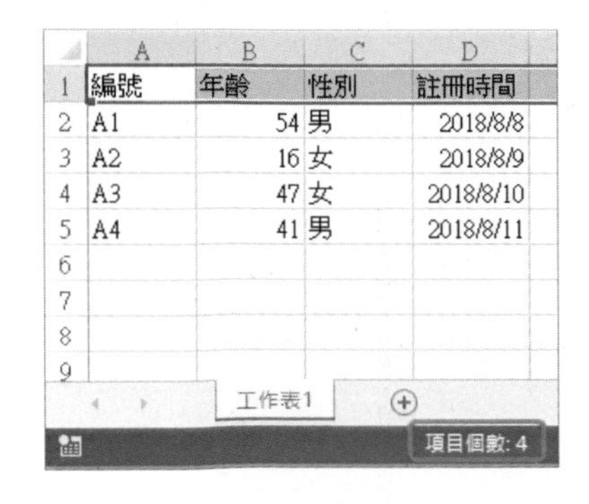

	A	B	C	D
1	編號	年齡	性別	註冊時間
2	A1	54	男	2018/8/8
3	A2	16	女	2018/8/9
4	A3	47	女	2018/8/10
5	A4	41	男	2018/8/11

使用 Python

在 Python 中取得資料表的列、欄數所利用的是 shape 方法。

```
>>>df = pd.read_csv(r"C:\ACD019600\test.csv")
>>>df
    編號  年齡  性別  註冊時間
0   A1    54    男    2018/8/8
1   A2    16    女    2018/8/9
2   A3    47    女    2018/8/10
3   A4    41    男    2018/8/11
>>>df.shape
(4,4)
```

shape 方法會以元組的形式傳回行、列數，上面程式中的 (4,4) 表示 df 表有 4 行 4 列資料。這裡需要注意的是，在 Python 中利用 shape 方法取得行數和列數時，不會把行索引和列索引計算在內，而 Excel 中是把行索引和列索引計算在內的。

4.3.3 利用 info 取得資料類型

熟悉資料的第二點就是看一下資料類型，不同的資料類型的分析方式是不一樣的，例如，數值型別的資料可以求均值，但是字串類型的資料就無法求均值了。

使用 Excel

在 Excel 中，若想看某一欄資料具體是什麼類型的，只要選取該欄，然後在功能表列中的「數值」那一欄就可以看到這一欄的資料類型。

年齡為數值類型，如下圖所示。

	A	B	C	D	E	F	G	H	I	J
1	編號	年齡	性別	註冊時間						
2	A1	54	男	2018/8/8						
3	A2	16	女	2018/8/9						
4	A3	47	女	2018/8/10						
5	A4	41	男	2018/8/11						

性別為文字類型，如下圖所示。

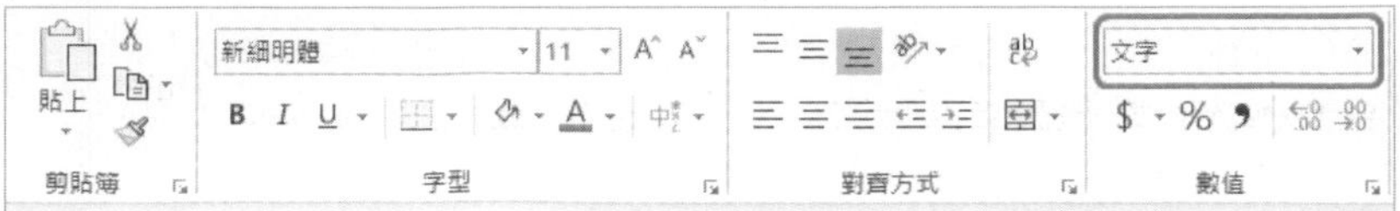

	A	B	C	D
1	編號	年齡	性別	註冊時間
2	A1	54	男	2018/8/8
3	A2	16	女	2018/8/9
4	A3	47	女	2018/8/10
5	A4	41	男	2018/8/11

使用 Python

在 Python 中我們可以利用 info() 方法查看資料表中的資料類型，而且不需要一列一列查看，在呼叫 info() 方法以後就會輸出整個表中所有列的資料類型。

```
>>>df = pd.read_excel(r"C:\ACD019600\test.xlsx")
>>>df
    編號  年齡  性別  註冊時間
0   A1    54    男   2018/8/8
1   A2    16    女   2018/8/9
2   A3    47    女   2018/8/10
3   A4    41    男   2018/8/11
>>>df.info()
<class 'pandas.core.frame.DataFrame'>
RangeIndex: 4 entries, 0 to 3
Data columns (total 4 columns):
編號      4 non-null object
年齡      4 non-null int64
性別      4 non-null object
註冊時間    4 non-null datetime64[ns]
dtypes: int64(1), object(3)
memory usage: 208.0+ bytes
```

利用 info() 方法可以看出表 df 的列索引 index 是 0~3，總共 4 欄，分別是編號、年齡、性別及註冊時間，且年齡是 int 類型、註冊時間是 datetime，其他欄位都是 object 類型，共佔用記憶體 208 bytes。

4.3.4 利用 describe 取得數值分佈情況

熟悉資料的第三點就是掌握數值的分佈情況，即均值是多少、最值是多少，變異數及分位數分別又是多少。

使用 Excel

在 Excel 中如果想看某列的數值分佈情況，可手動選取這一列，在 Excel 的右下角就會顯示出這一列的平均值、計數及總和，且只顯示這三個指標，如下圖所示。如果想瞭解其他指標（求極值、變異數、標準差）的具體計算方法，可參考 8.3 節。

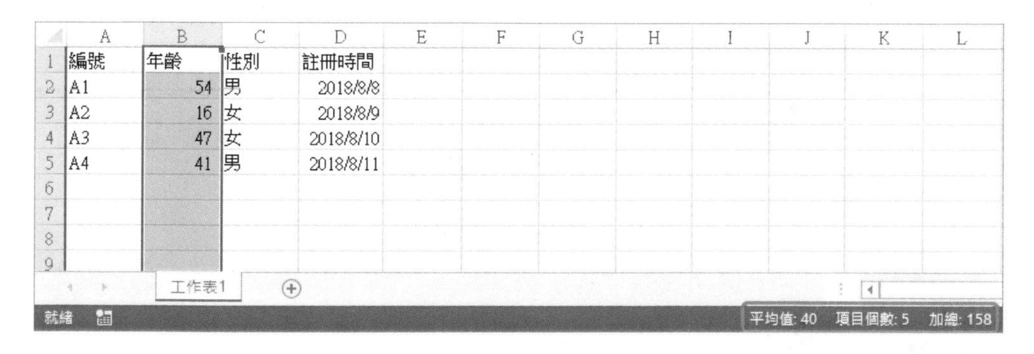

使用 Python

在 Python 中只需要利用 describe() 方法，就可以取得所有數值型別欄位的分佈值。

```
>>>df.describe()
              年齡
count   4.000000
mean   39.500000
std    16.542874
min    16.000000
25%    34.750000
50%    44.000000
75%    48.750000
max    54.000000
```

表 df 中只有年齡這一欄是數值型別，所以呼叫 describe() 方法時，只計算了年齡這一欄的相關數值分佈情況。我們可以新增一個含有多欄數值型別欄位的 DataFrame。

```
>>>df = pd.DataFrame([[20,5000,2],[25,8000,3],[30,9000,3],[28,7000,2]],
   columns = [" 年齡 "," 收入 "," 家屬數 "])
>>>df
    年齡  收入  家屬數
0   20    5000  2
1   25    8000  3
2   30    9000  3
3   28    7000  2
>>>df.describe()
           年齡          收入          家屬數
count    4.000000    4.000000      4.00000
mean     25.750000   7250.000000   2.50000
std      4.349329    1707.825128   0.57735
min      20.000000   5000.000000   2.00000
25%      23.750000   6500.000000   2.00000
50%      26.500000   7500.000000   2.50000
75%      28.500000   8250.000000   3.00000
max      30.000000   9000.000000   3.00000
```

上面的表 df 中年齡、收入、家屬數都是數值型別，所以在呼叫 describe() 方法的時候，會同時計算這三列的數值分佈情況。

淘米洗菜－數據預處理

從市場買來的菜，總有一些不太好的，所以把菜買回來以後要先做一遍預處理，把那些不太好的部分扔掉。現實中大部分的資料都類似於菜市場的菜品，拿到以後都要先做一次預處理。

常見的問題資料主要有缺失資料、重複資料、異常資料幾種，在開始正式的資料分析之前，我們需要先把這些有問題的資料處理掉。

5.1 缺失值處理

缺失值就是由某些原因導致部分資料為空，對於為空的這部分資料我們一般有兩種處理方式，一種是刪除，即把含有缺失值的資料刪除；另一種是填補，即把缺失的那部分資料用某個值代替。

5.1.1 缺失值查看

對缺失值進行處理，首先要把缺失值找出來，也就是查看哪列有缺失值。

使用 Excel

在 Excel 中我們先選取一欄沒有缺失值的資料，看一下這一欄共有多少資料，然後把其他欄的計數與這一欄進行對比，小於這一欄資料個數的就代表有缺失值，差值就是缺失個數。

下圖中非缺失值列的資料數為 5，性別這一欄為 4，這就表示性別這一欄有 1 個缺失值。

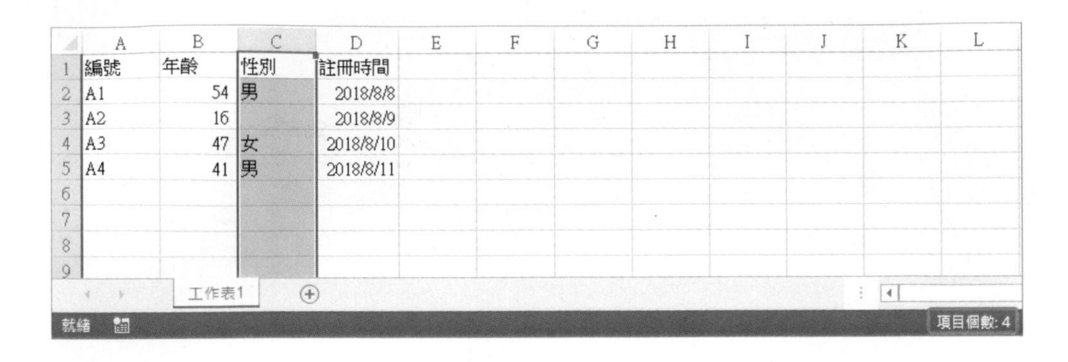

	A	B	C	D
1	編號	年齡	性別	註冊時間
2	A1	54	男	2018/8/8
3	A2	16		2018/8/9
4	A3	47	女	2018/8/10
5	A4	41	男	2018/8/11

如果想看整個資料表中每欄資料的缺失情況，則要逐欄選取，以便判斷該欄是否有缺失值。

如果資料不是特別多，你想看到具體是哪個儲存格缺失，則可以利用特殊目標（按快速鍵 Ctrl+G 可彈出該對話方塊）查詢。在特殊目標對話方塊中選擇空格，按一下確定就會把所有的空格選取，如下圖所示。

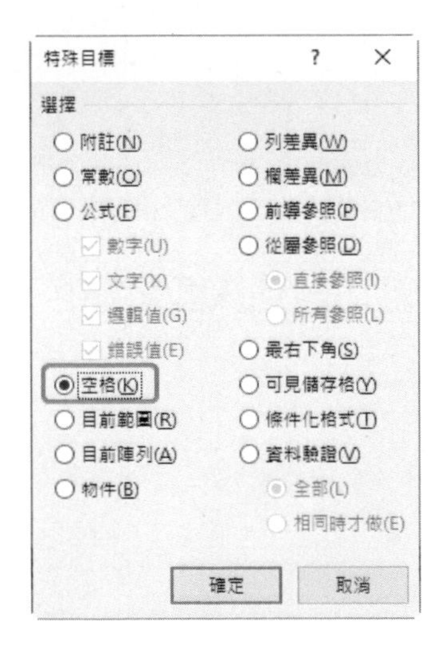

透過特殊目標把缺失值選出來的結果，如下圖所示。

1	編號	年齡	性別	註冊時間
2	A1	54	男	2018/8/8
3	A2	16		2018/8/9
4	A3	47	女	2018/8/10
5	A4	41	男	2018/8/11

使用 Python

在 Python 中直接呼叫 info() 方法就會傳回每一列的缺失情況。關於 info() 方法我們在前面就用過，但是沒有說明這個方法可以判斷資料的缺失情況。

```
>>>import pandas as pd
>>>df = pd.read_excel(r"C:\ACD019600\test5.xlsx")
>>>df
     編號   年齡   性別   註冊時間
0    A1     54    男    2018/8/8
1    A2     16    NaN   2018/8/9
2    A3     47    女    2018/8/10
3    A4     41    男    2018/8/11
>>>df.info()
<class 'pandas.core.frame.DataFrame'>
RangeIndex: 4 entries, 0 to 3
Data columns (total 4 columns):
編號        4 non-null object
年齡        4 non-null int64
性別        3 non-null object
註冊時間     4 non-null datetime64[ns]
dtypes: int64(1), inte64(1), object(2)
memory usage: 208.0+ bytes
```

Python 中缺失值一般用 NaN 表示，從用 info() 方法的結果來看，性別這一欄是 3 non-null object，表示性別這一列有 3 個非 null 值，而其他欄有 4 個非 null 值，說明性別這一欄有 1 個 null 值。

我們還可以用 isnull() 方法來判斷哪個值是缺失值，如果是缺失值則傳回 True，如果不是缺失值則傳回 False。

```
>>>df.isnull()
     編號     年齡     性別     註冊時間
0    False   False   False   False
1    False   False   True    False
2    False   False   False   False
3    False   False   False   False
```

5.1.2 缺失值刪除

缺失值分為兩種，一種是一列中某個欄位是缺失值；另一種是一列中的欄位全部為缺失值，即為一個空白列。

使用 Excel

在 Excel 中，這兩種缺失值都可以透過在特殊目標（按快速鍵 Ctrl+G 可彈出該對話方塊）對話方塊中選擇空格來找到。

這樣含有缺失值的部分就會被選取，包括某個具體的儲存格及一整列，然後按一下滑鼠右鍵在彈出的刪除對話方塊中選擇刪除整列選項，並按一下確定按鈕即可完成整列的刪除。

使用 Python

在 Python 中，我們利用的是 dropna() 方法，dropna() 方法預設刪除含有缺失值的行，也就是只要某一行有缺失值就把這一行刪除。

```
>>>df = pd.read_excel(r"C:\ACD019600\test5-1-2.xlsx")
>>>df
    編號  年齡  性別  註冊時間
0   A1    54    男    2018/8/8
1   A2    16    NaN   2018/8/9
2   NaN   NaN   NaN        NaT
3   A4    41    男    2018/8/11
>>>df.dropna()
    編號  年齡  性別  註冊時間
0   A1    54    男    2018/8/8
3   A4    41    男    2018/8/11
```

執行 dropna() 方法以後，刪除含有 NaN 值的列，傳回刪除後的資料。

如果想刪除空白列，只要給 dropna() 方法傳入一個參數 how = "all" 即可，這樣就會只刪除那些全為空格的列，不全為空格的列就不會被刪除。

```
>>>df
     編號   年齡   性別   註冊時間
0    A1     54     男     2018/8/8
1    A2     16     NaN    2018/8/9
2    NaN    NaN    NaN    NaN
3    A4     41     男     2018/8/11
>>>df.dropna(how = "all")
     編號   年齡   性別   註冊時間
0    A1     54     男     2018/8/8
1    A2     16     NaN    2018/8/9
3    A4     41     男     2018/8/11
```

上表第二列中只有性別這個欄位是空格，所以在利用 dropna(how = "all") 時並沒有刪除第二列，只刪除了全為 NaN 值的第三列。

5.1.3 缺失值填補

上面介紹了缺失值的刪除，但是資料是寶貴的，一般情況下只要資料缺失比例不是過高（不大於 30%），請儘量以填補代替刪除。

使用 Excel

在 Excel 中，缺失值的填充和缺失值刪除一樣，利用的也是特殊目標，先把缺失值找到，然後在第一個缺失值的儲存格中輸入要填補的值，最常用的就是用 0 填補，輸入以後按 Ctrl+Enter 複合鍵就可以對所有缺失值進行填補。

缺失值填充前後的對比如下圖所示。

Before

編號	年齡	性別	註冊時間
A1	54	男	2018/8/8
A2	16		2018/8/9
A3		女	2018/8/10
A4	41	男	2018/8/11

After

編號	年齡	性別	註冊時間
A1	54	男	2018/8/8
A2	16	0	2018/8/9
A3	0	女	2018/8/10
A4	41	男	2018/8/11

年齡用數字填補合適，但是性別用數字填補就不太合適了。那麼可不可以分開填補呢？答案是可以的，選取要填充的那一欄，按照填充全部資料的方式進行填補即可，只不過要填充幾欄，就需要執行幾次操作。

Before

編號	年齡	性別	註冊時間
A1	54	男	2018/8/8
A2	16		2018/8/9
A3		女	2018/8/10
A4	41	男	2018/8/11

After

編號	年齡	性別	註冊時間
A1	54	男	2018/8/8
A2	16	男	2018/8/9
A3	37	女	2018/8/10
A4	41	男	2018/8/11

上圖是填補前後的對比，年齡這一欄我們用平均值填補，性別這一欄用眾數填補。

除了用 0 填補、平均值填補、眾數（大多數）填補，還有向前填補（即用缺失值的前一個非缺失值填補，比如上例中編號 A3 對應的缺失年齡的前一個非缺失值就是 16）、向後填補（與向前填補對應）等方式。

使用 Python

在 Python 中，我們利用的 fillna() 方法對資料表中的所有缺失值進行填補，在 fillna 後面的括弧中輸入要填補的值即可。

```
>>>df
    編號   年齡   性別   註冊時間
0   A1     54     男     2018/8/8
1   A2     16    NaN   2018/8/9
2   A3    NaN     女     2018/08/10
3   A4     41     男     2018/8/11
>>>df.fillna(0)
    編號   年齡   性別   註冊時間
0   A1     54     男     2018/8/8
1   A2     16     0      2018/8/9
2   A3      0     女     2018/8/10
3   A4     41     男     2018/8/11
```

在 Python 中我們也可以根據不同欄填補，只要在 fillna() 方法的括弧中指明欄名即可。

```
>>>df
      編號  年齡  性別  註冊時間
0     A1    54    男    2018/8/8
1     A2    16    NaN   2018/8/9
2     A3    NaN   女    2018/8/10
3     A4    41    男    2018/8/11
>>>df.fillna({"性別":"男"})#對性別進行填補
      編號  年齡  性別  註冊時間
0     A1    54    男    2018/8/8
1     A2    16    男    2018/8/9
2     A3    NaN   女    2018/8/10
3     A4    41    男    2018/8/11
```

上面的程式只針對性別這一欄進行了填充，其他欄未進行任何更改。

也可以同時對多欄填滿不同的值：

```
#分別對性別和年齡進行填充
>>>df.fillna({"性別":"男","年齡":"30"})
      編號  年齡  性別  註冊時間
0     A1    54    男    2018/8/8
1     A2    16    男    2018/8/9
2     A3    30    女    2018/8/10
3     A4    41    男    2018/8/11
```

5.2 重複值處理

重複資料就是指同樣的記錄有多筆，對於這樣的資料我們一般做刪除處理。

假設你是一名資料分析師，你的主要工作是分析公司的銷售情況，現有公司 2018 年 8 月的銷售明細（已知一筆明細對應一筆成交記錄），你想看一下 8 月整體成交量是多少，最簡單的方式就是看一下有多少筆成交明細。但是這裡可能會有重複的成交記錄存在，所以要先刪除重複項。

使用 Excel

在 Excel 中依序點選功能表列中的資料 > 資料工具 > 移除重複項，就可以刪除重複資料了，如下圖所示。

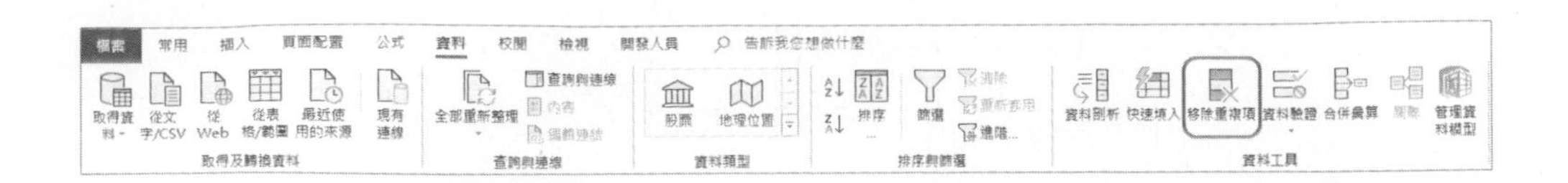

刪除前後的對比如下圖所示。

Before

訂單編號	客戶姓名	唯一識別碼	成交時間
A1	張通	101	2018/8/8
A2	李谷	102	2018/8/9
A3	孫鳳	103	2018/8/10
A3	孫鳳	103	2018/8/10
A4	趙桓	104	2018/8/11
A5	趙桓	104	2018/8/12

After

訂單編號	客戶姓名	唯一識別碼	成交時間
A1	張通	101	2018/8/8
A2	李谷	102	2018/8/9
A3	孫鳳	103	2018/8/10
A4	趙桓	104	2018/8/11
A5	趙桓	104	2018/8/12

Excel 的移除重複項預設針對所有值進行重複值判斷，舉例來說，如果有訂單編號、客戶姓名、唯一識別碼（類似於身分證字號）、成交時間這四個欄位，Excel 會判斷這四個欄位是否都相等，只有都相等時才會刪除，且保留第一個（列）值。

在知道了公司 8 月成交明細以後，你想看一下 8 月總共有多少成交客戶，且每個客戶在 8 月首次成交的日期。

查看客戶數量只需要按客戶的唯一識別碼進行刪除重複的工作就可以了。Excel 預設是全選，我們可以取消全選，選擇唯一識別碼進行刪除重複，這樣只要唯一識別碼重複就會被刪除，如下圖所示。

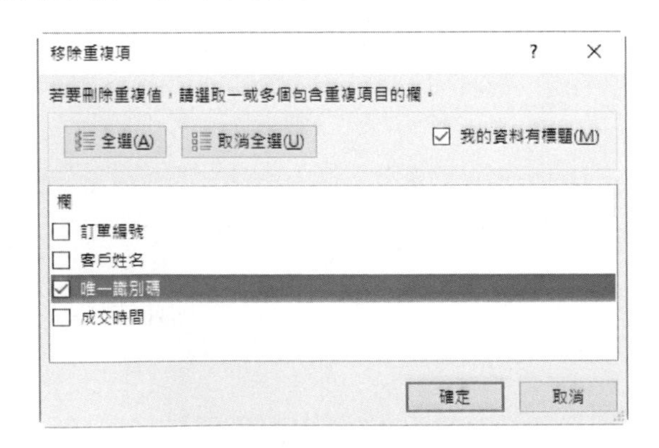

因為 Excel 預設會保留第一筆記錄，而我們又想要取得每個客戶的較早成交日期，所以我們需要先對時間進行昇冪排列，讓較早的日期排在前面，這樣在刪除的時候就會保留較早的成交日期。

刪除前後的對比如下圖所示。

Before

訂單編號	客戶姓名	唯一識別碼	成交時間
A1	張通	101	2018/8/8
A2	李谷	102	2018/8/9
A3	孫鳳	103	2018/8/10
A3	孫鳳	103	2018/8/10
A4	趙桓	104	2018/8/11
A5	趙桓	104	2018/8/12

After

訂單編號	客戶姓名	唯一識別碼	成交時間
A1	張通	101	2018/8/8
A2	李谷	102	2018/8/9
A3	孫鳳	103	2018/8/10
A4	趙桓	104	2018/8/11

使用 Python

在 Python 中我們利用 drop_duplicates() 方法，該方法預設對所有值進行重複值判斷，且預設保留第一個（列）值。

```
>>>df
    訂單編號    客戶姓名  唯一識別碼    成交時間
0   A1          張通      101           2018-08-08
1   A2          李谷      102           2018-08-09
2   A3          孫鳳      103           2018-08-10
3   A3          孫鳳      103           2018-08-10
4   A4          趙恒      104           2018-08-11
5   A5          趙恒      104           2018-08-12
>>>df.drop_duplicates()
    訂單編號    客戶姓名  唯一識別碼    成交時間
0   A1          張通       101          2018-08-08
1   A2          李谷       102          2018-08-09
2   A3          孫鳳       103          2018-08-10
4   A4          趙恒       104          2018-08-11
5   A5          趙恒       104          2018-08-12
```

上面的程式是針對所有欄位進行的重複值判斷，我們同樣也可以只針對某一欄或某幾欄進行重複值刪除的判斷，只需要在 drop_duplicates() 方法中指明要判斷的欄名即可。

```
>>>df
    訂單編號    客戶姓名  唯一識別碼    成交時間
```

```
0   A1          張通      101         2018-08-08
1   A2          李谷      102         2018-08-09
2   A3          孫鳳      103         2018-08-10
3   A3          孫鳳      103         2018-08-10
4   A4          趙恒      104         2018-08-11
5   A5          趙恒      104         2018-08-12
>>>df.drop_duplicates(subset = "唯一識別碼")
    訂單編號      客戶姓名  唯一識別碼    成交時間
0   A1          張通      101         2018-08-08
1   A2          李谷      102         2018-08-09
2   A3          孫鳳      103         2018-08-10
4   A4          趙恒      104         2018-08-11
```

也可以利用多欄刪除重複，只需要把多個欄名以列表的形式傳給參數 subset 即可，像是依據姓名和唯一識別碼刪除重複：

```
>>>df.drop_duplicates(subset = ["客戶姓名","唯一識別碼"])
    訂單編號      客戶姓名  唯一識別碼    成交時間
0   A1          張通      101         2018-08-08
1   A2          李谷      102         2018-08-09
2   A3          孫鳳      103         2018-08-10
4   A4          趙恒      104         2018-08-11
```

還可以自訂刪除重複項時保留哪個，預設保留第一個，也可以設定保留最後一個，或者全部不保留。藉由傳入參數 keep 進行設定，參數 keep 預設值是 first，即保留第一個值；也可以是 last，保留最後一個值；還可以是 False，即把重複值全部刪除。

```
#保留最後一個重複值
>>>df.drop_duplicates(subset = ["客戶姓名","唯一識別碼"],keep = "last")
    訂單編號      客戶姓名  唯一識別碼    成交時間
0   A1          張通      101         2018-08-08
1   A2          李谷      102         2018-08-09
3   A3          孫鳳      103         2018-08-10
5   A5          趙恒      104         2018-08-12
#不保留任何重複值
>>>df.drop_duplicates(subset = ["客戶姓名","唯一識別碼"],
  keep = False)
    訂單編號      客戶姓名  唯一識別碼    成交時間
0   A1          張通      101         2018-08-08
1   A2          李谷      102         2018-08-09
```

5.3 異常值的檢測與處理

異常值就是相比正常資料而言過高或過低的資料，比如一個人的年齡是 0 歲或者 300 歲都算是一個異常值，因為這和實際情況差距過大。

5.3.1 異常值檢測

要處理異常值首先要檢測，也就是發現異常值。發現異常值的方式主要有以下三種：

- 根據業務經驗劃定不同指標的正常範圍，超過該範圍的值算作異常值。
- 繪製箱形圖，把大於（小於）箱形圖上邊緣（下邊緣）的點稱為異常值。
- 如果資料符合常態分佈，則可以利用 3σ 原則；如果一個數值與平均值之間的偏差超過 3 倍標準差，那麼我們就認為這個值是異常值。

箱形圖如下圖所示，關於箱形圖的繪製方法會在第 13 章介紹。

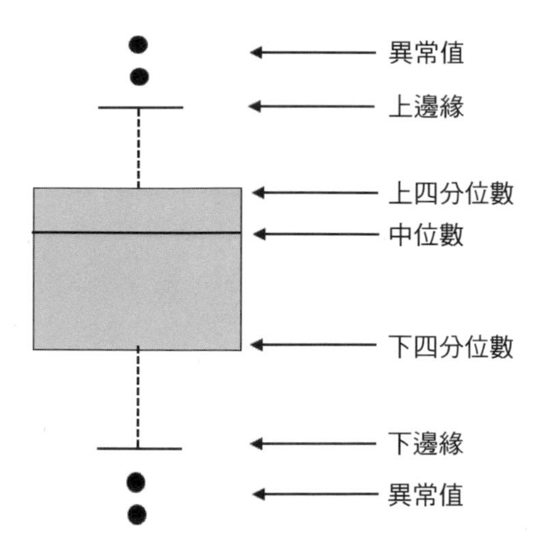

下圖為常態分佈圖，我們把大於 μ+3σ 的值稱為異常值。

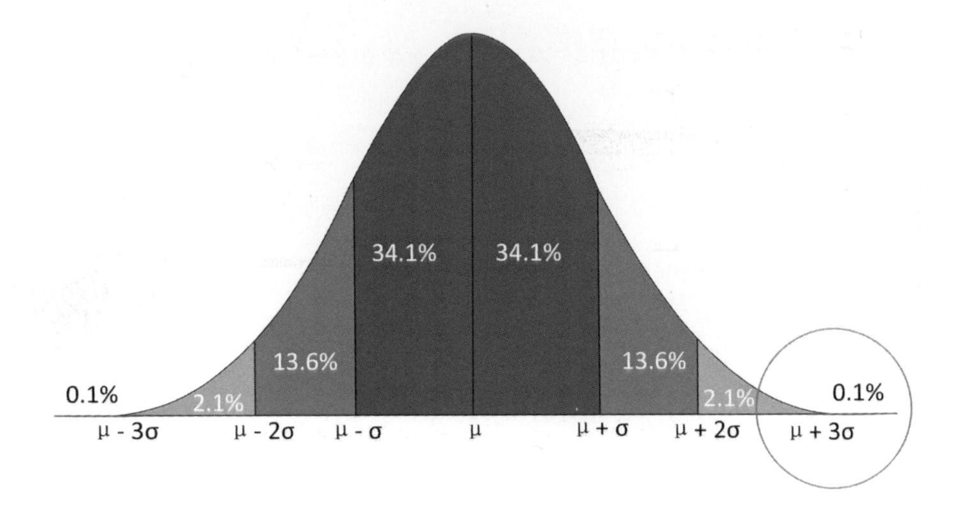

5.3.2 異常值處理

對於異常值一般有以下三種處理方式：

- 最常用的處理方式就是刪除。
- 把異常值當作缺失值來填補。
- 把異常值當作特殊情況，研究異常值出現的原因。

使用 Excel

在 Excel 中，刪除異常值只要透過篩選把異常值對應的欄位找出來，然後按一下滑鼠右鍵選擇刪除列即可。

對異常值進行填補，其實就是對異常值進行取代，同樣透過篩選功能把異常值先找出來，然後把這些異常值取代成要填補的值即可。

使用 Python

在 Python 中，刪除異常值用到的方法和 Excel 中的方法原理類似，Python 中是透過過濾的方法對異常值進行刪除。比如 df 表中有年齡這個指標，要把年齡大於 200 的值刪掉，你可以透過篩選把年齡不大於 200 的篩出來，篩出來的部分就是刪除大於 200 的值以後的新表。

對異常值進行填補，就是對異常值進行取代，利用 replace() 方法可以對特定的值進行取代。

關於資料篩選和資料取代會在接下來的章節介紹。

5.4 資料類型轉換

5.4.1 資料類型

使用 Excel

在 Excel 中常用的資料類型就是在功能表列中數值選項下面的幾種，你也可以選擇其他資料格式，如下圖所示。

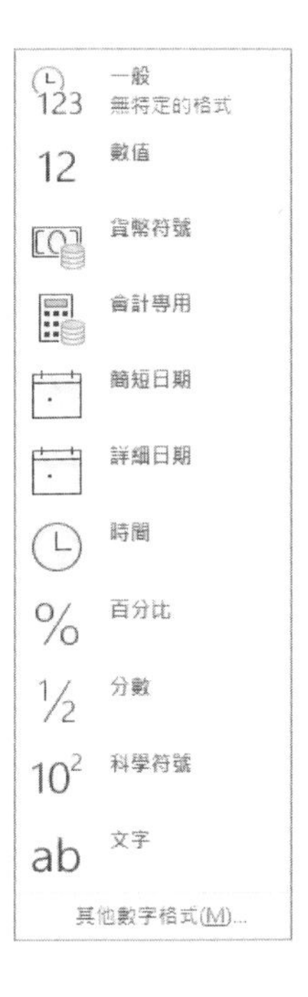

在 Excel 中只要選取某一欄就可以在功能表列看到該欄的資料類型。

當選取成交時間這一欄時，功能表列中就會顯示日期，表示成交時間這一欄的資料類型是日期格式，如下圖所示。

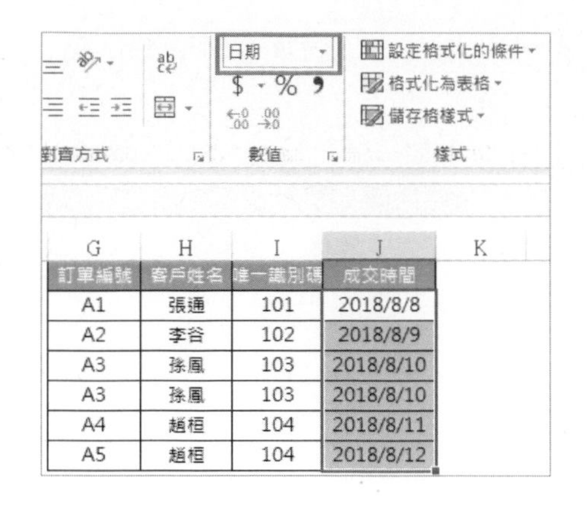

使用 Python

Pandas 不像 Excel 分得那麼詳細，它主要有六種資料類型，如下表所示。

類型	說明
int	整型數，即整數
float	浮點數，即含有小數點的數
object	Python 物件類型，用 O 表示
string_	字串類型，經常用 S 表示，S10 表示長度為 10 的字串
unicode_	固定長度的 unicode 類型，跟字串定義方式一樣
datetime64[ns]	表示時間格式

在 Python 中，不僅可以用 info() 方法取得每一欄的資料類型，還可以透過 dtype 方法來取得某一欄的資料類型。

```
>>> df = pd.read_excel(r"C:\ACD019600\test5-4.xlsx")
>>> df
   訂單編號    客戶姓名   唯一識別碼    成交時間
0  A1         張通      101         2018-08-08
1  A2         李谷      102         2018-08-09
2  A3         孫鳳      103         2018-08-10
3  A3         孫鳳      103         2018-08-10
4  A4         趙恒      104         2018-08-11
5  A5         趙恒      104         2018-08-12
```

```
>>>df[" 訂單編號 "].dtype# 查看訂單編號這一欄的資料類型
dtype('O')
>>>df[" 唯一識別碼 "].dtype# 查看唯一識別碼這一欄的資料類型
dtype('int64')
```

5.4.2 類型轉換

前面曾提到，不同資料類型的資料可以做的事情是不一樣的，所以需要對資料進行類型轉化，把資料轉換為我們需要的類型。

使用 Excel

在 Excel 中如果想更改某一欄的資料類型，只要選取該欄，然後在數值功能表列中透過下拉式功能表選擇你要轉換的目標類型即可實現。

下圖就是將文字類型的資料轉換成數值類型的資料，數值型別資料預設為兩位小數，也可以設定成其他位數。

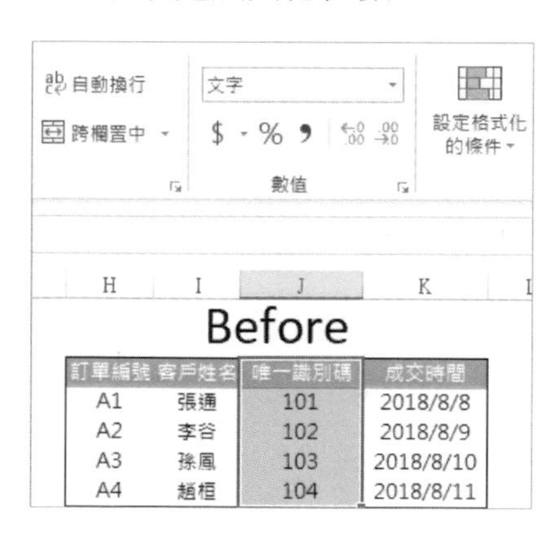

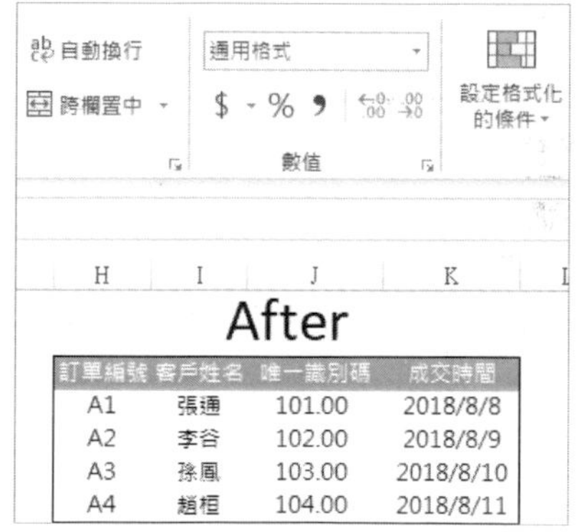

使用 Python

在 Python 中，我們利用 astype() 方法對資料類型進行轉換，在 astype 後面的括弧裡指明要轉換的目標類型即可。

```
>>>df
     訂單編號    客戶姓名  唯一識別碼   成交時間
0    A1         張通      101          2018-08-08
1    A2         李谷      102          2018-08-09
```

```
2    A3          孫鳳     103          2018-08-10
3    A3          孫鳳     103          2018-08-10
4    A4          趙恒     104          2018-08-11
5    A5          趙恒     104          2018-08-12
>>>df[" 唯一識別碼 "].dtype# 查看唯一識別碼這一列的資料類型
dtype('int64')
>>>df[" 唯一識別碼 "].astype("float64")# 將唯一識別碼從 int 類型轉換為 float 類型
0    101.0
1    102.0
2    103.0
3    103.0
4    104.0
5    104.0
```

5.5 索引設定

索引是查詢資料的依據，設定索引的目的是便於我們查詢資料。舉個例子，你逛超市買了很多食材，回到家以後要把它們放在冰箱裡，放的過程其實就是一個建立索引的過程，比如蔬菜放在冷藏室、肉類放在冷凍室，這樣在找的時候就能很快找到。

5.5.1 為無索引表添加索引

有的表沒有索引，這時要給這類表加一個索引。

使用 Excel

在 Excel 中，一般都是有索引的，如果沒有索引，資料看起來會很亂。當然也會有例外，有些資料表就是沒有索引。這時候插入一列一欄就是為表添加索引。

加入索引前後的對比如下圖所示，序號列為列索引，欄位名稱為欄索引。

Before

A1	張通	101	2018/8/8
A2	李谷	102	2018/8/9
A3	孫鳳	103	2018/8/10
A4	趙桓	104	2018/8/11
A5	趙桓	104	2018/8/11

After

序號	訂單編號	客戶姓名	唯一識別碼	成交時間
1	A1	張通	101.00	2018/8/8
2	A2	李谷	102.00	2018/8/9
3	A3	孫鳳	103.00	2018/8/10
4	A4	趙桓	104.00	2018/8/11
5	A5	趙桓	104	2018/8/11

使用 Python

在 Python 中，如果表沒有索引，會預設用從 0 開始的自然數做索引，比如下面這樣：

```
>>>df
    0       1       2       3
0   A1      張通    101     2018-08-08
1   A2      李谷    102     2018-08-09
2   A3      孫鳳    103     2018-08-10
3   A4      趙恒    104     2018-08-11
4   A5      趙恒    104     2018-08-12
```

利用表 df 的 columns 參數傳入列索引值，index 參數傳入列索引值達到為無索引表添加索引的目的，具體實現如下：

```
#為表添加欄索引
>>>df.columns = ["訂單編號","客戶姓名","唯一識別碼","成交時間"]
>>>df
    訂單編號  客戶姓名  唯一識別碼  成交時間
0   A1        張通      101         2018-08-08
1   A2        李谷      102         2018-08-09
2   A3        孫鳳      103         2018-08-10
3   A4        趙恒      104         2018-08-11
4   A5        趙恒      104         2018-08-12
#為表添加列索引
>>>df.index = [1,2,3,4,5]
>>>df
    訂單編號  客戶姓名  唯一識別碼  成交時間
1   A1        張通      101         2018-08-08
2   A2        李谷      102         2018-08-09
3   A3        孫鳳      103         2018-08-10
4   A4        趙恒      104         2018-08-11
5   A5        趙恒      104         2018-08-12
```

5.5.2 重新設定索引

重新設定索引一般是指列索引的設定。有的表雖然有索引，但不是我們想要的，若現在有一個表是把序號作為列索引，而我們想要把訂單編號作為列索引時，該怎麼做呢？

使用 Excel

在 Excel 中重新設定列索引比較簡單，你想讓哪一欄做列索引，直接將該欄拖到第一欄的位置即可。

使用 Python

在 Python 中可以利用 set_index() 方法重新設定索引列，在 set_index() 裡指明要作為列索引之欄的名稱即可。

```
>>>df
     訂單編號    客戶姓名  唯一識別碼   成交時間
1    A1         張通      101          2018-08-08
2    A2         李谷      102          2018-08-09
3    A3         孫鳳      103          2018-08-10
4    A4         趙恒      104          2018-08-11
5    A5         趙恒      104          2018-08-12
>>>df.set_index(" 訂單編號 ")
                客戶姓名  唯一識別碼   成交時間
訂單編號
A1              張通      101          2018-08-08
A2              李谷      102          2018-08-09
A3              孫鳳      103          2018-08-10
A4              趙恒      104          2018-08-11
A5              趙恒      104          2018-08-12
```

5.5.3 重新命名索引

重新命名索引是針對現有索引名進行修改的，就是改欄位名稱。

使用 Excel

在 Excel 中重新命名索引比較簡單，就是直接修改欄位名稱。

使用 Python

在 Python 中重新命名索引，我們利用的是 rename() 方法，在 rename 後的括弧裡指明要修改的列索引及欄索引名。

```
#重新命名欄索引
>>>df = pd.read_excel("C:/ACD019600/test5-4.xlsx")
>>>df.index = [1,2,3,4,5,6]
>>>df
    訂單編號    客戶姓名  唯一識別碼   成交時間
1   A1          張通      101          2018-08-08
2   A2          李谷      102          2018-08-09
3   A3          孫鳳      103          2018-08-10
4   A4          趙恒      104          2018-08-11
5   A5          趙恒      104          2018-08-12
>>>df.rename(columns = {"訂單編號":"新訂單編號",
                       "客戶姓名":"新客戶姓名"})
    新訂單編號  新客戶姓名  唯一識別碼  成交時間
1   A1          張通        101         2018-08-08
2   A2          李谷        102         2018-08-09
3   A3          孫鳳        103         2018-08-10
4   A4          趙恒        104         2018-08-11
5   A5          趙恒        104         2018-08-12
#重新命名列索引
>>>df
    訂單編號    客戶姓名    唯一識別碼   成交時間
1   A1          張通        101          2018-08-08
2   A2          李谷        102          2018-08-09
3   A3          孫鳳        103          2018-08-10
4   A4          趙恒        104          2018-08-11
5   A5          趙恒        104          2018-08-12
>>>df.rename(index = {1:"一",
                      2:"二",
                      3:"三"})
    訂單編號    客戶姓名    唯一識別碼   成交時間
一   A1         張通        101          2018-08-08
二   A2         李谷        102          2018-08-09
三   A3         孫鳳        103          2018-08-10
4    A4         趙恒        104          2018-08-11
5    A5         趙恒        104          2018-08-12
#同時重新命名列索引和欄索引
>>>df
    訂單編號    客戶姓名    唯一識別碼   成交時間
1   A1          張通        101          2018-08-08
2   A2          李谷        102          2018-08-09
3   A3          孫鳳        103          2018-08-10
4   A4          趙恒        104          2018-08-11
5   A5          趙恒        104          2018-08-12
>>>df.rename(columns = {"訂單編號":"新訂單編號",
```

```
                    "客戶姓名":"新客戶姓名"},
        index = {1:"一",
                 2:"二",
                 3:"三"})
   新訂單編號    新客戶姓名    唯一識別碼     成交時間
一   A1          張通          101           2018-08-08
二   A2          李谷          102           2018-08-09
三   A3          孫鳳          103           2018-08-10
4    A4          趙恒          104           2018-08-11
5    A5          趙恒          104           2018-08-12
```

5.5.4 重置索引

重置索引主要用在層次化索引表中，重置索引是將索引列當作一個 columns 進行傳回。

在下圖左側的表中，Z1、Z2 是一個層次化索引，經過重置索引以後，Z1、Z2 這兩個索引以 columns 的形式傳回，變為一般的兩列。

Before

		C1	C2
Z1	Z2		
A	a	1	2
	b	3	4
B	a	5	6
	b	7	8

After

Z1	Z2	C1	C2
A	a	1	2
A	b	3	4
B	a	5	6
B	b	7	8

使用 Excel

在 Excel 要進行這種轉換，直接透過複製、貼上、刪除等功能就可以辦到，比較簡單。底下為讀者說明如何在 Python 中處理。

使用 Python

在 Python 利用的是 reset_index() 方法，reset_index() 方法常用的參數如下：

```
reset_index(level=None, drop=False, inplace=False)
```

level 參數用來指定要將層次化索引的第幾級別轉化為 columns，第一個索引為 0 級，第二個索引為 1 級，預設為全部索引，即預設把索引全部轉化為 columns。

drop 參數用來指定是否將原索引刪掉，即不作為一個新的 columns，預設為 False，即不刪除原索引。

inplace 參數用來指定是否修改原資料表。

```
>>>df
        C1  C2
Z1  Z2
A   a   1   2
    b   3   4
B   a   5   6
    b   7   8
>>>df.reset_index() #預設將全部 index 轉化為 columns
    Z1  Z2  C1  C2
0   A   a   1   2
1   A   b   3   4
2   B   a   5   6
3   B   b   7   8
>>>df.reset_index(level = 0) #將第 0 級索引轉化為 columns
    Z1  C1  C2
Z2
a   A   1   2
b   A   3   4
a   B   5   6
b   B   7   8
>>>df.reset_index(drop = True) #將原索引刪除，不加入 columns
    C1  C2
0   1   2
1   3   4
2   5   6
3   7   8
```

reset_index() 方法常用於資料分組、樞紐分析表中。

6 菜品挑選－資料的選擇

之前是把所有的菜品都洗好並放在不同的容器裡。現在要進行切配了，需要把這些菜品挑選出來，比如做一盤涼拌黃瓜，需要先把黃瓜找出來；要做一盤可樂雞翅，需要先把雞翅找出來。

資料分析也是同樣的道理，你要分析什麼，首先要把對應的資料篩選出來。

一般的資料選擇主要有列選擇、行選擇、行列同時選擇等三種方式。

6.1 欄選擇

6.1.1 選擇某一欄 / 某幾欄

使用 Excel

在 Excel 中，要選擇某一欄直接用滑鼠選取該欄即可；如果要同時選擇多欄，且待選擇的欄不是相鄰的，這個時候就可以先選取其中一欄，然後按住 Ctrl 鍵不放，再選擇其他欄。舉個例子，同時選擇客戶姓名和成交時間這兩欄，如下圖所示。

序號	訂單編號	客戶姓名	唯一識別碼	成交時間
1	A1	張通	101	2018/8/8
2	A2	李谷	102	2018/8/9
3	A3	孫鳳	103	2018/8/10
4	A4	趙恒	104	2018/8/11
5	A5	趙恒	104	2018/8/12

使用 Python

在 Python 中，要想取得某欄，只需要在表 df 後面的中括號中指明要選擇的欄名即可。如果是一欄，則只需要傳入一個欄名；如果是同時選擇多欄，則傳入多個欄名即可，將多個欄名用一個 list 存起來。

```
>>>df
    訂單編號    客戶姓名   唯一識別碼    成交時間
0   A1          張通       101           2018-08-08
1   A2          李谷       102           2018-08-09
2   A3          孫鳳       103           2018-08-10
3   A4          趙恒       104           2018-08-11
4   A5          趙恒       104           2018-08-12
>>>df[" 訂單編號 "]
0 A1
1 A2
2 A3
3 A4
4 A5
Name: 訂單編號 , dtype: object
>>>df[[" 訂單編號 "," 客戶姓名 "]]
  訂單編號 客戶姓名
0 A1        張通
1 A2        李谷
2 A3        孫鳳
3 A4        趙恒
4 A5        趙恒
```

在 Python 中，我們把這種透過傳入欄名選擇資料的方式稱為普通索引。

除了傳入具體的欄名，我們還可以傳入具體欄的位置，即第幾欄，對資料進行選取。透過傳入位置來取得資料時需要用到 iloc 方法。

```
# 取得第 1 欄和第 3 欄的數值
>>>df
    訂單編號    客戶姓名   唯一識別碼    成交時間
0   A1          張通       101           2018-08-08
1   A2          李谷       102           2018-08-09
2   A3          孫鳳       103           2018-08-10
3   A4          趙恒       104           2018-08-11
4   A5          趙恒       104           2018-08-12
>>>df.iloc[:,[0,2]]# 取得第 1 欄和第 3 欄的數值
  訂單編號  唯一識別碼
```

```
0 A1         101
1 A2         102
2 A3         103
3 A4         104
4 A5         104
```

在上面的程式中，iloc 後的中括號中逗號之前的部分表示要取得之列的位置，若只輸入一個冒號，不輸入任何數值表示取得所有列；逗號之後的中括號表示要取得的欄的位置，欄的位置同樣是也是從 0 開始計數。

我們把這種透過傳入具體位置來選擇資料的方式稱為位置索引。

6.1.2 選擇連續的某幾欄

使用 Excel

在 Excel 中，要選擇連續的幾欄時，直接用滑鼠選取這幾欄即可。當然了，你也可以先選擇一欄，然後按住 Ctrl 鍵再選擇其他欄。由於要選取的欄是連續的，因此沒必要這麼麻煩。

使用 Python

在 Python 中，可以透過前面介紹的普通索引和位置索引取得某一欄或多欄的資料。當你要取得的是連續的某幾欄，用普通索引和位置索引也可以做到，但是因為你要取得的欄是連續的，因此只要傳入這些連續欄的位置區間即可，這同樣需要用到 iloc 方法。

```
#取得第 1 欄到第 4 欄的資料
>>>df
    訂單編號    客戶姓名   唯一識別碼    成交時間
0   A1          張通       101           2018-08-08
1   A2          李谷       102           2018-08-09
2   A3          孫鳳       103           2018-08-10
3   A4          趙恒       104           2018-08-11
4   A5          趙恒       104           2018-08-12
>>>df.iloc[:,0:3]#取得第 1 欄到第 4 欄的值
    訂單編號    客戶姓名   唯一識別碼
0   A1          張通       101
1   A2          李谷       102
```

```
2   A3          孫鳳      103
3   A4          趙恒      104
4   A5          趙恒      104
```

在上面的程式中，iloc 後方的中括號中，在逗號之前是表示選擇的列，當只傳入一個冒號時，表示選擇所有列；逗號後面表示要選擇欄的位置區間，0:3 表示選擇第 1 欄到第 4 欄之間的值（包含第 1 欄但不包含第 4 欄），我們將這種透過傳入一個位置區間來取得資料的方式稱為切片索引。

6.2 列選擇

6.2.1 選擇某一列 / 某幾列

使用 Excel

在 Excel 中選擇列與選擇欄的方式是一樣的，先選擇一列後，按住 Ctrl 鍵再選擇其他列。

使用 Python

在 Python 中，取得列的方式主要有兩種，一種是普通索引，即傳入具體列索引的名稱，需要用到 loc 方法；另一種是位置索引，即傳入具體的列數，需要用到 iloc 方法。

為了讓大家看得更清楚，我們對列索引進行自訂。

```
>>>df=pd.read_excel("C:/ACD019600/data/test6.xlsx", sheet_name="6-2")
>>>df.index=(["一","二","三","四"])
>>>df
    訂單編號    客戶姓名  唯一識別碼   成交時間
一  A1          張通      101          2018-08-08
二  A2          李谷      102          2018-08-09
三  A3          孫鳳      103          2018-08-10
四  A4          趙恒      104          2018-08-11
#利用 loc 方法
>>>df.loc["一"]#選擇一列
訂單編號            A1
客戶姓名            張通
```

```
唯一識別碼          101
成交時間      2018/8/8
Name:0, dtype: object
>>>df.loc[["一","二"]] #選擇第一列和第二列
    訂單編號    客戶姓名  唯一識別碼    成交時間
一  A1         張通      101          2018-08-08
二  A2         李谷      102          2018-08-09

#利用 iloc 方法
>>>df
    訂單編號    客戶姓名  唯一識別碼    成交時間
一  A1         張通      101          2018-08-08
二  A2         李谷      102          2018-08-09
三  A3         孫鳳      103          2018-08-10
四  A4         趙恒      104          2018-08-11

>>>df.iloc[0]#選擇第一列
訂單編號            A1
客戶姓名            張通
唯一識別碼          101
成交時間      2018/8/8
Name: 一, dtype: object
>>>df.iloc[[0,1]]#選擇第一列和第二列
    訂單編號    客戶姓名  唯一識別碼    成交時間
一  A1         張通      101          2018-08-08
二  A2         李谷      102          2018-08-09
```

6.2.2 選擇連續的某幾列

使用 Excel

在 Excel 中選擇連續的某幾列與選擇連續的某幾欄方法一致，不再贅述。

使用 Python

在 Python 中，選擇連續的某幾行時，同樣可以把要選擇的每一個列索引名字或列索引的位置輸進去。很顯然這是沒有必要的，只要把連續列的位置用一個區間表示，然後傳給 iloc 即可。

```
>>>df
     訂單編號    客戶姓名  唯一識別碼    成交時間
一   A1          張通      101           2018-08-08
二   A2          李谷      102           2018-08-09
三   A3          孫鳳      103           2018-08-10
四   A4          趙恒      104           2018-08-11
>>>df.iloc[0:3]#選擇第一列到第三列
     訂單編號    客戶姓名  唯一識別碼    成交時間
一   A1          張通      101           2018-08-08
二   A2          李谷      102           2018-08-09
三   A3          孫鳳      103           2018-08-10
```

6.2.3 選擇滿足條件的列

前兩節中，在取得某一欄時，取得的是這一欄的所有列，我們還可以只篩選出這一欄中滿足條件的值。

比如年齡這一欄，需要把非異常值（大於 200 的屬於異常值），即小於 200 歲的年齡篩選出來，該怎麼實現呢？

使用 Excel

在 Excel 中，可以直接使用篩選功能，將滿足條件的值篩選出來，篩選方法如下圖所示。

篩選年齡小於 200 的資料前後的對比如下圖所示。

Before

訂單編號	客戶姓名	唯一識別碼	年齡	成交時間
A1	張通	101	31	2018/8/8
A2	李谷	102	45	2018/8/9
A3	孫鳳	103	23	2018/8/10
A4	趙桓	104	240	2018/8/11

After

訂單編號	客戶姓名	唯一識別碼	年齡	成交時間
A1	張通	101	31	2018/8/8
A2	李谷	102	45	2018/8/9
A3	孫鳳	103	23	2018/8/10

使用 Python

在 Python 中，我們直接在表名後面指明哪一欄要滿足什麼條件，就可以把滿足條件的資料篩選出來。

```
>>> df = pd.read_excel("C:/ACD019600/data/test6.xlsx",
                                     sheet_name = "6.2.3")
>>> df
    訂單編號  客戶姓名  唯一識別碼  年齡  成交時間
0   A1          張通     101         31    2018-08-08
1   A2          李谷     102         45    2018-08-09
2   A3          孫鳳     103         23    2018-08-10
3   A4          趙恒     104         240   2018-08-11

>>>df[df[" 年齡 "]<200]# 選擇年齡小於 200 的資料
    訂單編號  客戶姓名  唯一識別碼  年齡  成交時間
0   A1          張通     101          31   2018-08-08
1   A2          李谷     102          45   2018-08-09
2   A3          孫鳳     103          23   2018-08-10
```

我們把上面這種透過傳入一個判斷條件來選擇資料的方式稱為「布林索引」。

傳入的條件還可以是多個，如下為選擇的年齡小於 200、且唯一識別碼小於 102 的資料。

```
>>>df[(df[" 年齡 "]<200) & (df[" 唯一識別碼 "]<102)]
    訂單編號  客戶姓名  唯一識別碼  年齡  成交時間
0   A1          張通     101         31    2018-08-08
```

6.3 列欄同時選擇

上面的資料選擇都是針對單一的列或欄進行選擇，實際業務中我們也會用到列、欄同時選擇，所謂的列、欄同時選擇就是選擇出列和欄的相交部分。

例如，我們要選擇第二、三列和第二、三欄相交部分的資料，下圖中的陰影部分就是最終的選擇結果。

訂單編號	客戶姓名	唯一識別碼	年齡	成交時間
A1	張通	101	31	2018/8/8
A2	李谷	102	45	2018/8/9
A3	孫凰	103	23	2018/8/10
A4	趙桓	104	240	2018/8/11

列欄同時選擇在 Excel 中主要是透過滑鼠拖曳實現的，與前面的單一列 / 欄選擇方法一致，此處不再贅述，接下來主要講講在 Python 中如何實現。

6.3.1 普通索引 + 普通索引選擇指定的列和欄

普通索引 + 普通索引就是透過同時傳入列和欄的索引名稱進行資料選擇，需要用到 loc 方法。

```
#取得第一列、第三列和第一欄、第三欄資料
>>>df=pd.read_excel(r"C:\ACD019600\data\test6.xlsx",
                    sheet_name="6-3")
>>>df.index=("一","二","三","四")
>>>df
    訂單編號    客戶姓名  唯一識別碼    成交時間
一  A1          張通      101           2018-08-08
二  A2          李谷      102           2018-08-09
三  A3          孫鳳      103           2018-08-10
四  A4          趙恒      104           2018-08-11

#用 loc 方法傳入列欄名稱
>>>df.loc[["一","三"],["訂單編號","唯一識別碼"]]
    訂單編號    唯一識別碼
一  A1          101
三  A3          103
```

loc 方法中的第一對中括號表示列索引的選擇，傳入列索引名稱；loc 方法中的第二對中括號表示欄索引的選擇，傳入欄索引名稱。

6.3.2 位置索引 + 位置索引選擇指定的列和欄

位置索引 + 位置索引是透過同時傳入列、欄索引的位置來取得資料，需要用到 iloc 方法。

```
#取得第一列、第二列和第一欄、第三欄資料
>>>df
    訂單編號    客戶姓名  唯一識別碼    成交時間
一    A1        張通      101          2018-08-08
二    A2        李谷      102          2018-08-09
三    A3        孫鳳      103          2018-08-10
四    A4        趙恒      104          2018-08-11
#用 iloc 方法傳入列欄位置
>>>df.iloc[[0,1],[0,2]]
    訂單編號     唯一識別碼
0  A1          101
1  A2          102
```

在 iloc 方法中的第一對中括號表示列索引的選擇，傳入要選擇列索引的位置；第二對中括號表示欄索引的選擇，傳入要選擇欄索引的位置。列和欄索引的位置都是從 0 開始計數。

6.3.3 布林索引 + 普通索引選擇指定的列和欄

布林索引 + 普通索引是先對表進行布林索引選擇列，然後透過普通索引選擇欄。

```
>>>df
    訂單編號    客戶姓名  唯一識別碼    成交時間
一    A1        張通      101          2018-08-08
二    A2        李谷      102          2018-08-09
三    A3        孫鳳      103          2018-08-10
四    A4        趙恒      104          2018-08-11
```

```
>>>df[df[" 年齡 "]<200][[" 訂單編號 "," 年齡 "]]
     訂單編號    年齡
一    A1         31
二    A2         45
三    A3         23
```

上面的程式表示選擇年齡小於 200 的訂單編號和年齡，先透過布林索引選擇出年齡小於 200 的所有列，然後透過普通索引選擇訂單編號和年齡這兩欄。

6.3.4 切片索引 + 切片索引選擇指定的列和欄

切片索引 + 切片索引是透過同時傳入列、欄索引的位置區間進行資料選擇。

```
#選擇第一到第三列，第二列欄第三欄
>>>df
     訂單編號    客戶姓名  唯一識別碼   成交時間
一    A1         張通      101          2018-08-08
二    A2         李谷      102          2018-08-09
三    A3         孫鳳      103          2018-08-10
四    A4         趙恒      104          2018-08-11
>>>df.iloc[0:3,1:3]
     客戶姓名    唯一識別碼
一   張通        101
二   李谷        102
三   孫鳳        103
```

7 切配菜品－數值操作

我們把菜品挑選出來以後，就可以開始切菜了。比如要做涼拌黃瓜絲，把黃瓜找出來以後，你就可以把黃瓜切成絲了。

7.1 數值取代

數值取代就是將數值 A 取代成 B，可以用在異常值取代處理、缺失值填充處理中。主要有一對一取代、多對一取代、多對多取代三種取代方法。

7.1.1 一對一取代

一對一取代是將某一塊區域中的一個值全部取代成另一個值。已知現在有一個年齡值是 240，很明顯這是一個異常值，我們若要把它取代成一個正常範圍內的年齡值（用正常年齡的均值 33），該怎麼實現呢？

使用 Excel

在 Excel 中對某個值進行取代，首先要選取待取代的區域，如果只是取代某一列中的值，只需要選取這一列即可；如果要在一片區域中進行取代，則拖曳滑鼠選取這一片區域。然後，依次按一下編輯功能表列中的尋找與選取 > 取代選項（如右圖所示）即可叫出取代介面。使用快速鍵 Ctrl+H 也可以叫出取代介面。

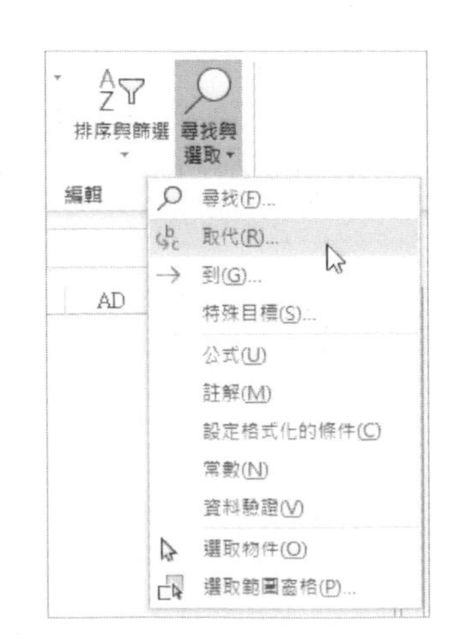

下圖為取代介面，分別輸入尋找內容和取代內容，然後根據需要按一下全部取代或取代即可。

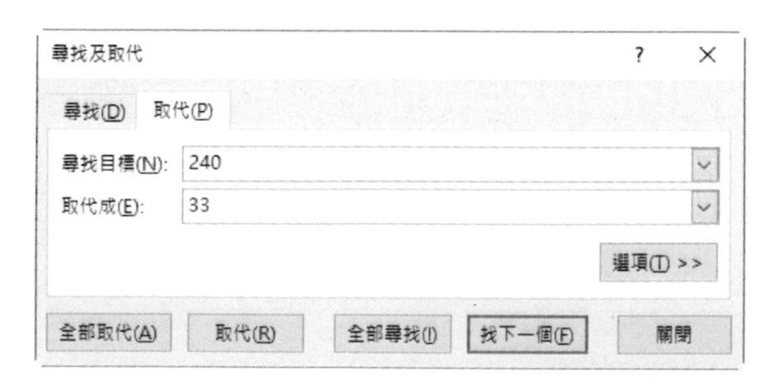

使用 Python

在 Python 中，對某個值進行取代利用的是 replace() 方法，replace(A,B) 表示將 A 取代成 B。

```
>>>import numpy as np
>>>import pandas as pd
>>>df=pd.read_excel(r"C:\ACD019600\data\test7.xlsx",
                    sheet_name="7-1")


#將 240 歲的年齡取代成 33 歲
>>>df
    訂單編號  客戶姓名  唯一識別碼  年齡  成交時間
0   A1        張通      101         31    2018-08-08
1   A2        李谷      102         45    2018-08-09
2   A3        孫鳳      103         23    2018-08-10
3   A4        趙恒      104         240   2018-08-11
>>>df[" 年齡 "].replace(240,33,inplace=True)
>>>df
    訂單編號  客戶姓名  唯一識別碼  年齡  成交時間
0   A1        張通      101         31    2018-08-08
1   A2        李谷      102         45    2018-08-09
2   A3        孫鳳      103         23    2018-08-10
3   A4        趙恒      104         33    2018-08-11
```

上面的程式是對年齡這一欄進行取代，所以選取年齡這一欄，然後呼叫 replace() 方法。有時候要對整個表進行取代，比如對全表中的缺失值進行取代，這個時候 replace() 方法就相當於 fillna() 方法了。

```
>>>df = pd.read_excel(r"C:\ACD019600\data\test7.xlsx",
                       sheet_name="7-1b")
>>>df
   編號  年齡  性別  註冊時間
0  A1    54    男    2018/8/8
1  A2    16    NaN   2018/8/9
2  NaN   NaN   NaN   NaT
3  A4    41    男    2018/8/11
>>>df.replace(np.NaN,0)
   編號  年齡  性別  註冊時間
0  A1    54    男    2018/8/8
1  A2    16    0     2018/8/9
2  0     0     0     0
3  A4    41    男    2018/8/11
```

np.NaN 是 Python 中對缺失值的一種表示方法。

7.1.2 多對一取代

多對一取代就是把一塊區域中的多個值取代成某一個值，已知現在有三個異常年齡（240、260、280），若需要把這三個年齡都取代成正常範圍年齡的平均值 33，該怎麼實現呢？

使用 Excel

在 Excel 中需要借助 if 函式來實現多對一取代。已知年齡這一列是 D 列，要想對多個異常值進行取代，可以藉由如下函式實現：

```
=if(OR(D:D=240,D:D=260,D:D=280),33,D:D)
```

上面的公式借助了 Excel 中的 OR() 函式，表示如果 D 列等於 240、260 或者 280 時，該儲存格的值為 33，否則為 D 列的值。取代後的結果如下圖所示。

訂單編號	客戶姓名	唯一識別碼	年齡	成交時間	轉換後的值
A1	張通	101	31	2018/8/8	31
A2	李谷	102	45	2018/8/9	45
A3	孫鳳	103	23	2018/8/10	23
A4	趙桓	104	240	2018/8/11	33
A5	孟儀	105	260	2018/8/12	33
A6	李朋	106	280	2018/8/12	33

使用 Python

在 Python 中實現多對一的取代比較簡單，同樣也是利用 replace() 方法，replace([A,B],C) 表示將 A、B 取代成 C。

```
>>>df = pd.read_excel(r"C:\ACD019600\data\test7.xlsx",
                      sheet_name="7-1c")
>>>df
   訂單編號  客戶姓名  唯一識別碼  年齡   成交時間
0  A1        張通      101         31     2018-08-08
1  A2        李谷      102         45     2018-08-09
2  A3        孫鳳      103         23     2018-08-10
3  A4        趙恒      104         240    2018-08-11
4  A5        孟儀      105         260    2018-08-12
5  A6        李朋      106         280    2018-08-12
>>>df.replace([240,260,280],33)
   訂單編號  客戶姓名  唯一識別碼  年齡   成交時間
0  A1        張通      101         31     2018-08-08
1  A2        李谷      102         45     2018-08-09
2  A3        孫鳳      103         23     2018-08-10
3  A4        趙恒      104         33     2018-08-11
4  A5        孟儀      105         33     2018-08-12
5  A6        李朋      106         33     2018-08-12
```

7.1.3 多對多取代

多對多取代其實就是某個區域中多個一對一的取代。比如將年齡異常值 240 取代成平均值減一，260 取代成平均值，280 取代成平均值加一，該怎麼實現呢？

使用 Excel

若想在 Excel 中實現，需要借助函式，且需要透過巢狀的 if 函數來實現。同樣已知年齡列為 D 欄，具體函式如下：

```
=if(D:D=240,32,if(D:D=260,33,if(D:D=280,34,D:D)))
```

下圖為該函式執行的流程。

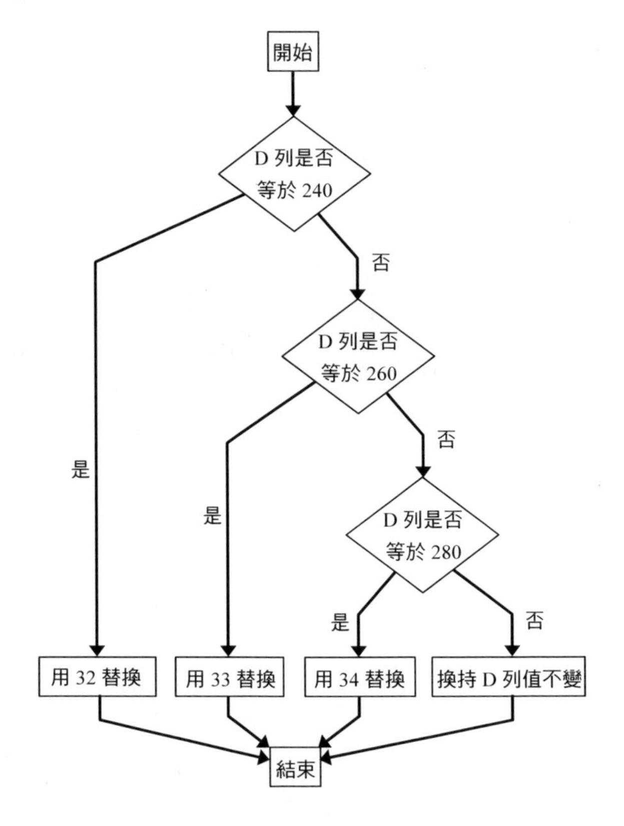

取代後的結果如下圖所示。

訂單編號	客戶姓名	唯一識別碼	年齡	成交時間	轉換後的值
A1	張通	101	31	2018/8/8	31
A2	李谷	102	45	2018/8/9	45
A3	孫鳳	103	23	2018/8/10	23
A4	趙恒	104	240	2018/8/11	32
A5	孟儀	105	260	2018/8/12	33
A6	李朋	106	280	2018/8/12	34

使用 Python

在 Python 中若想實現多對多的取代，同樣是借助 replace() 方法，將取代值與待取代值用字典的形式表示，replace({"A":"a","B":"b" } 表示用 a 取代 A，用 b 取代 B。

```
>>>df
     訂單編號  客戶姓名  唯一識別碼  年齡   成交時間
0    A1        張通      101         31     2018-08-08
1    A2        李谷      102         45     2018-08-09
2    A3        孫鳳      103         23     2018-08-10
3    A4        趙恒      104         240    2018-08-11
4    A5        孟儀      105         260    2018-08-12
5    A6        李朋      106         280    2018-08-12
>>>df.replace({240:32,260:33,280:34})
     訂單編號  客戶姓名  唯一識別碼  年齡   成交時間
0    A1        張通      101         31     2018-08-08
1    A2        李谷      102         45     2018-08-09
2    A3        孫鳳      103         23     2018-08-10
3    A4        趙恒      104         32     2018-08-11
4    A5        孟儀      105         33     2018-08-12
5    A6        李朋      106         34     2018-08-12
```

7.2 數值排序

數值排序是按照具體數值的大小進行排序，有昇冪和降冪兩種，昇冪就是數值由小到大排列，降冪是數值由大到小排列。

7.2.1 按照一欄數值進行排序

按照一欄數值進行排序就是整個資料表都以某一欄為準，進行昇冪或降冪排列。

使用 Excel

在 Excel 中想要按照某欄進行數值排序，只要選取該欄，然後按一下編輯功能表中的排序和篩選按鈕，在下拉式功能表中選擇昇冪（從 A 到 Z 排序）或降冪（從 Z 到 A 排序）選項即可，操作流程如下圖所示。

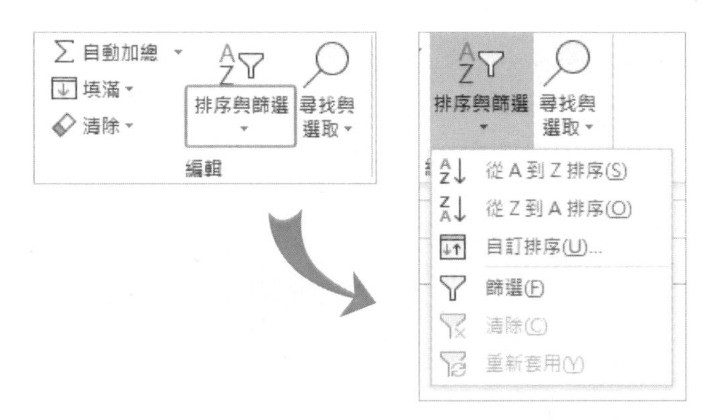

按照銷售 ID 進行昇冪排列前後的結果如下圖所示。

Before

訂單編號	客戶姓名	唯一識別碼	年齡	成交時間	銷售ID
A1	張通	101	31	2018/8/8	1
A2	李谷	102	45	2018/8/9	2
A3	孫鳳	103	23	2018/8/10	1
A4	趙桓	104	36	2018/8/11	2
A5	王娜	105	21	2018/8/11	3

After

訂單編號	客戶姓名	唯一識別碼	年齡	成交時間	銷售ID
A1	張通	101	31	2018/8/8	1
A3	孫鳳	103	23	2018/8/10	1
A2	李谷	102	45	2018/8/9	2
A4	趙桓	104	36	2018/8/11	2
A5	王娜	105	21	2018/8/11	3

使用 Python

在 Python 中，我們若想按照某列進行排序，需要用到 sort_values() 方法，在 sort_values 後的括弧中指明要排序的列名，以及昇冪還是降冪排列。

```
df.sort_values(by = ["col1"],ascending = False)
```

上列程式表示 df 表按照 col1 列進行排序，ascending = False 表示按照 col1 列進行降冪排列。ascending 參數預設值為 True，表示昇冪排列。所以，如果是要根據 col1 列進行昇冪排序，則可以只指明列名，不需要額外聲明排序方式。

```
df.sort_values(by = ["col1"])
```

```
>>>df = pd.read_excel(r"C:\ACD019600\data\test7.xlsx")
>>>df
    訂單編號  客戶姓名  唯一識別碼  年齡  成交時間     銷售 ID
0   A1       張通     101       31   2018-08-08  1
1   A2       李谷     102       45   2018-08-09  2
2   A3       孫鳳     103       23   2018-08-10  1
3   A4       趙恒     104       36   2018-08-11  2
4   A5       王娜     105       21   2018-08-11  3
# 按照銷售 ID 昇冪排列
>>>df.sort_values(by = [" 銷售 ID"])
    訂單編號  客戶姓名  唯一識別碼  年齡  成交時間     銷售 ID
0   A1       張通     101       31   2018-08-08  1
2   A3       孫鳳     103       23   2018-08-10  1
1   A2       李谷     102       45   2018-08-09  2
3   A4       趙恒     104       36   2018-08-11  2
4   A5       王娜     105       21   2018-08-11  3
# 按照銷售 ID 降冪排列
>>>df.sort_values(by = [" 銷售 ID"],ascending = False)
    訂單編號  客戶姓名  唯一識別碼  年齡  成交時間     銷售 ID
4   A5       王娜     105       21   2018-08-11  3
1   A2       李谷     102       45   2018-08-09  2
3   A4       趙恒     104       36   2018-08-11  2
0   A1       張通     101       31   2018-08-08  1
2   A3       孫鳳     103       23   2018-08-10  1
```

7.2.2 按照有缺失值的列進行排序

使用 Python

在 Python 中，當待排序的列中有缺失值時，可以設定 na_position 參數對缺失值的顯示位置進行設定，預設參數值為 last，可以不寫，表示將缺失值顯示在最後。

```
>>>df = pd.read_excel(r"C:\ACD019600\data\test7.xlsx",
                                   sheet_name=" 工作表 2")
>>>df
     訂單編號  客戶姓名  唯一識別碼  年齡  成交時間      銷售 ID
0    A1        張通      101         31    2018-08-08  1
1    A2        李谷      102         45    2018-08-09  2
2    A3        孫鳳      103         23    2018-08-10  NaN
3    A4        趙恒      104         36    2018-08-11  2
4    A5        王娜      105         21    2018-08-11  3
>>>df.sort_values(by = [" 銷售 ID"])
     訂單編號  客戶姓名  唯一識別碼  年齡  成交時間      銷售 ID
0    A1        張通      101         31    2018-08-08  1
1    A2        李谷      102         45    2018-08-09  2
3    A4        趙恒      104         36    2018-08-11  2
4    A5        王娜      105         21    2018-08-11  3
2    A3        孫鳳      103         23    2018-08-10  NaN
```

設定 na_position 參數將缺失值顯示在最前面。

```
>>>df.sort_values(by = [" 銷售 ID"],na_position = "first")
     訂單編號  客戶姓名  唯一識別碼  年齡  成交時間      銷售 ID
2    A3        孫鳳      103         23    2018-08-10  NaN
0    A1        張通      101         31    2018-08-08    1
1    A2        李谷      102         45    2018-08-09    2
3    A4        趙恒      104         36      2018-08-11  2
4    A5        王娜      105         21      2018-08-11  3
```

7.2.3 按照多欄數值進行排序

按照多列數值排序是指同時依據多列資料進行昇冪、降冪排列，當第一欄出現重複值時按照第二欄進行排序，當第二欄出現重複值時按照第三欄進行排序，以此類推。

使用 Excel

在 Excel 中要實現按照多欄排序，先選取待排序的所有資料，按一下編輯功能表列下的排序和篩選按鈕，在下拉式功能表中選擇自訂排序選項就會出現如下圖所示介面。新增層級就是添加按照排序的列，在順序裡面可以單獨定義每一列的昇冪或降冪。

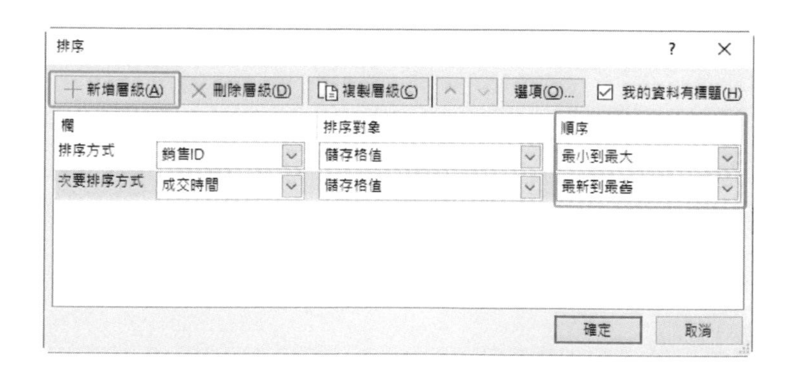

舉個例子，對下圖左側的 Before 表先按照銷售 ID 昇冪排列，當遇到重複的銷售 ID 時，再按成交時間降冪排列，得出下圖右側的 After 表。

Before

訂單編號	客戶姓名	唯一識別碼	年齡	成交時間	銷售ID
A1	張通	101	31	2018/8/8	1
A2	李谷	102	45	2018/8/9	2
A3	孫鳳	103	23	2018/8/10	1
A4	趙恒	104	36	2018/8/11	2
A5	王娜	105	21	2018/8/11	3

After

訂單編號	客戶姓名	唯一識別碼	年齡	成交時間	銷售ID
A3	孫鳳	103	23	2018/8/10	1
A1	張通	101	31	2018/8/8	1
A4	趙恒	104	36	2018/8/11	2
A2	李谷	102	45	2018/8/9	2
A5	王娜	105	21	2018/8/11	3

使用 Python

在 Python 中實現按照多欄進行排序，用到的方法同樣是 sort_values()，只要在 sort-values 後的括弧中以列表的形式指明要排序的各欄欄位名稱及每欄的排序方式即可。

```
df.sort_values(by = ["col1","col2"],ascending = [True,False])
```

上列程式表示 df 表先按照 col1 列進行昇冪排列，當 col1 列遇到重複時，再按照 col2 列進行降冪排列。對於表 df 我們依舊先按照銷售 ID 昇冪排列，當遇到重複的銷售 ID 時，再按成交時間降冪排列，程式如下。

```
>>>df
   訂單編號   客戶姓名   唯一識別碼   年齡   成交時間     銷售 ID
0  A1        張通      101         31    2018-08-08   1
1  A2        李谷      102         45    2018-08-09   2
2  A3        孫鳳      103         23    2018-08-10   1
3  A4        趙恒      104         36    2018-08-11   2
4  A5        王娜      105         21    2018-08-11   3
>>>df.sort_values(by = [" 銷售 ID"," 成交時間 "],ascending = [True,False])
```

```
   訂單編號  客戶姓名  唯一識別碼  年齡  成交時間     銷售 ID
2  A3       孫鳳      103        23   2018-08-10  1
0  A1       張通      101        31   2018-08-08  1
3  A4       趙恒      104        36   2018-08-11  2
1  A2       李谷      102        45   2018-08-09  2
4  A5       王娜      105        21   2018-08-11  3
```

7.3 數值排名

數值排名和數值排序是相對應的，排名會新增一欄，這一欄用來存放資料的排名情況，排名是從 1 開始的。

使用 Excel

在 Excel 中用於排名的函式有 RANK.AVG() 和 RANK.EQ() 兩個。

當待排名的數值沒有重複值時，這兩個函式的效果是完全一樣的，兩個函式的不同在於處理重複值方式的不同。

RANK.AVG(number,ref,order)

number 表示待排名的數值，ref 表示一整列數值的範圍，order 用來指明降冪還是昇冪排名。當待排名的數值有重複值時，傳回重複值的平均排名。

對銷售 ID 進行平均排名以後的結果如下圖所示。圖中銷售 ID 為 1 的值有兩個，假設一個排名是 1，另一個排名是 2，那麼二者的均值就是 1.5，所以平均排名就是 1.5；銷售 ID 為 2 的值同樣有兩個，同樣假設一個排名為 3，另一個排名是 4，那麼二者的均值是 3.5，所以平均排名就是 3.5；銷售 ID 為 3 的值沒有重複值，所以排名就是 5。

=RANK.AVG($G2,$G$2:$G$6,1)

訂單編號	客戶姓名	唯一識別碼	年齡	成交時間	銷售ID	平均排名
A1	張通	101	31	2018/8/8	1	1.5
A2	李谷	102	45	2018/8/9	2	3.5
A3	孫鳳	103	23	2018/8/10	1	1.5
A4	趙桓	104	36	2018/8/11	2	3.5
A5	王娜	105	21	2018/8/11	3	5

RANK.EQ(number,ref,order)

RANK.EQ 的參數值與 RANK.AVG 的意思一樣。當待排名的數值有重複值時，RANK.EQ 傳回重複值的最佳排名。

對銷售 ID 進行最佳排名以後的結果如下圖所示。圖中銷售 ID 為 1 的值有兩個，第一個重複值的排名為 1，所以兩個值的最佳排名均為 1；銷售 ID 為 2 的值也有兩個，第一個重複值的排名為 3，所以兩個值的最佳排名均為 3；銷售 ID 為 3 的值沒有重複值，最佳排名為 5。

=RANK.EQ($O2,$O$2:$O$6,1)

J	K	L	M	N	O	P
訂單編號	客戶姓名	唯一識別碼	年齡	成交時間	銷售ID	最佳排名
A1	張通	101	31	2018/8/8	1	1
A2	李谷	102	45	2018/8/9	2	3
A3	孫鳳	103	23	2018/8/10	1	1
A4	趙桓	104	36	2018/8/11	2	3
A5	王娜	105	21	2018/8/11	3	5

使用 Python

在 Python 中對數值進行排名，需要用到 rank() 方法。rank() 方法主要有兩個參數，一個是 ascending，用來指明昇冪排列還是降冪排列，預設為昇冪排列，和 Excel 中 order 的意思一致；另一個是 method，用來指明待排列值有重複值時的處理情況。下表是參數 method 可取的不同參數值及說明。

method	說　明
average	與 Excel 中 RANK.AVG 函式的功能一樣
first	按值在所有的待排列資料中出現的先後順序排名
min	與 Excel 中 RANK.EQ 函式的功能一樣
max	與 min 相反，取重複值對應的最大排名

method 取值為 average 時的排名情況，與 Excel 中 RANK.AVG 函式的一致。

```
>>>df["銷售 ID"]0    1
1    2
2    1
3    2
4    3
```

```
Name: 銷售 ID, dtype: int64
>>>df[" 銷售 ID"].rank(method = "average")
0    1.5
1    3.5
2    1.5
3    3.5
4    5.0
Name: 銷售 ID, dtype: float64
```

method 取值為 first 時的排名情況，銷售 ID 為 1 的值有兩個，第一個出現的排名為 1，第二個出現的排名為 2；銷售 ID 為 2 的以此類推。

```
>>>df[" 銷售 ID"].rank(method = "first")
0    1.0
1    3.0
2    2.0
3    4.0
4    5.0
Name: 銷售 ID, dtype: float64
```

method 取值為 min 時的排名情況，與 Excel 中 RANK.EQ 函式的一致。

```
>>>df[" 銷售 ID"].rank(method = "min")
0    1.0
1    3.0
2    1.0
3    3.0
4    5.0
Name: 銷售 ID, dtype: float64
```

method 取值為 max 時的排名情況，與 method 取值 min 時相反，銷售 ID 為 1 的值有兩個，第二個重複值的排名為 2，所以兩個值的排名均為 2；銷售 ID 為 2 的值有兩個，第二個重複值的排名為 4，所以兩個值的排名均為 4。

```
>>>df[" 銷售 ID"].rank(method = "max")
0    2.0
1    4.0
2    2.0
3    4.0
4    5.0
Name: 銷售 ID, dtype: float64
```

7.4 數值刪除

數值刪除是對資料表中一些無用的資料進行刪除操作。

7.4.1 刪除欄

使用 Excel

在 Excel 中，要刪除某一欄或某幾欄，只需要選取這些欄，然後按一下滑鼠右鍵，在彈出的功能表中選擇「刪除」即可（或者按一下滑鼠右鍵以後按 D 鍵），如下圖所示。

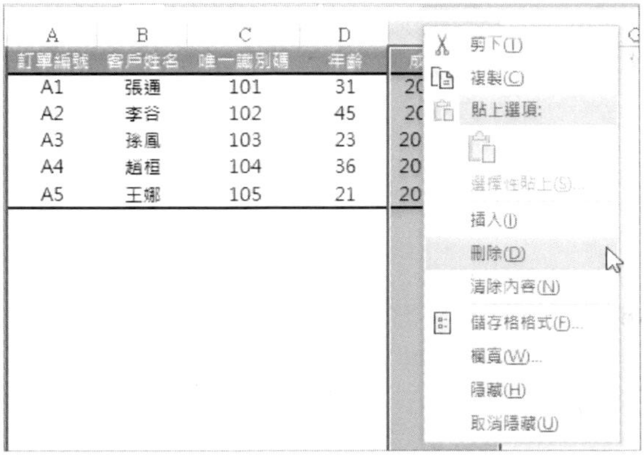

使用 Python

在 Python 中要刪除某欄，則是使用 drop() 方法，即在 drop 方法後的括弧中指明要刪除的欄名或欄的位置，即第幾欄。

在 drop 方法後的括弧中直接傳入待刪除欄的欄名，需要加一個參數 axis，並讓其參數值等於 1，表示刪除欄。

```
>>>df
    訂單編號  客戶姓名    唯一識別碼  年齡   成交時間     銷售 ID
0   A1        張通        101         31     2018-08-08   1
1   A2        李谷        102         45     2018-08-09   2
2   A3        孫鳳        103         23     2018-08-10   1
3   A4        趙恒        104         36     2018-08-11   2
```

```
4   A5      王娜    105     21   2018-08-11  3
>>>df.drop([" 銷售 ID"," 成交時間 "],axis = 1)
    訂單編號  客戶姓名   唯一識別碼  年齡
0   A1      張通    101     31
1   A2      李谷    102     45
2   A3      孫鳳    103     23
3   A4      趙恒    104     36
4   A5      王娜    105     21
```

還可以在 drop 方法後的括弧中直接傳入待刪除欄的位置，但也需要用 axis 參數。

```
# 刪除第 5 欄和第 6 欄
>>>df.drop(df.columns[[4,5]],axis = 1)
    訂單編號  客戶姓名   唯一識別碼  年齡
0   A1      張通    101     31
1   A2      李谷    102     45
2   A3      孫鳳    103     23
3   A4      趙恒    104     36
4   A5      王娜    105     21
```

也可以將欄名以列表的形式傳給 columns 參數，這個時候就不需要 axis 參數了。

```
>>>df.drop(columns = [" 銷售 ID"," 成交時間 "])
    訂單編號  客戶姓名   唯一識別碼  年齡
0   A1      張通    101     31
1   A2      李谷    102     45
2   A3      孫鳳    103     23
3   A4      趙恒    104     36
4   A5      王娜    105     21
```

7.4.2 刪除列

使用 Excel

在 Excel 中，要刪除某些列使用的方法與刪除欄是一致的，先選取要刪除的列，然後按一下滑鼠右鍵，在彈出的下拉式功能表中選擇「刪除」就可以刪除列了。

使用 Python

在 Python 中，要刪除某些列用到的方法依然是 drop()，與刪除欄類似的是，刪除列也要指明列相關的資訊。

在 drop 方法後的括弧中直接傳入待刪除列的列名，並讓 axis 參數值等於 0，表示刪除列。

```
#為了與位置區分，所以將刪除列名進行了修改
>>>df.index = ("0a","1b","2c","3d","4e")
>>>df
     訂單編號  客戶姓名   唯一識別碼    年齡  成交時間         銷售 ID
0a   A1        張通       101           31    2018-08-08     1
1b   A2        李谷       102           45    2018-08-09     2
2c   A3        孫鳳       103           23    2018-08-10     1
3d   A4        趙恒       104           36    2018-08-11     2
4e   A5        王娜       105           21    2018-08-11     3
>>>df.drop(["0a","1b"],axis = 0)
     訂單編號  客戶姓名   唯一識別碼    年齡  成交時間         銷售 ID
2c   A3        孫鳳       103           23    2018-08-10     1
3d   A4        趙恒       104           36    2018-08-11     2
4e   A5        王娜       105           21    2018-08-11     3
```

除了傳入列索引名稱，還可以在 drop 方法後的括弧中直接傳入待刪除列的列號，也需要使用 axis 參數，並讓其參數值等於 0。

```
#刪除第一列和第二列資料
>>>df.drop(df.index[[0,1]],axis = 0)
   訂單編號  客戶姓名   唯一識別碼    年齡  成交時間         銷售 ID
2c   A3      孫鳳       103           23    2018-08-10     1
3d   A4      趙恒       104           36    2018-08-11     2
4e   A5      王娜       105           21    2018-08-11     3
```

也可以將待刪除列的列名傳給 index 參數，這個時候就不需要 axis 參數了。

```
#刪除第一列和第二列資料
>>>df.drop(index = ["0a","1b"])
   訂單編號  客戶姓名   唯一識別碼    年齡  成交時間         銷售 ID
2c   A3      孫鳳       103           23    2018-08-10     1
3d   A4      趙恒       104           36    2018-08-11     2
4e   A5      王娜       105           21    2018-08-11     3
```

7.4.3 刪除特定行

刪除特定行一般指刪除滿足某個條件的行，我們前面的異常值刪除算是刪除特定的行。

使用 Excel

在 Excel 中刪除特定行分為兩步，第一步先將符合條件的行篩選出來，第二步選取這些篩選出來的行後按一下滑鼠右鍵，在彈出的下拉式功能表中選擇刪除選項。

使用 Python

在 Python 中刪除特定行使用的方法有些特殊，我們不直接刪除滿足條件的值，而是把不滿足條件的值篩選出來作為新的資料來源，這樣就能過濾掉要刪除的行。

在下方例子中，要刪除年齡值大於等於 40 對應的行，我們不直接刪除這一部分，而是把它的相反部分取出來，即把年齡小於 40 的行篩選出來作為新的資料來源。

```
>>>df
   訂單編號  客戶姓名  唯一識別碼  年齡  成交時間      銷售 ID
0  A1        張通      101         31    2018-08-08    1
1  A2        李谷      102         45    2018-08-09    2
2  A3        孫鳳      103         23    2018-08-10    1
3  A4        趙恒      104         36    2018-08-11    2
4  A5        王娜      105         21    2018-08-11    3
>>>df[df[" 年齡 "]<40]
   訂單編號  客戶姓名  唯一識別碼  年齡  成交時間    銷售 ID
0  A1        張通      101         31    2018-08-08    1
2  A3        孫鳳      103         23    2018-08-10    1
3  A4        趙恒      104         36    2018-08-11    2
4  A5        王娜      105         21    2018-08-11    3
```

7.5 數值計數

數值計數就是計算某個值在一系列數值中出現的次數。

使用 Excel

在 Excel 中，我們使用 COUNTIF() 函式來實現數值計數，COUNTIF() 函式是用來計算某個區域中滿足給定條件的儲存格數目。

```
= COUNTIF(range,criteria)
```

range 表示一系列值的範圍，criteria 表示某一個值或者某一個條件。

銷售 ID 的值的計數結果如下圖所示。銷售 ID 為 1 的值在 F2:F6 這個範圍內出現了兩次；銷售 ID 為 2 的值在該範圍內也出現了兩次；銷售 ID 為 3 的值出現了 1 次。

=COUNTIF($F$2:$F$6,F2)

A	B	C	D	E	F	G
訂單編號	客戶姓名	唯一識別碼	年齡	成交時間	銷售ID	值計數
A1	張通	101	31	2018/8/8	1	2
A2	李谷	102	45	2018/8/9	2	2
A3	孫鳳	103	23	2018/8/10	1	2
A4	趙桓	104	36	2018/8/11	2	2
A5	王娜	105	21	2018/8/11	3	1

使用 Python

在 Python 中，要對某些值的出現次數進行計數，我們用到的方法是 value_counts()。

```
>>>df
    訂單編號  客戶姓名  唯一識別碼  年齡  成交時間     銷售 ID
0   A1        張通      101         31    2018-08-08   1
1   A2        李谷      102         45    2018-08-09   2
2   A3        孫鳳      103         23    2018-08-10   1
3   A4        趙恒      104         36    2018-08-11   2
4   A5        王娜      105         21    2018-08-11   3
>>>df[" 銷售 ID"].value_counts()
2    2
1    2
```

```
3    1
Name: 銷售 ID, dtype: int64
```

上列程式執行的結果表示銷售 ID 為 2 的值出現了兩次，銷售 ID 為 1 的值出現了兩次，銷售 ID 為 3 的值出現了 1 次。這些是值出現的絕對次數，還可以看一下不同值出現的占比，只需要給 value_counts() 方法傳入參數 normalize = True 即可。

```
>>>df[" 銷售 ID"].value_counts(normalize = True)
2    0.4
1    0.4
3    0.2
Name: 銷售 ID, dtype: float64
```

上列程式的執行結果表示銷售 ID 為 2 的值的占比為 0.4，銷售 ID 為 1 的值的占比為 0.4，銷售 ID 為 3 的值的占比為 0.2。上面銷售 ID 的排序是 2、1、3，這是按照計數值降冪排列的（0.4、0.4、0.2），設定 sort=False 可以實現不按計數值降冪排列。

```
>>>df[" 銷售 ID"].value_counts(normalize = True,sort = False)
1    0.4
2    0.4
3    0.2
Name: 銷售 ID, dtype: float64
```

7.6 唯一值取得

唯一值取得就是把某一系列值刪除重複項以後的結果，一般可以將表中某一列認為是一系列值。

使用 Excel

在 Excel 中，我們若想查看某一列數值中的唯一值，可以把這一列數值複製出來貼上，然後刪除重複項，剩下的就是唯一值了。

使用 Python

在 Python 中，我們要取得一列值的唯一值，整體思路與 Excel 的是一致的，先把某一列的值複製貼上出來，然後用刪除重複項的方法實現。關於刪除重複項在前面提過了，本節用另一種取得唯一值的方法 unique() 實現。

舉個例子，對表 df 中的銷售 ID 取唯一值，先把銷售 ID 取出來，然後利用 unique() 方法取得唯一值，程式如下。

```
>>>df
   訂單編號  客戶姓名   唯一識別碼   年齡  成交時間      銷售 ID
0  A1       張通      101        31   2018-08-08   1
1  A2       李谷      102        45   2018-08-09   2
2  A3       孫鳳      103        23   2018-08-10   1
3  A4       趙恒      104        36   2018-08-11   2
4  A5       王娜      105        21   2018-08-11   3
>>>df["銷售 ID"].unique()
array([1, 2, 3], dtype=int64)
```

7.7 數值查詢

數值查詢就是查看資料表中的資料是否包含某個值或者某些值。

使用 Excel

在 Excel 中我們要想查看資料表中是否包含某個值可以直接利用尋找功能。首先要選取待查詢區域，可以選擇一列或者多列，如果不選，則預設在全表中尋找，然後按一下編輯功能表列的尋找與選取按鈕，在下拉式功能表中選擇尋找選項，如下圖所示。

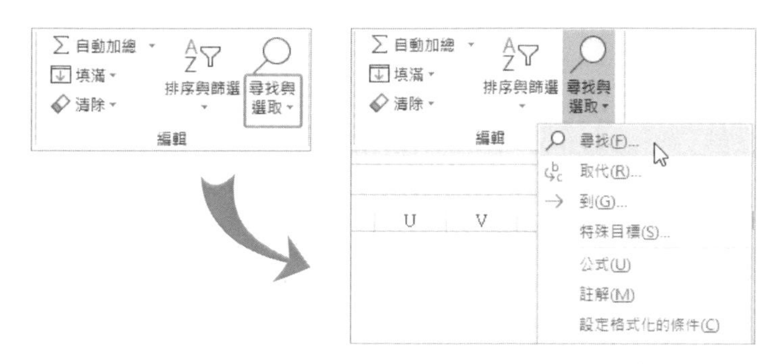

下圖為選擇尋找選項後彈出的尋找及取代對話方塊（也可以使用快速鍵 Ctrl+F 開啟尋找及取代對話方塊），在尋找內容框輸入要查詢的內容即可，可以選擇全部尋找，這樣就會顯示所有查詢到的內容；也可以選擇找下一個，這樣會逐一查詢結果。

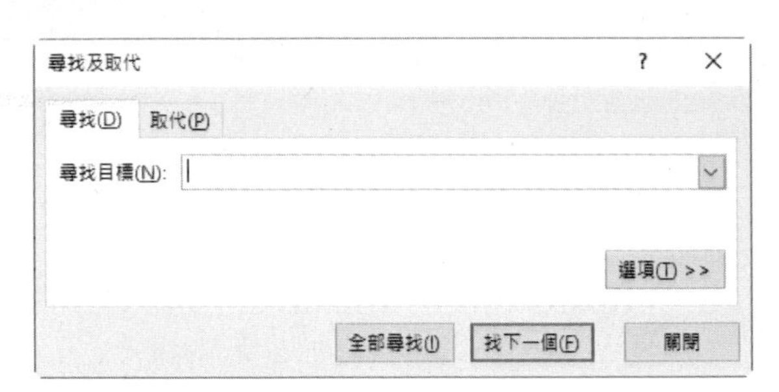

使用 Python

在 Python 中查看資料表中是否包含某個值用到的是 isin() 方法，而且可以同時查詢多個值，只需要在 isin 方法後的括弧中指明即可。

可以將某列資料取出來，然後在這一列上呼叫 isin() 方法，看這一列中是否包含某個 / 些值，如果包含則傳回 True，否則傳回 False。

```
>>>df
    訂單編號  客戶姓名  唯一識別碼  年齡  成交時間    銷售 ID
0   A1        張通      101         31    2018-08-08  1
1   A2        李谷      102         45    2018-08-09  2
2   A3        孫鳳      103         23    2018-08-10  1
3   A4        趙恒      104         36    2018-08-11  2
4   A5        王娜      105         21    2018-08-11  3
# 查詢年齡這一欄是否包含 31、21 這兩個值
>>>df[" 年齡 "].isin([31,21])
0     True
1     False
2     False
3     False
4     True
Name: 年齡 , dtype: bool
```

也可以針對全表查詢是否包含某個值。

```
#全表中是否包含A2、31這兩個值
>>>df.isin(["A2",31])
     訂單編號  客戶姓名    唯一識別碼    年齡    成交時間  銷售ID
0    False    False       False        True    False     False
1    True     False       False        False   False     False
2    False    False       False        False   False     False
3    False    False       False        False   False     False
4    False    False       False        False   False     False
```

7.8 區間切分

區間切分就是將一系列數值分成若干份，比如現在有 10 個人，你要根據這 10 個人的年齡將他們分為三組，這個切分過程就稱為區間切分。

使用 Excel

在 Excel 中實現區間切分，我們借助的是 if 函式，公式如下：

```
=IF(D2<4,"<4",IF(D2<7,"4-6",">=7"))
```

if 函式的實現流程如右圖所示。

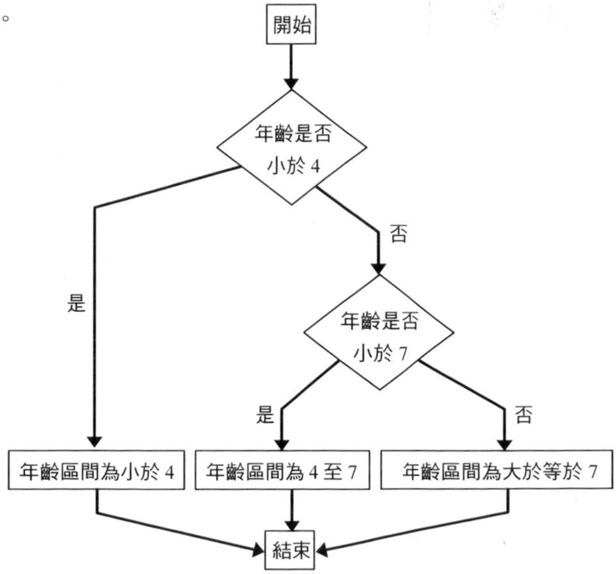

開始
年齡是否小於 4
是
否
年齡是否小於 7
是
否
年齡區間為小於 4
年齡區間為 4 至 7
年齡區間為大於等於 7
結束

右圖為利用 if 巢狀函式實現的結果。

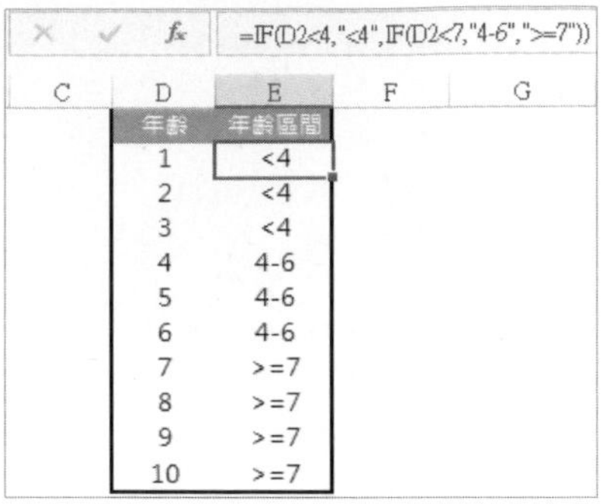

=IF(D2<4,"<4",IF(D2<7,"4-6",">=7"))

年齡	年齡區間
1	<4
2	<4
3	<4
4	4-6
5	4-6
6	4-6
7	>=7
8	>=7
9	>=7
10	>=7

使用 Python

在 Python 中對區間切分利用的是 cut() 方法，cut() 方法有一個參數 bins 用來指明切分區間。

```
>>>df
    年齡
0   1
1   2
2   3
3   4
4   5
5   6
6   7
7   8
8   9
9   10
>>>pd.cut(df[" 年齡 "],bins = [0,3,6,10])
0      (0, 3]
1      (0, 3]
2      (0, 3]
3      (3, 6]
4      (3, 6]
5      (3, 6]
6     (6, 10]
7     (6, 10]
8     (6, 10]
9     (6, 10]
Name: 年齡 , dtype: category
Categories (3, interval[int64]): [(0, 3] < (3, 6] < (6, 10]]
```

cut() 方法的切分結果是幾個左開右閉的區間，(0,3] 就表示大於 0 小於等於 3，(3,6] 表示大於 3 小於等於 6，(6,10] 表示大於 6 小於等於 10。

與 cut() 方法類似的還有 qcut() 方法。qcut() 方法不需要事先指明切分區間，只需要指明切分個數，即你要把待切分資料切成幾份，然後它就會根據待切分資料的情況，將資料切分成事先指定的份數，依據的原則就是每個組裡面的資料個數盡可能相等。

```
#將數據切分成3份
>>>pd.qcut(df["年齡"],3)
0    (0.999, 4.0]
1    (0.999, 4.0]
2    (0.999, 4.0]
3    (0.999, 4.0]
4      (4.0, 7.0]
5      (4.0, 7.0]
6      (4.0, 7.0]
7     (7.0, 10.0]
8     (7.0, 10.0]
9     (7.0, 10.0]
Name: 年齡, dtype: category
Categories (3, interval[float64]): [(0.999, 4.0] < (4.0, 7.0] <
(7.0, 10.0]]
```

在資料分佈比較均勻的情況下，cut() 方法和 qcut() 方法得到的區間基本一致。當資料分佈不均勻，即變異數比較大時，兩者得到的區間的偏差就會比較大。

7.9 插入新的列或欄

在特定的位置插入列或欄也是常用的操作。具體的插入操作有兩個關鍵要素，一個是在哪插入，另一個是插入什麼。

使用 Excel

在 Excel 中要插入列或欄首先要確定在哪一列或哪一欄前面插入，然後選取這一列或這一欄後按一下滑鼠右鍵，在彈出的下拉式功能表中選擇插入選項即可。

若要在唯一識別碼列前面插入一欄，先選取唯一識別碼這一欄，然後按一下滑鼠右鍵，在彈出的下拉式功能表中選擇插入選項即可，如右圖所示。

完成上面的操作後，就會有一個新的空列或空欄，在空列或空欄裡面輸入要插入的資料即可。

使用 Python

在 Python 中沒有專門用來插入列的方法，可以把待插入的列當作一個新的表，然後將兩個表在縱軸方向上進行拼接。關於表拼接會在後面的章節做說明。

在 Python 中插入一個新的欄用到的方法是 insert()，在 insert 方法後的括弧中指明要插入的位置、插入後新欄的欄位名稱，以及要插入的資料。

```
>>>df
    訂單編號  客戶姓名  唯一識別碼  年齡  成交時間      銷售 ID
0   A1       張通      101        31   2018-08-08   1
1   A2       李谷      102        45   2018-08-09   2
2   A3       孫鳳      103        23   2018-08-10   1
3   A4       趙恒      104        36   2018-08-11   2
4   A5       王娜      105        21   2018-08-11   3
# 在第二欄後插入一欄並命名為商品類別
>>>df.insert(2," 商品類別 ",["cat01","cat02","cat03","cat04","cat05"])
>>>df
   訂單編號  客戶姓名  商品類別  唯一識別碼  年齡  成交時間     銷售 ID
0  A1       張通      cat01    101        31   2018-08-08  1
1  A2       李谷      cat02    102        45   2018-08-09  2
2  A3       孫鳳      cat03    103        23   2018-08-10  1
3  A4       趙恒      cat04    104        36   2018-08-11  2
4  A5       王娜      cat05    105        21   2018-08-11  3
```

也可以直接以索引的方式進行列的插入，直接讓新的一列等於某列值即可。

```
>>>df[" 商品類別 "] = ["cat01","cat02","cat03","cat04","cat05"]
```

上面的程式表示新插入一名為商品類別的欄位，該欄的值就是後面列表中的值。

7.10 欄列互換

所謂的欄列互換（又稱轉置）就是將欄資料轉換到列方向上，將列資料轉換到欄方向上。

使用 Excel

在 Excel 中欄列互換（轉置）需要先把待轉置的內容複製，然後於要貼上的位置按滑鼠右鍵，在選擇性貼上的選項中選擇轉置即可，轉置選項如下圖所示。

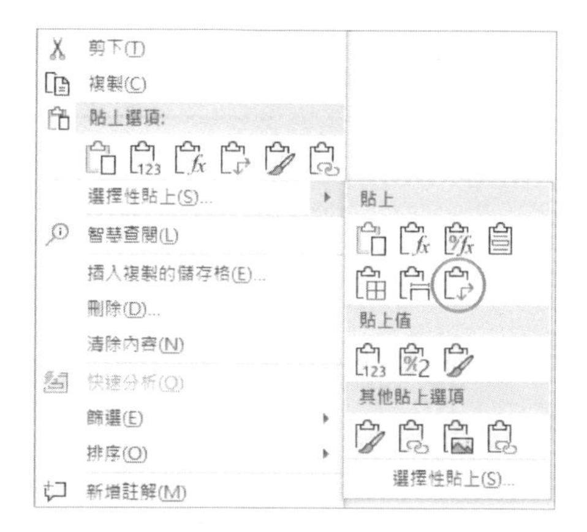

轉置前後的效果對比如下圖所示。

Before

訂單編號	客戶姓名	唯一識別碼	年齡	成交時間	銷售ID
A1	張通	101	31	2018/8/8	1
A2	李谷	102	45	2018/8/9	2
A3	孫鳳	103	23	2018/8/10	1
A4	趙恒	104	36	2018/8/11	2
A5	王娜	105	21	2018/8/11	3

After

訂單編號	A1	A2	A3	A4	A5
客戶姓名	張通	李谷	孫鳳	趙恒	王娜
唯一識別碼	101	102	103	104	105
年齡	31	45	23	36	21
成交時間	2018/8/8	2018/8/9	2018/8/10	2018/8/11	2018/8/11
銷售ID	1	2	1	2	3

使用 Python

在 Python 中，我們直接在來源資料表的基礎上呼叫 .T 方法即可得到來源資料表轉置後的結果。對轉置後的結果再次轉置就會回到原來的結果。

對表 df 進行轉置，程式如下：

```
>>>df
    訂單編號  客戶姓名    唯一識別碼    年齡   成交時間          銷售 ID
0   A1          張通      101         31     2018-08-08        1
1   A2          李谷      102         45     2018-08-09        2
2   A3          孫鳳      103         23     2018-08-10        1
3   A4          趙恒      104         36     2018-08-11        2
4   A5          王娜      105         21     2018-08-11        3
>>>df.T
               0            1             2            3            4
訂單編號      A1           A2            A3           A4           A5
客戶姓名      張通         李谷          孫鳳         趙恒         王娜
唯一識別碼    101          102           103          104          105
年齡          31           45            23           36           21
成交時間      2018-08-08   2018-08-09    2018-08-10   2018-08-11   2018-08-11
銷售 ID       1            2             1            2            3
```

對轉後的表再次進行轉置，程式如下。

```
>>>df.T.T
    訂單編號  客戶姓名    唯一識別碼    年齡   成交時間          銷售 ID
0   A1          張通      101         31     2018-08-08        1
1   A2          李谷      102         45     2018-08-09        2
2   A3          孫鳳      103         23     2018-08-10        1
3   A4          趙恒      104         36     2018-08-11        2
4   A5          王娜      105         21     2018-08-11        3
```

7.11 索引重塑

所謂的索引重塑就是將原來的索引進行重新構造。典型的 DataFrame 結構的表如下表所示。

	C1	C2	C3
S1	1	2	3
S2	4	5	6

上面這種表是典型的 DataFrame 結構，它用一個行索引和一個列索引來確定一個唯一值，比如 S1-C1 唯一值為 1，S2-C3 唯一值為 6。這種透過兩個位置確定一個唯一值的方法不僅可以用上述這種表格型結構表示，而且可以用一種樹形結構來表示，如右圖所示。

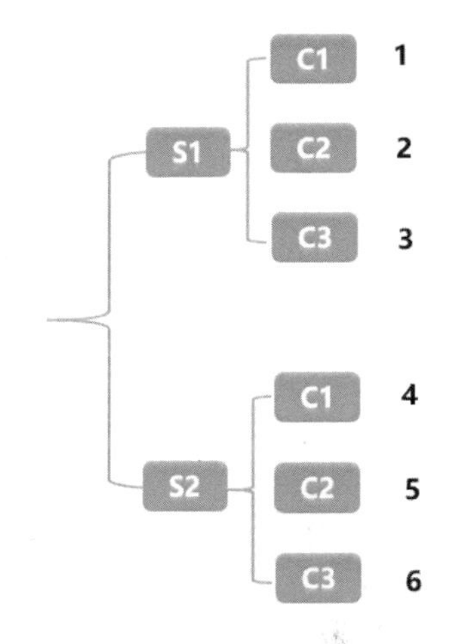

樹形結構其實就是在維持表格型行索引不變的前提下，把列索引也變成行索引，其實就是給表格型資料建立層次化索引。

我們把資料從表格型資料轉換到樹形資料的過程叫重塑。這種操作在 Excel 中沒有，在 Python 用到的方法是 stack()，範例程式如下：

```
>>>df
>>>df=pd.DataFrame([[1,2,3],[4,5,6]],
                   columns =["C1","C2","C3"],
                   index=["S1","S2"])
>>>df
    C1  C2  C3
S1  1   2   3
S2  4   5   6
>>>df.stack()
S1  C1    1
    C2    2
    C3    3
S2  C1    4
    C2    5
    C3    6
dtype: int64
```

與 stack() 方法相對應的方法是 unstack() 方法，stack() 方法是將表格型資料轉化為樹形資料，而 unstack() 方法是將樹形資料轉為表格型資料，範例程式如下：

```
>>>df.stack().unstack()
    C1  C2  C3
S1  1   2   3
S2  4   5   6
```

7.12 長寬表轉換

長寬表轉換就是將比較長（很多列）的表轉換為比較寬（很多欄）的表，或者將比較寬的表轉化為比較長的表。

下表是一個寬表（有很多欄）。

Company	Name	Sale2013	Sale2014	Sale2015	Sale2016
Apple	蘋果	5000	5050	5050	5050
Google	Google	3500	3800	3800	3800
Facebook	臉書	2300	2900	2900	2900

我們要把這個寬表轉化為如下表所示的長表。

Company	Name	year	sale
Apple	蘋果	Sale2013	5000
Google	Google	Sale2013	3500
Facebook	臉書	Sale2013	2300
Apple	蘋果	Sale2014	5050
Google	Google	Sale2014	3800
Facebook	臉書	Sale2014	2900
Apple	蘋果	Sale2015	5050
Google	Google	Sale2015	3800

Company	Name	year	sale
Facebook	臉書	Sale2015	2900
Apple	蘋果	Sale2016	5050
Google	Google	Sale2016	3800
Facebook	臉書	Sale2016	2900

上面這種由很多列轉換為很多行的過程，就是寬表轉換為長表的過程，這種轉換過程是有前提的，那就是需要有公共列。

7.12.1 寬表轉換為長表

寬表轉化為長表，在 Excel 中一般都用複製貼上實現，來看看在 Python 中如何實現。Python 中要實現這種轉換有兩種方法，一種是 stack() 方法，另一種是 melt() 方法。

stack() 方法實現

stack() 在將表格型資料轉為樹形資料時，是在保持列索引不變的前提下，將欄索引也變成列索引。

這裡將寬表轉化為長表首先要在保持 Company 和 Name 不變的前提下，將 Sale2013、Sale2014、Sale2015、Sale2016 也變成列索引。所以，需要先將 Company 和 Name 先設定成索引，然後呼叫 stack() 方法，將欄索引也轉換成列索引，最後利用 reset_index() 方法進行索引重置，範例程式如下：

```
>>>df = pd.read_excel(r"C:\ACD019600\data\test7.xlsx",
                       sheet_name="工作表 5")
>>>df
   Company   Name  Sale2013 Sale2014 Sale2015 Sale2016
0  Apple     蘋果   5000     5050     5050     5050
1  Google    谷歌   3500     3800     3800     3800
2  Facebook  臉書   2300     2900     2900     2900
>>>df.set_index(["Company","Name"])
                Sale2013  Sale2014  Sale2015   Sale2016
Company  Name
Apple    蘋果   5000      5050      5050       5050
```

```
Google      谷歌    3500       3800       3800         3800
Facebook   臉書    2300       2900       2900         2900
>>>df.set_index(["Company","Name"]).stack()
Company    Name
Apple       蘋果   Sale2013     5000
                   Sale2014     5050
                   Sale2015     5050
                   Sale2016     5050
Google      谷歌  Sale2013     3500
                   Sale2014     3800
                   Sale2015     3800
                   Sale2016     3800
Facebook   臉書  Sale2013     2300
                   Sale2014     2900
                   Sale2015     2900
                   Sale2016     2900
>>>df.set_index(["Company","Name"]).stack().reset_index()
    Company    Name     level_2     0
0   Apple      蘋果    Sale2013    5000
1   Apple      蘋果    Sale2014    5050
2   Apple      蘋果    Sale2015    5050
3   Apple      蘋果    Sale2016    5050
4   Google     谷歌    Sale2013    3500
5   Google     谷歌    Sale2014    3800
6   Google     谷歌    Sale2015    3800
7   Google     谷歌    Sale2016    3800
8   Facebook   臉書    Sale2013    2300
9   Facebook   臉書    Sale2014    2900
10  Facebook   臉書    Sale2015    2900
11  Facebook   臉書    Sale2016    2900
```

melt() 方法實現

用 melt() 方法實現上述功能，程式如下：

```
>>>df.melt(id_vars = ["Company","Name"],
           var_name = "Year",
           value_name = "Sale")
    Company    Name     Year         Sale
0   Apple      蘋果    Sale2013    5000
1   Apple      蘋果    Sale2014    5050
2   Apple      蘋果    Sale2015    5050
3   Apple      蘋果    Sale2016    5050
```

```
4   Google    谷歌    Sale2013    3500
5   Google    谷歌    Sale2014    3800
6   Google    谷歌    Sale2015    3800
7   Google    谷歌    Sale2016    3800
8   Facebook  臉書    Sale2013    2300
9   Facebook  臉書    Sale2014    2900
10  Facebook  臉書    Sale2015    2900
11  Facebook  臉書    Sale2016    2900
```

melt 中的 id_vars 參數用於指明寬表轉換到長表時保持不變的列，var_name 參數表示原來的欄索引轉化為 " 列索引 " 以後對應的欄名，value_name 表示新索引對應的值的欄名。

注意，這裡的 " 列索引 " 是有雙引號的，它並非實際列索引，只是類似實際的列索引。

7.12.2 長表轉換為寬表

將長表轉化為寬表就是寬表轉化為長表的逆過程。常用的方法就是樞紐分析表。關於樞紐分析表的使用將在 10.2 節進行詳細講解，這裡大概瞭解一下就可以了。具體實現如下：

```
>>>df
    Company   Name    Year        Sale
0   Apple     蘋果    Sale2013    5000
1   Apple     蘋果    Sale2014    5050
2   Apple     蘋果    Sale2015    5050
3   Apple     蘋果    Sale2016    5050
4   Google    谷歌    Sale2013    3500
5   Google    谷歌    Sale2014    3800
6   Google    谷歌    Sale2015    3800
7   Google    谷歌    Sale2016    3800
8   Facebook  臉書    Sale2013    2300
9   Facebook  臉書    Sale2014    2900
10  Facebook  臉書    Sale2015    2900
11  Facebook  臉書    Sale2016    2900
>>>df.pivot_table(index = ["Company","Name"],columns = "Year",
                                              values = "Sale")
Year              Sale2013 Sale2014 Sale2015 Sale2016
```

```
Company Name
Apple    蘋果    5000    5050    5050    5050
Facebook 臉書    2300    2900    2900    2900
Google   谷歌    3500    3800    3800    3800
```

上面的實現過程是把 Company 和 Name 設定成欄索引，Year 設定成列索引，Sale 為值。

7.13 apply() 與 applymap() 函式

我們在 Python 基礎知識部分講過一個 Python 的高級特性 map() 函式，map() 函式是對一個序列中的所有元素執行相同的函式操作。

在 DataFrame 中與 map() 函式類似的函式有兩個，一個是 apply() 函式，另一個是 applymap() 函式。函式 apply() 和 applymap() 都需要與匿名函式 lambda 結合使用。

apply() 函式主要用於對 DataFrame 中的某一 column 或 row 中的元素執行相同的函式操作。

```
>>>df
   C1  C2  C3
0  1   2   3
1  4   5   6
2  7   8   9
# 對 C1 列中的每一個元素加 1
>>>df["C1"].apply(lambda x:x+1)
0    2
1    5
2    8
Name: C1, dtype: int64
```

applymap() 函式用於對 DataFrame 中的每一個元素執行相同的函式操作。

```
# 對 df 表中的每一個元素加 1
>>>df.applymap(lambda x:x+1)
   C1  C2  C3
0  2   3   4
1  5   6   7
2  8   9   10
```

8 開始烹調－資料運算

進行到這一步就可以開始正式的烹調了。第 1 章曾經列舉一些不同維度的分析指標，本章就來看看這些指標都是怎麼計算出來的。

8.1 算數運算

算數運算就是基本的加減乘除，在 Excel 或 Python 中數值型別的任意兩欄可以直接進行加、減、乘、除運算，而且是對應元素進行加、減、乘、除運算。Excel 中的算數運算比較簡單，這裡就不再贅述了，下面主要介紹 Python 中的算數運算。

兩欄相加的具體實現如下所示。

```
>>>df
    C1  C2  C3
S1  1   2   3
S2  4   5   6
>>>df["C1"] + df["C2"]
S1    3
S2    9
dtype: int64
```

兩欄相減的具體實現如下所示。

```
>>>df["C1"] - df["C2"]
S1   -1
S2   -1
dtype: int64
```

兩欄相乘的具體實現如下所示。

```
>>>df["C1"] * df["C2"]
S1     2
S2    20
dtype: int64
```

兩欄相除的具體實現如下所示。

```
>>>df["C1"] / df["C2"]
S1    0.5
S2    0.8
dtype: float64
```

任意一欄加 / 減一個常數值，這一欄中的所有值都加 / 減這個常數值，具體實現如下所示。

```
>>>df["C1"] + 2
S1     3
S2     6
Name: C1, dtype: int64

>>>df["C1"] - 2
S1    -1
S2     2
Name: C1, dtype: int64
```

任意一欄乘 / 除一個常數值，這一欄中的所有值都乘 / 除這一常數值，具體實現如下所示。

```
>>>df["C1"] * 2
S1     2
S2     8
Name: C1, dtype: int64

>>>df["C1"] / 2
S1     0.5
S2     2.0
Name: C1, dtype: float64
```

8.2 比較運算

比較運算和 Python 基礎知識中講到的比較運算一致，也是一般的大於、等於、小於之類的，只不過這裡的比較是在欄與欄之間進行的。常用的比較運算子請見 2.9.2 節。

在 Excel 中，欄與欄之間的比較運算和 Python 中的方法一致，例子如下圖所示。

=B2>C2

	A	B	C	D	E
	欄1	C1	C2	C3	比較運算
	S1	1	2	3	FALSE
	S2	4	5	6	FALSE

以下是一些 Python 中欄與欄之間比較的例子。

```
>>>df
    C1  C2  C3
S1  1   2   3
S2  4   5   6

>>>df["C1"] > df["C2"]
S1    False
S2    False
dtype: bool

>>>df["C1"] != df["C2"]
S1    True
S2    True
dtype: bool

>>>df["C1"] < df["C2"]
S1    True
S2    True
dtype: bool
```

8.3 彙總運算

上面講到的算數運算和比較運算都是在欄與欄之間進行的，運算結果是有多少列的值就會傳回多少個結果，而彙總運算是將資料進行彙總傳回一個彙總以後的結果值。

8.3.1 count 非空格計數

非空格計數就是計算某一個區域中非空（儲存格）數值的個數。

在 Excel 中，counta() 函式用於計算某個區域中非空儲存格的個數。與 counta() 函式類似的一個函式是 count() 函式，它用於計算某個區域中含有數字的儲存格的個數。

在 Python 中，直接在整個資料表上呼叫 count() 函式，傳回的結果為該資料表中每欄的非空格的個數，具體實現如下所示。

```
>>>df
    C1  C2  C3
S1  1   2   3
S2  4   5   6
>>>df.count()
C1    2
C2    2
C3    2
dtype: int64
```

count() 函式預設是求取每一欄的非空數值的個數，可以透過修改 axis 參數讓其等於 1，來求取每一列的非空數值的個數。

```
>>>df.count(axis = 1)
S1    3
S2    3
dtype: int64
```

也可以把某一欄或者某一列索引出來，單獨查看這一欄或這一列的非空格個數。

```
>>>df["C1"].count()
2
```

8.3.2 sum 求和

求和就是對某一區域中的所有數值進行加和操作。

在 Excel 中要求取某一區域的和，直接在 sum() 函式後面的括弧中指明要求和的區域，即要對哪些值進行求和操作即可。例子如下所示。

```
sum(D2:D6)# 表示對 D2:D6 範圍的數值進行求和操作
```

在 Python 中，直接在整個資料表上呼叫 sum() 函式，傳回的是該資料表每一欄的求和結果，例子如下所示。

```
>>>df
    C1  C2  C3
S1  1   2   3
S2  4   5   6
>>>df.sum()
C1    5
C2    7
C3    9
dtype: int64
```

sum() 函式預設對每一欄進行求和，可透過修改 axis 參數，讓其等於 1，來對每一列的數值進行求和操作。

```
>>>df.sum(axis = 1)
S1     6
S2    15
dtype: int64
```

也可以把某一欄或者某一列索引出來，單獨對這一欄或這一列資料進行求和操作。

```
>>>df["C1"].sum()
5
```

8.3.3 mean 求均值

求均值是針對某一區域中的所有值進行求算術平均值運算。均值是用來衡量資料一般情況的指標，容易受到極大值、極小值的影響。

在 Excel 中對某個區域內的值進行求平均值運算，用的是 average() 函式，只要在 average() 函式中指明要求均值運算的區域即可，比如：

```
average(D2:D6) # 表示對 D2:D6 範圍內的值進行求均值運算
```

在 Python 中求均值利用的是 mean() 函式，如果對整個表直接呼叫 mean() 函式，傳回的是該表中每一欄的均值。

```
>>>df
    C1  C2  C3
S1  1   2   3
S2  4   5   6
>>>df.mean()
C1    2.5
C2    3.5
C3    4.5
dtype: float64
```

mean() 函式預設是對資料表中的每一欄進行求均值運算，可透過修改 axis 參數，讓其等於 1，來對每一列進行求均值運算。

```
>>>df.mean(axis = 1)
S1    2.0
S2    5.0
dtype: float64
```

也可以把某一欄或者某一列透過索引的方式取出來，然後在這一列或這一欄上呼叫 mean() 函式，單獨求取這一列或這一欄的均值。

```
>>>df["C1"].mean()#對C1欄求均值
2.5
```

8.3.4 max 求最大值

求最大值就是比較一組資料中所有數值的大小，然後傳回最大的一個值。

在 Excel 和 Python 中，求最大值使用的都是 max() 函式。在 Excel 中同樣只需要在 max() 函式中指明要求最大值的區域即可；在 Python 中，和其他函式一樣，如果對整個表直接呼叫 max() 函式，則傳回該資料表中每一欄的最大值。max() 函式也可以對每一列求最大值，還可以單獨對某一列或某一欄求最大值。

```
>>>df
    C1  C2  C3
S1  1   2   3
```

```
S2  4   5   6
>>>df.max()
C1     4
C2     5
C3     6
dtype: int64
#對每一列求最大值
>>>df.max(axis = 1)
S1     3
S2     6
dtype: int64
>>>df["C1"].max()#對C1欄求最大值
4
```

8.3.5 min 求最小值

求最小值與求最大值是相對應的，透過比較一組資料中所有數值的大小，然後傳回最小的那個值。

在 Excel 和 Python 中都使用 min() 函式來求最小值，它的使用方法與求最大值的類似，這裡不再贅述。範例程式如下：

```
#對整個表呼叫min()函式
>>>df
    C1  C2  C3
S1  1   2   3
S2  4   5   6
>>>df.min()
C1     1
C2     2
C3     3
dtype: int64
#求取每一列的最小值
>>>df.min(axis = 1)
S1     1
S2     4
dtype: int64
#求取C1欄的最小值
>>>df["C1"].min()
1
```

8.3.6 median 求中位數

中位數就是將一組含有 n 個資料的序列 X 按從小到大排列後，位於中間位置的那個數。

中位數是以中間位置的數來反映資料的一般情況，不容易受到極大值、極小值的影響，因而在反映資料分佈情況上要比平均值更有代表性。

現有序列為 X：$\{X_1$、X_2、X_3、……、$X_n\}$。

如果 n 為奇數，則中位數：

$$m = X_{\frac{n+1}{2}}$$

如果 n 為偶數，則中位數：

$$m = \frac{X_{\frac{n}{2}} + X_{\frac{n}{2}+1}}{2}$$

例如，1、3、5、7、9 的中位數為 5，而 1、3、5、7 的中位數為 (3+5)/2=4。

在 Excel 和 Python 中求一組資料的中位數，都是使用 median() 函式來實現的。

以下為在 Excel 中求中位數的範例：

```
median(D2:D6) # 表示求 D2:D6 區域內的中位數
```

在 Python 中，median() 函式的使用原則和其他函式的一致。

```
#對整個表呼叫 median() 函式
>>>data = {"C1":[1,4,7],"C2":[2,5,8],"C3":[3,6,9]}
>>>df = pd.DataFrame(data,index = ["S1","S2","S3"])
>>>df
    C1  C2  C3
S1  1   2   3
S2  4   5   6
S3  7   8   9
>>>df.median()
C1    4.0
C2    5.0
C3    6.0
dtype: float64
#求取每一列的中位數
```

```
>>>df.median(axis = 1)
S1    2.0
S2    5.0
S3    8.0
dtype: float64
# 求取 C1 欄的中位數
>>>df["C1"].median()
4.0
```

8.3.7 mode 求眾數

顧名思義，眾數就是一組資料中出現次數最多的數，求眾數就是傳回這組資料中出現次數最多的那個數。

在 Excel 和 Python 中求眾數都使用 mode() 函式，使用原則與其他函式完全一致。

在 Excel 中求眾數的範例如下：

```
mode(D2:D6)# 傳回 D2:D6 之間出現次數最多的值
```

在 Python 中求眾數的範例如下：

```
# 對整個表呼叫 mode() 函式
>>>df
C1  C2  C3
S1  1   1   3
S2  4   4   6
S3  1   1   3
>>>df.mode()
    C1  C2  C3
0   1   1   3
# 求取每一列的眾數
>>>df.mode(axis = 1)
    0
S1  1
S2  4
S3  1
# 求取 C1 欄的眾數
>>>df["C1"].mode()
0    1
dtype: int64
```

8.3.8 var 求變異數

變異數是用來衡量一組資料的離散程度（即資料波動幅度）的。

在 Excel 和 Python 中求一組資料中的變異數都是使用 var() 函式。

下面為在 Excel 中求變異數的範例：

```
var(D2:D6) # 表示求 D2:D6 區域內的變異數
```

在 Python 中，var() 函式的使用原則和其他函式一致。

```
# 對整個表呼叫 var() 函式
>>>data = {"C1":[1,4,7],"C2":[2,5,8],"C3":[3,6,9]}
>>>df = pd.DataFrame(data,index = ["S1","S2","S3"])
>>>df
    C1  C2  C3
S1  1   2   3
S2  4   5   6
S3  7   8   9
>>>df.var()
C1    9.0
C2    9.0
C3    9.0
dtype: float64
# 求取每一列的變異數
>>>df.var(axis = 1)
S1    1.0
S2    1.0
S3    1.0
dtype: float64
# 求取 C1 欄的變異數
>>>df["C1"].var()
9.0
```

8.3.9 std 求標準差

標準差是變異數的平方根，二者都是用來表示資料的離散程度。

在 Excel 中計算標準差使用的是 stdevp() 函式，範例如下：

```
stdevp(D2:D6) # 表示求 D2:D6 區域內的標準差
```

在 Python 中計算標準差使用的是 std() 函式，std() 函式的使用原則與其他函式一致，範例如下：

```
# 對整個表呼叫 std() 函式
>>>df
    C1  C2  C3
S1  1   2   3
S2  4   5   6
S3  7   8   9
>>>df.std()
C1    3.0
C2    3.0
C3    3.0
dtype: float64
# 求取每一列的標準差
>>>df.std(axis = 1)
S1    1.0
S2    1.0
S3    1.0
dtype: float64
# 求取 C1 欄的標準差
>>>df["C1"].std()
3.0
```

8.3.10 quantile 求分位數

分位數是比中位數更加詳細的基於位置的指標，分位數主要有四分之一分位數、四分之二分位數、四分之三分位數，而四分之二分位數就是中位數。

在 Excel 中求分位數用的是 percentile() 函式，範例如下：

```
percentile(D2:D6,0.5)  # 表示求 D2:D6 區域內的二分之一分位數
percentile(D2:D6,0.25) # 表示求 D2:D6 區域內的四分之一分位數
percentile(D2:D6,0.75) # 表示求 D2:D6 區域內的四分之三分位數
```

在 Python 中求分位數用的是 quantile() 函式，要在 quantile 後的括弧中指明要求取的分位數值。quantile() 函式與其他函式的使用規則相同。

```
# 對整個表呼叫 quantile() 函式
>>>df
    C1  C2  C3
S1  1   2   3
S2  4   5   6
S3  7   8   9
S4  10  11  12
S5  13  14  15
>>>df.quantile(0.25)# 求四分之一分位數
C1    4.0
C2    5.0
C3    6.0
Name: 0.25, dtype: float64
>>>df.quantile(0.75)# 求四分之三分位數
C1    10.0
C2    11.0
C3    12.0
Name: 0.75, dtype: float64
# 求取每一列的四分之一分位數
>>>df.quantile(0.25, axis = 1)
S1     1.5
S2     4.5
S3     7.5
S4    10.5
S5    13.5
Name: 0.25, dtype: float64
# 求取 C1 欄的四分之一分位數
>>>df["C1"].quantile(0.25)
4.0
```

8.4 相關性運算

相關性常用來衡量兩個事物之間的相關程度，比如我們前面舉的例子：啤酒與尿布兩者的相關性很強。我們一般用相關係數來衡量兩者的相關程度，所以相關性計算其實就是計算相關係數，比較常用的是皮爾遜相關係數。

在 Excel 中求取相關係數用的是 correl() 函式，範例如下：

```
correl(A1:A10,B1:B10) # 求取 A 欄指標與 B 欄指標的相關係數
```

在 Python 中求取相關係數用的是 corr() 函式，範例如下：

```
>>>data = {"col1":[1,3,5,7,9],"col2":[2,4,6,8,10]}
>>>df = pd.DataFrame(data,index = [0,1,2,3,4])
>>>df
   col1    col2
0  1       2
1  3       4
2  5       6
3  7       8
4  9       10
>>>df["col1"].corr(df["col2"])# 求取 col1 欄與 col2 欄的相關係數
0.9999999999999999
```

還可以利用 corr() 函式求取整個 DataFrame 表中各欄位兩兩之間的相關性，範例如下：

```
>>>data = {"col1":[1,4,7,10,13],
           "col2":[2,5,8,11,14],
           "col3":[3,6,9,12,15]}
>>>df = pd.DataFrame(data,index = [0,1,2,3,4])
>>>df
   col1    col2    col3
0  1       2       3
1  4       5       6
2  7       8       9
3  10      11      12
4  13      14      15

# 計算欄位 col1、col2、col3 兩兩之間的相關性
>>>df.corr()
       col1    col2    col3
col1   1.0     1.0     1.0
col2   1.0     1.0     1.0
col3   1.0     1.0     1.0
```

9 炒菜計時器－時間序列

9.1 取得現在的時間

取得現在的時間就是取得此時此刻與時間相關的資料，除了具體的年、月、日、時、分、秒，還會單獨看年、月、週、日等指標。

9.1.1 傳回現在的日期和時間

傳回現在的日期和時間，在 Excel 和 Python 中都是借助函式 now() 實現。

在 Excel 中直接在儲存格裡輸入 now() 函式即可。在 Python 中則使用如下程式：

```
>>>from datetime import datetime
>>>datetime.now()
#2018 年 10 月 14 日 9 時 9 分 51 秒
datetime.datetime(2018, 10, 14, 9, 9, 51, 539765)
```

9.1.2 分別傳回現在的年、月、日

傳回現在的年份在 Excel 和 Python 中都是借助函式 year 實現。

在 Excel 的儲存格中輸入如下函式：

```
year(now())
```

在 Python 中使用如下程式：

```
>>>datetime.now().year
2018
```

傳回現在的月份在 Excel 和 Python 中都是借助函式 month 實現。

在 Excel 的儲存格中輸入如下函式：

```
=month(now())
```

在 Python 中使用如下程式：

```
>>>datetime.now().month
10
```

傳回現在的日期在 Excel 和 Python 中都是借助函式 day 實現。

在 Excel 的儲存格中輸入如下函式：

```
=day(now())
```

在 Python 中使用如下程式：

```
>>>datetime.now().day
14
```

上面幾個函式在其他任意日期或時間中都適用。

9.1.3 傳回現在的週數

與現在的週相關的資料有兩個，一個是現在是一週中的週幾，另一個是傳回現在是全年的第幾週。

傳回週幾

傳回現在是週幾在 Excel 和 Python 中都是借助 weekday() 函式實現。

在 Excel 的儲存格中輸入如下函式：

```
weekday(now()-1)
```

之所以用“now()-1”是因為 Excel 把週日作為一週中的第一天。

在 Python 中使用如下程式：

```
>>> datetime.now().weekday()+1
7
```

Python 中週幾是從 0 開始數的，週日傳回的是 6，所以在後面加 1。

傳回週數

傳回現在所在週的週數在 Excel 中使用的是 weeknum() 函式，在 Python 中使用的是 isocalendar() 函式。

在 Excel 的儲存格中輸入如下函式：

```
weeknum(now()-1)
```

在 Python 中使用如下程式：

```
>>> datetime.now().isocalendar()
(2018, 41, 7)#2018 年第 41 週的第 7 天
>>>datetime.now().isocalendar()[1]# 傳回週數
41
```

上面兩個函式在其他任意日期或時間中都適用。

9.2 指定日期和時間的格式

使用 Excel

在 Excel 中要設定日期的時間格式，先直接選取要設定的儲存格，然後按一下滑鼠右鍵，在彈出的下拉式功能表中選擇設定儲存格格式選項即可設定儲存格格式。因為日期和時間是兩個概念，所以在 Excel 中設定日期和時間是分開的，如下圖所示。

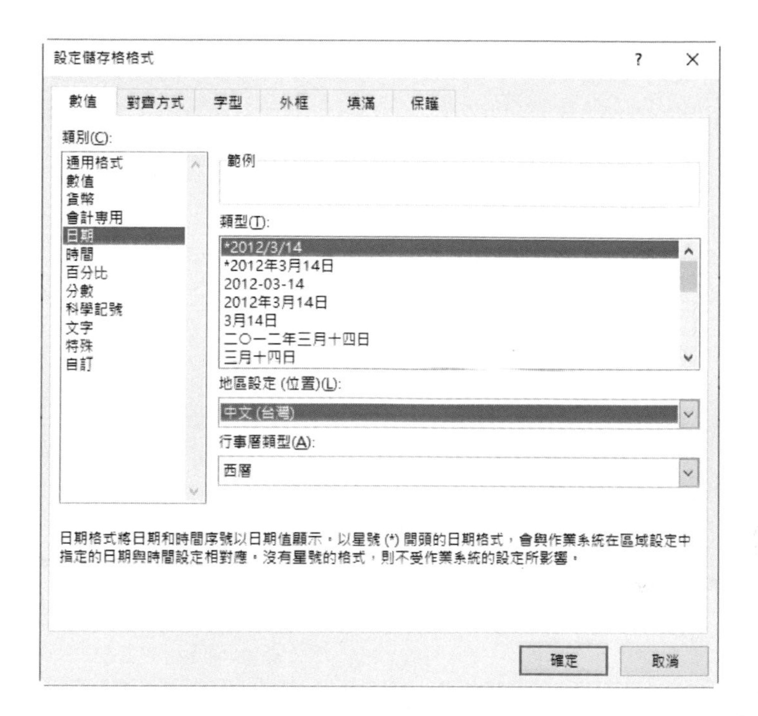

使用 Python

借助 date() 函式將日期和時間設定成只顯示日期。

```
#9 小時 9 分 51 秒
>>>datetime.now().date()
datetime.date(2018, 10, 14)
```

借助 time() 函式將日期和時間設定成只顯示時間。

```
#9 小時 9 分 51 秒
>>>datetime.now().time()
datetime.time( 9, 9, 51, 539765)
```

借助 strftime() 函式可以自訂時間和日期的格式，strftime() 函式是將日期和時間的格式轉化為某些自訂的格式，具體的格式有以下幾種：

代碼	說明
%H	小時（24 小時制）[00,23]
%I	小時（12 小時制）[01,12]
%M	兩位數的分 [00,59]
%S	秒 [00,61]（60 和 61 用於閏秒）
%w	用整數表示星期幾，從 0 開始
%U	每年的第幾週，週日被認為是每週第一天
%W	每年的第幾週，週一被認為是每週第一天
%F	%Y-%m-%d 的簡寫形式，例如 2018-04-18
%D	%m/%d/%y 的簡寫形式，例如 04/18/2018

用 strftime() 函式自訂時間和日期的格式的例子如下所示。

```
>>>datetime.now().strftime('%Y-%m-%d')
'2018-10-14'

>>>datetime.now().strftime("%Y-%m-%d %H:%M:%S")
'2018-10-14 09:09:51'
```

9.3 字串和時間格式相互轉換

字串和時間格式的相互轉換主要用於 Python 中。

9.3.1 將時間格式轉換為字串格式

使用 str() 函式將時間格式轉換為字串格式，範例如下：

```
# 新增一個時間格式的時間
>>>now = datetime.now()
>>>now
datetime.datetime(2018, 10, 14, 9, 9, 51, 539765)
>>>type(now)# 查看變數 now 的資料類型
datetime.datetime
>>>type(str(now))
str
```

9.3.2 將字串格式轉換為時間格式

使用 parse() 函式將字串格式轉換為時間格式。

```
# 新增一個字串格式的時間
>>>str_time = "2018-10-14"
>>>type(str_time) # 查看變數 str_time 的資料類型
str
>>>from dateutil.parser import parse
>>>parse(str_time) # 將字串解析為時間
datetime.datetime(2018, 10, 14, 0, 0)
>>>type(parse(str_time))
datetime.datetime
```

9.4 時間索引

時間索引就是根據時間來對時間格式的欄位進行資料選取的一種索引方式。

使用 Excel

在 Excel 中，對於時間格式的欄位有專門的日期篩選，根據需要選擇相應的篩選條件即可，篩選條件如下圖所示。

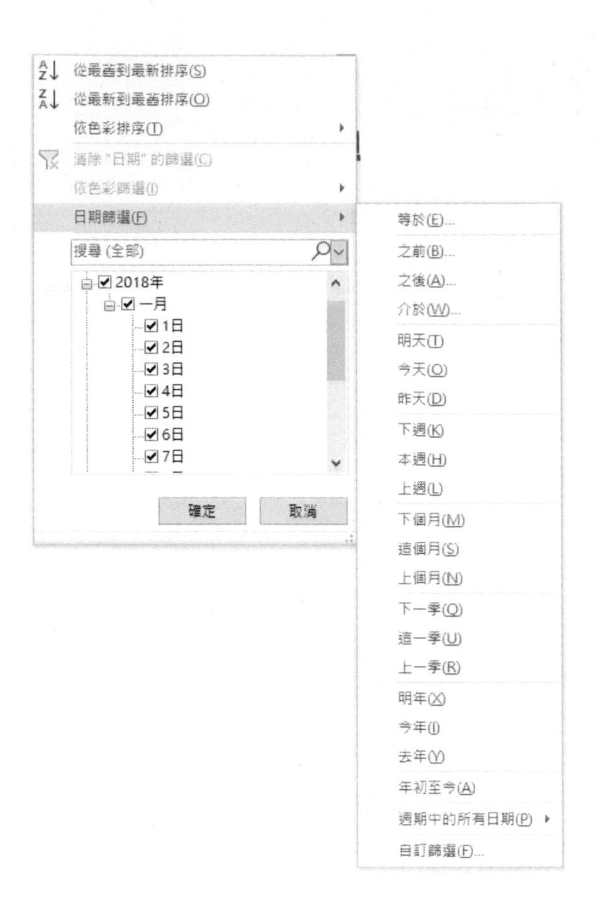

使用 Python

在 Python 中，可以選取具體的某一時間對應的值，也可以選取某一段時間內的值。

新增一個時間索引的 DataFrame 如下：

```
>>>import pandas as pd
>>>import numpy as np
>>>index = pd.DatetimeIndex(['2018-01-01', '2018-01-02', '2018-01-03',
'2018-01-04',
               '2018-01-05', '2018-01-06', '2018-01-07', '2018-01-08',
               '2018-01-09', '2018-01-10'])
>>>data = pd.DataFrame(np.arange(1,11),columns = ["num"],index = index)
>>>data
            num
```

```
2018-01-01  1
2018-01-02  2
2018-01-03  3
2018-01-04  4
2018-01-05  5
2018-01-06  6
2018-01-07  7
2018-01-08  8
2018-01-09  9
2018-01-10  10
```

取得 2018 年的資料：

```
>>>data["2018"]
            num
2018-01-01  1
2018-01-02  2
2018-01-03  3
2018-01-04  4
2018-01-05  5
2018-01-06  6
2018-01-07  7
2018-01-08  8
2018-01-09  9
2018-01-10  10
```

取得 2018 年 1 月的資料：

```
>>>data["2018-01"]
            num
2018-01-01  1
2018-01-02  2
2018-01-03  3
2018-01-04  4
2018-01-05  5
2018-01-06  6
2018-01-07  7
2018-01-08  8
2018-01-09  9
2018-01-10  10
```

取得 2018 年 1 月 1 日到 2018 年 1 月 5 日的資料：

```
>>>data["2018-01-01":"2018-01-05"]
            num
2018-01-01  1
2018-01-02  2
2018-01-03  3
2018-01-04  4
2018-01-05  5
```

取得 2018 年 1 月 1 日的資料：

```
>>>data["2018-01-01":"2018-01-01"]
            num
2018-01-01  1
```

上面的索引方法適用於索引是時間的情況下，但是並不是在所有情況下，時間都可以做索引。比如，一個訂單表中客戶姓名是索引，成交時間就是一個普通欄位，這個時候你想選取某一段時間內的成交訂單該怎麼辦呢？

因為時間也是有大小關係的，所以，我們可以利用前面學過索引方式中的布林索引來對非索引欄的時間進行選取，程式如下：

```
>>>df = pd.read_excel(r"C:\ACD019600\data\test8.xlsx")
>>>df
    客戶姓名  唯一識別碼  年齡  成交時間
A1  張通      101         31    2018-08-08
A2  李谷      102         45    2018-08-09
A3  孫鳳      103         23    2018-08-10
A4  趙恒      104         36    2018-08-11
A5  王娜      105         21    2018-08-11

#選取成交時間為 2018 年 8 月 8 日的訂單
>>>df[df[" 成交時間 "] == datetime(2018,8,8)]
    客戶姓名  唯一識別碼  年齡  成交時間
A1  張通      101         31    2018-08-08

#選取成交時間在 2018 年 8 月 9 日之後的訂單
>>>df[df[" 成交時間 "] > datetime(2018,8,9)]
    客戶姓名  唯一識別碼  年齡  成交時間
A3  孫鳳      103         23    2018-08-10
A4  趙恒      104         36    2018-08-11
```

```
A5  王娜      105         21   2018-08-11

#選取成交時間在 2018 年 8 月 10 日之前的訂單
>>>df[df["成交時間"] < datetime(2018,8,10)]
    客戶姓名  唯一識別碼  年齡  成交時間
A1  張通      101         31   2018-08-08
A2  李谷      102         45   2018-08-09

#選取成交時間在 2018 年 8 月 8 到 2018 年 8 月 11 之間的訂單
>>>df[(df["成交時間"] > datetime(2018,8,8))&(df["成交時間"] <
datetime(2018,8,11))]
    客戶姓名  唯一識別碼  年齡  成交時間
A2  李谷      102         45   2018-08-09
A3  孫鳳      103         23   2018-08-10
```

9.5 時間運算

9.5.1 兩個時間之差

在日常業務中經常會用到計算兩個時間的差，比如要計算一個用戶在某平台上的生命週期，則用使用者最後一次登錄產品的時間減去使用者首次登錄產品的時間即可得到。

使用 Excel

在 Excel 中，兩個包含時間的日期直接相減會得到一個帶小數點的天數，如果只想看兩日期之間差多少天，那麼直接取整數部分即可；如果想看兩日期之間差多少小時、分鐘，則需要對小數部分進行計算，小數部分乘 24 得到的結果中的整數部分就是小時數，它的小數部分再乘 60 就是分鐘數。

```
date_A = 2018/5/18 20:32
date_B = 2018/5/21 19:50
date_B - date_A = 2.970833
day = 2
hour = int(0.970833*24) = int(23.299992) = 23
minute = int(0.299992*60) = int(17.99952) = 17
```

使用 Python

在 Python 中兩個時間做差會傳回一個 timedelta 物件，該物件中包含天數、秒、微秒三個等級，如果要取得小時、分鐘，則需要進行換算。

```
>>>diff = datetime(2018,5,21,19,50) - datetime(2018,5,18,20,32)
>>>diff
# 差值為 2 天 83880 秒
datetime.timedelta(2, 83880)
>>>diff.days# 傳回天的時間差
2
>>>diff.seconds# 傳回秒的時間差
83880
>>>diff.seconds/3600# 換算成小時的時間差
23.3
```

9.5.2 時間偏移

時間偏移是指將時間往前推或往後推一段時間，即加或減一段時間。

使用 Excel

由於 Excel 中的運算單位都是天，因此若想對某一個時間具體加 / 減某一單位的時間；如果是加 / 減小時或者分鐘，則需要把小時或分鐘換算成對應的天。

```
# 往後推 1 天
date1 = 2018/5/18 20:32 + 1 = 2018/5/19 20:32

# 往後推 3 個小時
date2 = 2018/5/18 20:32 + 0.125 = 2018/5/19 23:32

# 往後推 60 分鐘
date3 = 2018/5/18 20:32 + 0.041666667 = 2018/5/19 21:32

# 往前推 1 天
date4 = 2018/5/18 20:32 - 1 = 2018/5/17 20:32

# 往前推 3 個小時
date5 = 2018/5/18 20:32 - 0.125 = 2018/5/19 17:32
```

```
# 往前推 60 分鐘
date6 = 2018/5/18 20:32 - 0.041666667 = 2018/5/19 19:32
```

使用 Python

在 Python 中實現時間偏移的方式有兩種：第一種是借助 timedelta，但是它只能偏移天、秒、微秒單位的時間；第二種是用 Pandas 中的日期偏移量（date offset）。

- timedelta

  由於 timedelta 只支援天、秒、微秒單位的時間運算，如果是其他單位的時間運算，則需要換算成以上三種單位中的一種方可進行偏移。

```
>>>from datetime import timedelta
>>>date = datetime(2018,5,18,20,32)
# 往後推 1 天
>>>date + timedelta(days = 1)
datetime.datetime(2018,5,19,20,32)

# 往後推 60 秒
>>>date + timedelta(seconds = 60)
datetime.datetime(2018,5,18,20,33)

# 往前推 1 天
>>>date - timedelta(days = 1)
datetime.datetime(2018,5,17,20,32)

# 往前推 60 秒
>>>date - timedelta(seconds = 60)
datetime.datetime(2018, 5, 18, 20, 31)
```

- date offset

  date offset 可以直接實現天、小時、分鐘單位的時間偏移，不需要換算，相較於 timedelta 要方便一些。

```
>>>from pandas.tseries.offsets import Day,Hour,Minute
>>>date = datetime(2018,5,18,20,32)

# 往後推 1 天
>>>date + Day(1)
```

```
Timestamp('2018-05-19 20:32:00')

# 往後推 1 小時
>>>date + Hour(1)
Timestamp('2018-05-18 21:32:00')

# 往後推 10 分鐘
>>>date + Minute(10)
Timestamp('2018-05-18 20:42:00')

# 往前推 1 天
>>>date - Day(1)
Timestamp('2018-05-17 20:32:00')

# 往前推 1 小時
>>>date - Hour(1)
Timestamp('2018-05-18 19:32:00')

# 往前推 10 分鐘
>>>date - Minute(10)
Timestamp('2018-05-18 20:22:00')
```

10 菜品分類－資料分組 / 樞紐分析表

10.1 資料分組

資料分組就是根據一個或多個鍵（可以是函式、陣列或 df 欄名）將資料分成若干組，然後對分組後的資料分別進行彙總（小計）計算，並將彙總計算後的結果進行合併，被用作彙總計算的函式稱為彙總函式。資料分組的具體分組流程如下圖所示。

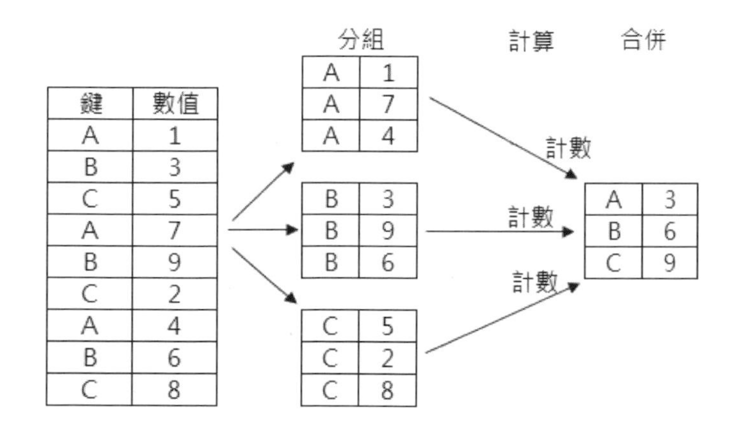

先簡單介紹一下在 Excel 中的資料分組是如何實現的，然後再詳細介紹 Python 是如何實現資料分組的。

使用 Excel

Excel 中有資料分組這個功能，但是在使用這個功能以前要先對鍵進行排序（你要按照哪一欄進行分組，那麼鍵就是這一欄），昇冪或降冪都可以，排序前後的結果如下圖所示。

鍵	數值
A	1
B	3
C	5
A	7
B	9
C	2
A	4
B	6
C	8

排序 →

鍵	數值
A	1
A	7
A	4
B	3
B	9
B	6
C	5
C	2
C	8

鍵值排序完成後，選取待分組區域，然後依次按一下功能表中的資料 > 小計即可。分類欄位、彙總方式都可以根據需求選擇。彙總方式就是對分組後的資料進行什麼樣的運算，我們這裡進行的是計數運算，因此在「新增小計位置」中勾選數值核取方塊。小計對話方塊及分組結果如下圖所示。

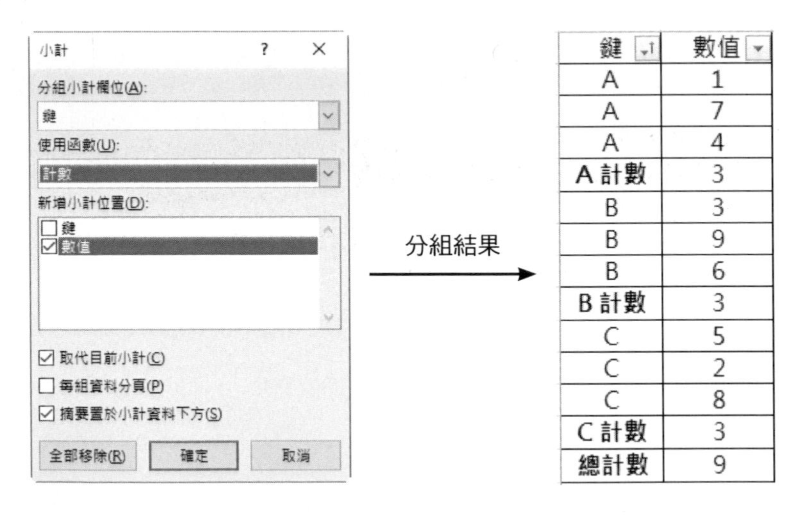

鍵	數值
A	1
A	7
A	4
A 計數	3
B	3
B	9
B	6
B 計數	3
C	5
C	2
C	8
C 計數	3
總計數	9

Excel 中常見的彙總方式如下表所示。

彙總方式	含義
求和	對分組後的資料進行求和
計數	對分組後的資料進行計數
平均值	對分組後的資料求平均值

彙總方式	含義
最大值	傳回分組後資料的最大值
最小值	傳回分組後資料的最小值
乘積	對分組後的資料相乘
偏差	求分組後資料的偏差
標準差	求分組後資料的標準差

使用 Python

在 Python 中對資料分組利用的是 groupby() 方法，它和 sql 中的 groupby 有點類似。在接下來的幾個小節裡面，我們會重點介紹 Python 中的 groupby() 方法。

10.1.1 分組鍵是欄名

當分組鍵是欄名時，直接將某一欄或多欄的欄名傳給 groupby() 方法，groupby() 方法就會按照這一欄或多欄進行分組。

按照一欄進行分組

```
>>>df
   使用者 ID  客戶分類  區域    是否為直轄市  7 月銷量  8 月銷量  9 月銷量
0  59224     A 類      北區    是            6        20        0
1  55295     B 類      南區    否            37       27        35
2  46035     A 類      中區    是            8        1         8
3  2459      C 類      北區    是            7        8         14
4  22179     B 類      南區    否            9        12        4
5  22557     A 類      中區    是            42       20        55
>>>df.groupby(" 客戶分類 ")
<pandas.core.groupby.DataFrameGroupBy object at 0x000001FBB43F4908>
```

從上面的結果可以看出，如果只是傳入欄名，執行 groupby() 方法以後傳回的不是一個 DataFrame 物件，而是一個 DataFrameGroupBy 物件，這個物件裡面包含著分組以後的若干組資料，但是沒有直接顯示出來，需要對這些分組資料進行彙總計算以後才會展示出來。

```
>>>df.groupby(" 客戶分類 ").count()

        使用者 ID   區域   是否為直轄市   7 月銷量   8 月銷量   9 月銷量
客戶分類
A 類    3          3      3             3         3         3
B 類    2          2      2             2         2         2
C 類    1          1      1             1         1         1
```

上面的程式根據客戶分類對所有資料進行分組，然後對分組以後的資料分別進行計數運算，最後進行合併。

由於對分組後的資料進行了計數運算，因此每一欄都會有一個結果，但是如果對分組後的結果做一些數值運算，這個時候就只有資料類型是數值（int、float）的欄位才會參與運算，比如下面的求和運算。

```
>>>df.groupby(" 客戶分類 ").sum()
        用戶 ID   7 月銷量   8 月銷量   9 月銷量
客戶分類
A 類    127816   56        41        63
B 類    77474    46        39        39
C 類    2459     7         8         14
```

我們把這種對分組後的資料進行彙總運算的操作稱為聚合，使用的函式稱為彙總函式，前面 8.3 節提過的彙總運算函式都可以作為彙總函式，對分組後的資料進行聚合。

按照多欄進行分組

上面的分組鍵是某一欄，即按照一欄進行分組，也可以按照多欄進行分組，只要將多個欄名以欄表的形式傳給 groupby() 即可。彙總計算方式與按照單欄進行分組以後資料運算的方式一致。

```
#對分組後的資料進行計數運算
>>>df.groupby(["客戶分類","區域"]).count()
                  用戶 ID   是否為直轄市    7月銷量    8月銷量    9月銷量
客戶分類   區域
A類       北區    1        1            1          1          1
          中區    2        2            2          2          2
B類       南區    2        2            2          2          2
C類       北區    1        1            1          1          1
#對分組後的資料進行求和運算
>>>df.groupby(["客戶分類","區域"]).sum()
                  用戶 ID   7月銷量    8月銷量    9月銷量
客戶分類   區域
A類       北區    59224    6         20        0
          中區    68592    50        21        63
B類       南區    77474    46        39        39
C類       北區    2459     7         8         14
```

無論分組鍵是一欄還是多欄，只要直接在分組後的資料上進行彙總計算，就是對所有可以計算的欄進行計算。有時候我們不需要對所有欄進行計算，此時就可以把想要計算的欄（可以是單欄，也可以是多欄）透過索引的方式取出來，然後在取出來這欄資料的基礎上進行彙總計算。

比如，我們想看一下 A、B、C 類客戶分別有多少，我們先按照客戶分類進行分組，然後取出用戶 ID 欄，在這一欄的基礎上進行計數彙總計算即可。

```
>>>df.groupby("客戶分類")["使用者 ID"].count()
客戶分類
A類    3
B類    2
C類    1
Name: 用戶 ID, dtype: int64
```

10.1.2 分組鍵是 Series

把 DataFrame 的其中一欄取出來就是一個 Series，比如下面的 df["客戶分類"] 就是一個 Series。

```
>>>df[" 客戶分類 "]
0    A 類
1    B 類
2    A 類
3    C 類
4    B 類
5    A 類
Name: 客戶分類 , dtype: object
```

分組鍵是欄名與分組鍵是 Series 的唯一區別就是，給 groupby() 方法傳入了什麼，其他都一樣。可以按照一個或多個 Series 進行分組，分組以後的彙總計算也是完全一樣的，也支持對分組以後的某些欄進行彙總計算。

按照一個 Series 進行分組

```
# 對分組以後的資料進行計數運算
>>>df.groupby(df[" 客戶分類 "]).count()
        使用者 ID    區域    是否為直轄市    7 月銷量    8 月銷量    9 月銷量
客戶分類
A 類    3          3       3              3          3          3
B 類    2          2       2              2          2          2
C 類    1          1       1              1          1          1
```

按照多個 Series 進行分組

```
# 對分組以後的資料進行求和運算
>>>df.groupby([df[" 客戶分類 "],df[" 區域 "]]).sum()
                    用戶 ID    7 月銷量    8 月銷量    9 月銷量
客戶分類    區域
A 類        北區    59224      6          20         0
            中區    68592      50         21         63
B 類        南區    77474      46         39         39
C 類        北區    2459       7          8          14
# 對分組以後的某些欄進行彙總計算
>>>df.groupby(df[" 客戶分類 "])[" 使用者 ID"].count()
客戶分類
A 類    3
B 類    2
C 類    1
Name: 用戶 ID, dtype: int64
```

10.1.3 神奇的 aggregate 方法

前面用到的彙總函式都是直接在 DataFrameGroupBy 上呼叫的，這樣分組以後所有欄做的都是同一種彙總運算，且一次只能使用一種彙總方式。

aggregate 的第一個神奇之處在於，一次可以使用多種彙總方式，比如下面的例子是先對分組後的所有欄做計數彙總運算，然後對所有欄做求和彙總運算。

```
>>>df
    使用者 ID   客戶分類   7 月銷量   8 月銷量
0   59224      A 類       6         20
1   55295      B 類       37        27
2   46035      A 類       8         1
3   2459       C 類       7         8
4   22179      B 類       9         12
5   22557      A 類       42        20
>>>df.groupby(" 客戶分類 ").aggregate(["count","sum"])
         用戶 ID             7 月銷量         8 月銷量
         count    sum       count    sum     count    sum
客戶分類
A 類     3        127816    3        56      3        41
B 類     2        77474     2        46      2        39
C 類     1        2459      1        7       1        8
```

aggregate 的第二個神奇之處在於，可以針對不同的欄做不同的彙總運算，比如下面的例子，我們想看不同類別的用戶有多少，就對用戶 ID 進行計數；我們想看不同類別的用戶在 7、8 月的銷量，則需要對銷量進行求和。

```
>>>df.groupby(" 客戶分類 ").aggregate({" 使用者 ID":"count","7 月銷量 ":"sum",
"8 月銷量 ":"sum"})

         用戶 ID    7 月銷量    8 月銷量
客戶分類
A 類       3          56          41
B 類       2          46          39
C 類       1          7           8
```

10.1.4 對分組後的結果重置索引

從上節範例執行的結果可以看出，DataFrameGroupBy 物件經過彙總運算以後的形式並不是標準的 DataFrame 形式。為了接下來要對分組結果進行進一步處理與分析，我們需要把非標準形式轉化為標準的 DataFrame 形式，利用的方法就是重置索引 reset_index() 方法，範例如下：

```
>>>df.groupby(" 客戶分類 ").sum()
        用戶 ID     7 月銷量       8 月銷量
客戶分類
A 類    127816     56             41
B 類    77474      46             39
C 類    2459       7              8
>>>df.groupby(" 客戶分類 ").sum().reset_index()
    客戶分類   使用者 ID    7 月銷量       8 月銷量
0   A 類       127816       56             41
1   B 類       77474        46             39
2   C 類       2459         7              8
```

10.2 樞紐分析表

樞紐分析表實現的功能與資料分組相類似但又不同，資料分組是在一維（欄）方向上不斷拆分，而樞紐分析表是在欄、列方向上同時拆分。

下圖為資料分組與樞紐分析表的對比。

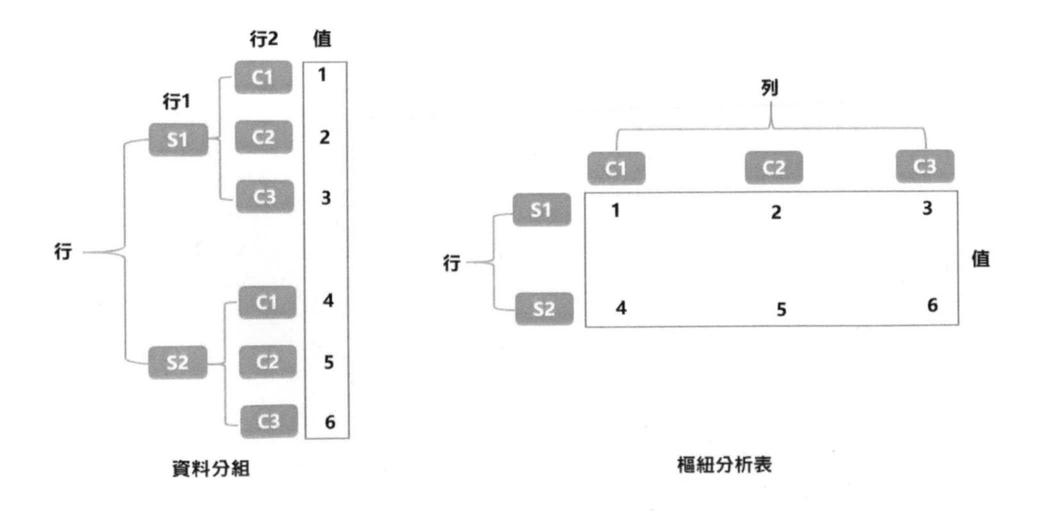

不管是在 Excel 還是 Python 中，樞紐分析表都是一個很重要的功能，大家需要熟練掌握。

使用 Excel

Excel 中的樞紐分析表在插入功能表中，按一下插入樞紐分析表以後就會看到如下圖所示的介面。下圖左側為樞紐分析表中的所有欄位，右側為樞紐分析表的選項，把左側欄位拖入右側對應的框中即完成了樞紐分析表的製作。

下圖是以客戶分類作為列標籤，區域作為欄標籤，使用者 ID 作為值，且值欄位的計算類型為計數的結果。

計數 - 使用者ID	**欄標籤**			
列標籤	**中區**	**北區**	**南區**	**總計**
A類	2	1		3
B類			2	2
C類		1		1
總計	**2**	**2**	**2**	**6**

在樞紐分析表中可以把多個欄位拖到列對應的框中作為列標籤，同樣把多個欄位拖到欄對應的框中作為欄標籤，把多個欄位拖到值對應的框中作為值，而且可以對不同的值欄位選擇不同的計算類型，請大家自行練習。

使用 Python

Python 中的樞紐分析表的製作原理與 Excel 中的製作原理相同。Python 中的樞紐分析表用到的是 pivot_table() 方法。

pivot_table() 方法的全部參數如下：

```
pd.pivot_table(data, values=None, index=None, columns=None,
               aggfunc='mean',fill_value=None, margins=False,
               dropna=True, margins_name='All')

# data 表示要做樞紐分析表的整個表
# values 對應 Excel 中值那個框
# index 對應 Excel 中欄那個框
# columns 對應 Excel 中欄那個框
# aggfunc 表示對 values 的計算類型
# fill_value 表示對空格的填充值
# margins 表示是否顯示合計欄
# dropna 表示是否刪除缺失，如果為真時，則把一整列全作為缺失值刪除
# margins_name 表示合計欄的欄名
```

接下來看一些具體實例：以客戶分類作為 index，區域作為 columns，使用者 ID 作為 values，對 values 執行 count 運算，執行結果如下：

```
>>>pd.pivot_table(df,values = "使用者 ID",columns = "區域",index = "客戶
分類",aggfunc='count')
區域      北區      南區      中區
客戶分類
A 類      1.0       NaN       2.0
B 類      NaN       2.0       NaN
C 類      1.0       NaN       NaN
```

上面的執行結果和 Excel 的不同之處就是沒有合計欄，Python 樞紐分析表中的合計欄預設是關閉的，讓其等於 True 就可以顯示出來，範例如下所示。

```
>>>pd.pivot_table(df,values = "使用者 ID",columns = "區域",index =
"客戶分類",aggfunc='count',margins = True)
區域      北區      南區      中區      All
客戶分類
A 類      1.0       NaN       2.0       3
B 類      NaN       2.0       NaN       2
C 類      1.0       NaN       NaN       1
All       2.0       2.0       2.0       6
```

合計欄的名稱預設為 All，可以藉由設定 margins_name 參數的值進行修改，範例如下所示。

```
>>>pd.pivot_table(df,values = "使用者 ID",columns = "區域",index =
"客戶分類",aggfunc='count',margins = True,margins_name = "總計")
區域     北區     南區     中區     總計
客戶分類
A 類     1.0      NaN      2.0      3
B 類     NaN      2.0      NaN      2
C 類     1.0      NaN      NaN      1
總計     2.0      2.0      2.0      6
```

NaN 表示缺失值，我們可以透過設定參數 fill_value 的值對缺失值進行填充，範例如下所示。

```
#將缺失值填充為 0
>>>pd.pivot_table(df,values = "使用者 ID",columns = "區域",index =
"客戶分類",aggfunc='count',margins = True,fill_value = 0)
區域     北區     南區     中區     All
客戶分類
A 類      1        0        2        3
B 類      0        2        0        2
C 類      1        0        0        1
All       2        2        2        6
```

aggfunc 用來表示計算類型，當只傳入一種類型時，表示對所有的值欄位都進行同樣的計算；如果需要對不同的值進行不同的計算類型，則需要傳入一個字典，其中鍵為欄名，值為計算方式。下面對用戶 ID 進行計數，對 7 月銷量進行求和。

```
>>>pd.pivot_table(df,values = ["使用者 ID","7 月銷量"],columns =
"區域",index = "客戶分類",aggfunc={"使用者 ID":"count","7 月銷量":"sum"})
     7 月銷量                    用戶 ID
區域  北區    南區    中區    北區    南區    中區
客戶分類
A 類  6.0     NaN     50.0    1.0     NaN     2.0
B 類  NaN     46.0    NaN     NaN     2.0     NaN
C 類  7.0     NaN     NaN     1.0     NaN     NaN
```

為了便於分析與處理，我們一般會對樞紐分析表的結果重置索引，利用的方法同樣是 reset_index()。

```
>>>pd.pivot_table(df,values = "使用者ID",columns = "區域",
                  index = "客戶分類",aggfunc='count')
區域      北區      南區      中區
客戶分類
A類       1.0       NaN       2.0
B類       NaN       2.0       NaN
C類       1.0       NaN       NaN
>>>pd.pivot_table(df,values = "使用者ID",columns = "區域",index = "客戶
分類",aggfunc='count').reset_index()
區域    客戶分類      北區        南區        中區
0       A類           1.0         NaN         2.0
1       B類           NaN         2.0         NaN
2       C類           1.0         NaN         NaN
```

11 水果拼盤－多表拼接

11.1 表的橫向拼接

表的橫向拼接就是在橫向將兩個表依據公共欄拼接在一起。

在 Excel 中實現橫向拼接利用的是 vlookup() 函式。關於 vlookup() 函式這裡就不贅述了，相信大家應該都很熟悉。

在 Python 中實現橫向拼接利用的是 merge() 方法。接下來的幾節主要圍繞 merge() 方法展開。

11.1.1 連接表的類型

連接表的類型關注的就是待連接的兩個表都是什麼類型，主要有三種情況：一對一、多對一、多對多。

一對一

一對一就是待連接的兩個表的公共欄是一對一的，例子如下：

```
>>>import pandas as pd
>>>data1 = {"名次":[1,2,3,4],
            "姓名":["小張","小王","小李","小趙"],
            "學號":["100","101","102","103"],
            "成績":[650,600,578,550]}
>>>df1 = pd.DataFrame(data1)>>>df1
    名次  姓名   學號   成績
0   1     小張   100    650
1   2     小王   101    600
2   3     小李   102    578
3   4     小趙   103    550
```

```
>>>data2 = {"學號":["100","101","102","103"],
            "班級":["一班","一班","二班","二班"]}
>>>df2 = pd.DataFrame(data2)
>>>df2
   學號  班級
0  100   一班
1  101   一班
2  102   二班
3  103   三班
```

如果要將 df1 和 df2 這兩個表進行連接，那麼直接使用 pd.merge() 方法即可，該方法會自動尋找兩個表中的公共欄，並將找到的公共欄作為連接欄。上面例子中表 df1 和 df2 的公共欄為學號，且學號是一對一的，兩個表執行 pd.merge() 方法以後結果如下：

```
>>>pd.merge(df1,df2)

   名次  姓名  學號  成績  班級
0  1     小張  100   650   一班
1  2     小王  101   600   一班
2  3     小李  102   578   二班
3  4     小趙  103   550   三班
```

多對一

多對一就是待連接的兩個表的公共欄不是一對一的，其中一個表的公共欄有重複值，另一個表的公共欄是唯一的。

現在有一份名單 df1，其中記錄了每位學生升入高三以後的第一次模擬考試的成績，還有一份名單 df2 記錄了學號及之後每次模擬考試的成績。想要將這兩個表按照學號進行連接，由於這兩個表是多對一關係，df1 中的學號是唯一的，但是 df2 中的學號不是唯一的，因此拼接結果就是保留 df2 中的重複值，且在 df1 中也增加重複值，程式如下：

```
>>>data1 = {"姓名":["小張","小王","小李"],
            "學號":["100","101","102"],
            "f_成績":[650,600,578]}
>>>df1 = pd.DataFrame(data1)
>>>df1
```

```
    姓名  學號  f_成績
0   小張  100   650
1   小王  101   600
2   小李  102   578

>>> data2 = {"學號":['100',"100","101","102","101","102"],
             "e_成績":[586,602,691,702,645,676]}
>>>df2 = pd.DataFrame(data2)
>>>df2
    學號  e_成績
0   100   586
1   100   602
2   101   691
3   101   702
4   102   645
5   102   676
>>>pd.merge(df1,df2,on = "學號")
    姓名  學號  f_成績    e_成績
0   小張  100   650       586
1   小張  100   650       602
2   小王  101   600       691
3   小王  101   600       702
4   小李  102   578       645
5   小李  102   578       676
```

多對多

多對多就是待連接的兩個表的公共欄不是一對一的，且兩個表中的公共欄都有重複值。多對多連接相當於多個多對一連接，請看下面這個例子：

```
>>>data1 = {"姓名":["小張","小張","小王","小李","小李"],
            "學號":["100","100","101","102","102"],
            "f_成績":[650,610,600,578,542]}
>>>df1 = pd.DataFrame(data1)
>>>df1
    姓名  學號  f_成績
0   小張  100   650
1   小張  100   610
2   小王  101   600
3   小李  102   578
4   小李  102   542
```

```
>>>data2 = {"學號":['100',"100","101","102","102"],
            "e_成績":[650,610,600,578,542]}
>>>df2 = pd.DataFrame(data2)
>>>df2

    學號  e_成績
0   100   650
1   100   610
2   101   600
3   102   578
4   102   542
>>>pd.merge(df1,df2)
    姓名  學號  f_成績   e_成績
0   小張  100   650     650
1   小張  100   650     610
2   小張  100   610     650
3   小張  100   610     610
4   小王  101   600     600
5   小李  102   578     578
6   小李  102   578     542
7   小李  102   542     578
8   小李  102   542     542
```

11.1.2 連接鍵的類型

預設以公共欄作為連接鍵

如果事先沒有指定要按哪個欄進行拼接時，pd.merge() 方法會預設尋找兩個表中的公共欄，然後以這個公共欄作為連接鍵進行連接，比如下面這個例子，預設以公共欄學號作為連接鍵：

```
>>>data1 = {"名次":[1,2,3,4],
            "姓名":["小張","小王","小李","小趙"],
            "學號":["100","101","102","103"],
            "成績":[650,600,578,550]}
>>>df1 = pd.DataFrame(data1)
>>>df1
    名次  姓名   學號  成績
0   1     小張   100   650
1   2     小王   101   600
```

```
2   3    小李   102   578
3   4    小趙   103   550

>>>df2
    學號  班級
0   100   一班
1   101   一班
2   102   二班
3   103   三班
>>>pd.merge(df1,df2)

    名次  姓名   學號  成績  班級
0   1     小張   100   650   一班
1   2     小王   101   600   一班
2   3     小李   102   578   二班
3   4     小趙   103   550   三班
```

用 on 來指定連接鍵

也可以用參數 on 來指定連接鍵，參數 on 一般指定的也是兩個表中的公共欄，其實這個時候和使用預設公共欄達到的效果是一樣的。

```
>>>pd.merge(df1,df2,on = " 學號 ")

    名次  姓名   學號  成績  班級
0   1     小張   100   650   一班
1   2     小王   101   600   一班
2   3     小李   102   578   二班
3   4     小趙   103   550   三班
```

公共欄可以有多欄，也就是連接鍵可以有多個。比如下面這個例子，用學號和姓名兩欄做連接鍵：

```
>>>df1

    名次  姓名  學號  成績
0   1     小張  100   650
1   2     小王  101   600
2   3     小李  102   578
3   4     小趙  103   550

>>>data2 = {" 姓名 ":[" 小張 "," 小王 "," 小李 "," 小趙 "],
```

```
                "學號":["100","101","102","103"],
                "班級":["一班","一班","二班","三班"]}
>>>df2 = pd.DataFrame(data2)
>>>df2

    姓名  學號  班級
0   小張  100   一班
1   小王  101   一班
2   小李  102   二班
3   小趙  103   三班
>>>pd.merge(df1,df2,on = ["姓名","學號"])
    名次  姓名  學號  成績   班級
0   1     小張  100   650    一班
1   2     小王  101   600    一班
2   3     小李  102   578    二班
3   4     小趙  103   550    三班
```

分別指定左右連接鍵

當兩個表中沒有公共欄時，這裡指的是實際值一樣，但欄名不同，否則就無法連接了。這個時候要分別指定左表和右表的連接鍵，使用的參數分別是 left_on 和 rigth_on，left_on 用來指明左表用作連接鍵的欄名，right_on 用來指明右表用作連接鍵的欄名，例子如下：

```
>>>data1 = {"名次":[1,2,3,4],
                "姓名":["小張","小王","小李","小趙"],
                "編號":["100","101","102","103"],
                "成績":[650,600,578,550]}
>>>df1 = pd.DataFrame(data1)
>>>df1
    名次  姓名  編號  成績
0   1     小張  100   650
1   2     小王  101   600
2   3     小李  102   578
3   4     小趙  103   550

>>>data2 = {"學號":["100","101","102","103"],
                "班級":["一班","一班","二班","三班"]}
>>>df2 = pd.DataFrame(data2)
>>>df2
    學號  班級
0   100   一班
```

```
1   101   一班
2   102   二班
3   103   三班
>>>pd.merge(df1,df2,left_on = "編號",right_on = "學號")

    名次  姓名  成績  編號  學號  班級
0   1     小張  650   100   100   一班
1   2     小王  600   101   101   一班
2   3     小李  578   102   102   二班
3   4     小趙  550   103   103   三班
```

把索引欄當作連接鍵

索引欄不算是真正的欄，當公共欄是索引欄時，就要把索引欄當作連接鍵，使用的參數分別是 left_index 和 right_index。left_index 用來控制左表的索引，right_index 用來控制右表的索引。下例中的左、右表的連接鍵均為各自的索引。

```
>>>df1
    名次  姓名  成績
編號
100 1     小張  650
101 2     小王  600
102 3     小李  578
103 4     小趙  550
>>>df2

    班級
學號
100 一班
101 一班
102 二班
103 三班
>>>pd.merge(df1,df2,left_index = True,right_index = True)
    名次  姓名  成績  班級
編號
100 1     小張  650   一班
101 2     小王  600   一班
102 3     小李  578   二班
103 4     小趙  550   三班
```

在上面的例子中，左表和右表的連接鍵均為索引，你還可以把索引欄和普通欄混用。下例中左表的連接鍵為索引，右表的連接鍵為普通欄。

```
>>>df1
     名次   姓名   成績


100  1      小張   650
101  2      小王   600
102  3      小李   578
103  4      小趙   550
>>>df2
     學號   班級
0    100    一班
1    101    一班
2    102    二班
3    103    三班
>>>pd.merge(df1,df2,left_index = True,right_on = " 學號 ")
     名次   姓名   成績   學號    班級
0    1      小張   650    100     一班
1    2      小王   600    101     一班
2    3      小李   578    102     二班
3    4      小趙   550    103     三班
```

11.1.3 連接方式

前兩個小節我們所舉的例子比較標準，也就是左表中的公共欄的值都可以在右表對應的公共欄中找到，右表公共欄的值也可以在左表對應的公共欄中找到，但在實務情況中很多是互相找不到的，這個時候該怎麼辦呢？這就衍生出了用來處理找不到的情況的幾種連接方式，用參數 how 來指明具體的連接方式。

內連接（inner）

內連接就是取兩個表中的公共部分，在下面的例子中，學號 100、101、102 是兩個表中的公共部分，內連接以後就只有這三個學號對應的內容。

```
>>>df1
     名次   姓名   學號   成績
0    1      小張   100    650
1    2      小王   101    600
2    3      小李   102    578
```

```
3   4      小趙  103   550
>>>df2
    姓名  學號   班級
0   小張  100   一班
1   小王  101   一班
2   小李  102   二班
3   小錢  104   三班
>>>pd.merge(df1,df2,on = "學號",how = "inner")
    名次  姓名_x  學號  成績   姓名_y    班級
0   1     小張    100   650   小張      一班
1   2     小王    101   600   小王      一班
2   3     小李    102   578   小李      二班
```

如果不指明連接方式，則預設都是內連接。

左連接（left）

左連接就是以左表為基礎，右表往左表上拼接。下例的右表中沒有學號為 103 的資訊，拼接過來的資料就用 NaN 填補。

```
>>>pd.merge(df1,df2,on = "學號",how = "left")
    名次  姓名_x  學號  成績   姓名_y    班級
0   1     小張    100   650   小張      一班
1   2     小王    101   600   小王      一班
2   3     小李    102   578   小李      二班
3   4     小趙    103   550   NaN       NaN
```

右連接（right）

右連接就是以右表為基礎，左表往右表上拼接。下例的左表中沒有學號為 104 的資訊，拼接過來的資料就用 NaN 填補。

```
>>>pd.merge(df1,df2,on = "學號",how = "right")
    名次  姓名_x   學號  成績   姓名_y    班級
0   1     小張     100   650   小張      一班
1   2     小王     101   600   小王      一班
2   3     小李     102   578   小李      二班
3   NaN   NaN      104   NaN   小錢      三班
```

外連接（outer）

外連接就是取兩個表的並集。下例中表 df1 中學號為 100、101、102、103，表 df2 中學號為 100、101、102、104，因此外連接取並集以後的結果中，應包含學號為 100、101、102、103、104 的資料。

```
>>>pd.merge(df1,df2,on = " 學號 ",how = "outer")
   名次   姓名_x   學號   成績    姓名_y   班級
0  1.0    小張     100    650.0   小張     一班
1  2.0    小王     101    600.0   小王     一班
2  3.0    小李     102    578.0   小李     二班
3  4.0    小趙     103    550.0   NaN      NaN
4  NaN    NaN      104    NaN     小錢     三班
```

11.1.4 重複欄名處理

兩個表在進行連接時，經常會遇到欄名重複的情況。在遇到欄名重複時，pd.merge() 方法會自動給這些重複欄名添加尾碼 _x、_y 或 _z，而且會根據表中已有的欄名自動調整，比如下面這個例子中的姓名欄：

```
>>>df1
   名次  姓名  學號  成績
0  1     小張  100   650
1  2     小王  101   600
2  3     小李  102   578
3  4     小趙  103   550
>>>df2
   姓名  學號  班級
0  小張  100   一班
1  小王  101   一班
2  小李  102   二班
3  小錢  104   三班
>>>pd.merge(df1,df2,on = " 學號 ",how = "inner")
   名次 姓名_x  學號  成績   姓名_y   班級
0  1    小張    100   650    小張     一班
1  2    小王    101   600    小王     一班
2  3    小李    102   578    小李     二班
```

當然我們也可以自訂重複的欄名，只需要修改參數 suffixes 的值即可，預設為 ["_x","_y"]。

```
# 給重複的欄名加尾碼 _L 和 _R
>>>pd.merge(df1,df2,on = " 學號 ",how = "inner",suffixes = ["_L","_R"])
     名次  姓名 _L   學號   成績    姓名 _R    班級
0    1     小張      100    650     小張       一班
1    2     小王      101    600     小王       一班
2    3     小李      102    578     小李       二班
```

11.2 表的縱向拼接

表的縱向拼接是與橫向拼接相對應的，橫向拼接是兩個表依據公共欄在水平方向上進行拼接，而縱向拼接是在垂直方向進行拼接。

一般的應用場景就是將分離的若干個結構相同的資料表合併成一個資料表，比如以下是兩個班級的花名冊，這兩個表的結構是一樣的，需要把這兩個表進行合併。

姓名	班級	編號
1	許苑馳	一班
2	李辛立	一班
3	陳麗仕	一班
4	趙德柱	一班

姓名	班級	編號
1	趙朴道	二班
2	李世民	二班
3	衛何汶	二班
4	葛辟	二班

在 Excel 中兩個結構相同的表要實現合併，只需要把表二複製貼上到表一的下方即可。

在 Python 中想縱向合併兩個表，需要用到 concat() 方法。

11.2.1 普通合併

普通合併就是直接將待合併表的表名以欄表的形式傳給 pd.concat() 方法，執行程式，即可完成合併。例子如下：

```
>>>df1
     姓名     班級
編號
1    許苑馳   一班
2    李辛立   一班
3    陳麗仕   一班
4    趙德柱   一班

>>>df2
     姓名     班級
編號
1    趙朴道   二班
2    李世民   二班
3    衛何汶   二班
4    葛辟     二班
>>>pd.concat([df1,df2])
     姓名     班級
編號
1    許苑馳   一班
2    李辛立   一班
3    陳麗仕   一班
4    趙德柱   一班
1    趙朴道   二班
2    李世民   二班
3    衛何汶   二班
4    葛辟     二班
```

這樣就把一班的花名冊和二班的花名冊合併到了一起。

11.2.2 索引設定

pd.concat() 方法預設保留原表的索引，在 11.2.1 節的例子中表 df1 的索引欄編號和表 df2 的索引欄編號一樣，合併後的索引欄編號就顯示為 12341234，但是這樣看著很不順眼。

我們可以設定參數 ignore_index 的值，讓其等於 True，這樣就會產生一組新的索引，而不保留原表的索引，如下所示。

```
>>>pd.concat([df1,df2],ignore_index = True)
     姓名     班級
0    許苑馳   一班
1    李辛立   一班
2    陳麗仕   一班
3    趙德柱   一班
4    趙朴道   二班
5    李世民   二班
6    衛何汶   二班
7    葛辟     二班
```

11.2.3 重疊資料合併

前面的資料都是比較乾淨的資料，現實中難免會有一些錯誤資料，比如一班的花名冊裡寫進了二班的人，而這個人在二班的花名冊裡也出現了，這個時候如果直接合併兩個表，肯定會有重複值，那麼該怎麼處理呢？

我們先呼叫 concat() 函式，看是什麼結果：

```
>>>df1
     姓名     班級
編號
1    許苑馳   一班
2    李辛立   一班
3    陳麗仕   一班
4    趙德柱   一班
5    葛辟     二班
>>>df2
     姓名     班級
編號
1    趙朴道   二班
2    李世民   二班
3    衛何汶   二班
4    葛辟     二班
>>>pd.concat([df1,df2],ignore_index = True)
     姓名     班級
0    許苑馳   一班
1    李辛立   一班
```

```
2    陳麗仕   一班
3    趙德柱   一班
4    葛辟     二班
5    趙朴道   二班
6    李世民   二班
7    衛何汶   二班
8    葛辟     二班
```

在上面的結果中“葛辟”出現了兩次，前面講過的重複值處理是不是可以處理這種情況呢？答案是肯定的，具體實現如下所示。

```
>>>pd.concat([df1,df2],ignore_index = True).drop_duplicates()
     姓名     班級
0    許苑馳   一班
1    李辛立   一班
2    陳麗仕   一班
3    趙德柱   一班
4    葛辟     二班
5    趙朴道   二班
6    李世民   二班
7    衛何汶   二班
```

經過移除重複項以後，“葛辟”就只出現一次了。

12 盛菜裝盤－結果匯出

12.1 匯出為 Excel 工作簿

在 Excel 中要將檔案儲存為 .xlsx 格式，只要直接將檔案另存新檔即可，在另存新檔時選擇 Excel 活頁簿 (*.xlsx) 格式，如下圖所示。

如果是將檔案匯出，那麼只有 PDF/XPS 兩種格式可選，如下圖所示。

在 Python 中將資料匯出為 .xlsx 格式，用到的是 df.to_excel() 方法，接下來的幾個小節具體講解 to_excel() 方法。

12.1.1 設定檔案匯出路徑

設定檔匯出路徑就是告訴 Python 要將這個檔案匯出到電腦的哪個資料夾裡，且匯出以後這個檔案叫什麼。藉由調整參數 excel_writer 的值即可實現。

```
>>>import pandas as pd
>>>data = {"使用者 ID":[59224,55295,46035,2459,22179,22557],
           "客戶分類":["A 類","B 類","A 類","C 類","B 類","A 類"],
           "區域":["北區","南區","中區","北區","南區","中區"],
           "7 月銷量":[6,37,8,7,9,42],
           "8 月銷量":[20,27,1,8,12,20],
           "9 月銷量":[0,35,8,14,4,55]}
>>>df = pd.DataFrame(data)
>>>df.to_excel(excel_writer = "C:/ACD019600/測試文件.xlsx")
```

上述的程式表示將表 df 匯出到桌面，且匯出以後的檔案名稱為「測試文件」，匯出後的檔案如下所示。

	用戶ID	客戶分類	區域	是否省會	7月銷量	8月銷量	9月銷量
0	59224	A類	一線城市	是	6	20	0
1	55295	B類	三線城市	否	37	27	35
2	46035	A類	二線城市	是	8	1	8
3	2459	C類	一線城市	是	7	8	14
4	22179	B類	三線城市	否	9	12	4
5	22557	A類	二線城市	是	42	20	55

需要注意的是，如果同一匯出檔已經處於開啟狀態，則不能再次執行匯出程式，否則會出現錯誤，需要將檔案關閉後，才能再次執行匯出。這有點類似於在檔案總管修改檔名的操作，如果檔案是開啟的，即被佔用的狀態，就無法執行修改檔案的操作。

12.1.2 設定 Sheet 名稱

.xlsx 格式檔有多個 Sheet，Sheet 的預設命名方式是 Sheet 後加阿拉伯數字，通常從 Sheet1 開始遞增。預設的 Sheet 名稱可以修改，只要修改 sheet_name 參數即可，具體實現如下所示。

```
>>>df.to_excel(excel_writer = r"C:\ACD019600\ 測試文件 .xlsx",
sheet_name = " 測試文件 ")
```

執行上述程式以後，匯出檔的 Sheet 名字將從原來的 Sheet1 變成測試文件。

12.1.3 設定索引

上面匯出檔中關於索引的參數都是預設的，也就是沒有對索引做什麼限制，但是我們可以看到 index 索引使用的是從 0 開始的預設自然數索引，這種索引是沒有意義的，設定參數 index=False 就可以在匯出時把這種索引去掉，具體實現如下所示。

```
>>>df.to_excel(excel_writer = r"C:\ACD019600\ 匯出文件 .xlsx",
               sheet_name = " 測試文件 ",
               index = False)
```

程式執行的結果如下圖所示，從 0 開始的自然數索引沒有被展示出來。

A	B	C	D	E	F	G
用戶ID	客戶分類	區域	是否省會	7月銷量	8月銷量	9月銷量
59224	A類	一線城市	是	6	20	0
55295	B類	三線城市	否	37	27	35
46035	A類	二線城市	是	8	1	8
2459	C類	一線城市	是	7	8	14
22179	B類	三線城市	否	9	12	4
22557	A類	二線城市	是	42	20	55

12.1.4 設定要匯出的欄位

有的時候一個表格會有很多欄位，我們並不需要匯出所有的欄位，這個時候就可以透過設定 columns 參數來指定要匯出的欄位，這和匯入時設定只匯入部分欄位的原理類似，程式如下：

```
>>>df.to_excel(excel_writer = r"C:\ACD019600\ 匯出文件 .xlsx",
               sheet_name = " 測試文件 ",
               index = False,
               columns = [" 使用者 ID","7 月銷量 ","8 月銷量 ","9 月銷量 "])
```

下圖為只匯出用戶 ID、7 月銷量、8 月銷量、9 月銷量的結果檔。

A	B	C	D
用戶ID	7月銷量	8月銷量	9月銷量
59224	6	20	0
55295	37	27	35
46035	8	1	8
2459	7	8	14
22179	9	12	4
22557	42	20	55

12.1.5 設定編碼格式

我們在匯入檔案時需要設定編碼格式，匯出檔案時同樣也需要。修改編碼格式的參數與匯入檔時的一致，也使用 encoding，encoding 參數值一般選擇 "utf-8"。

```
>>>df.to_excel(excel_writer = r"C:\ACD019600\ 匯出文件 .xlsx",
               sheet_name = " 測試文件 ",
               index = False,
               encoding = "utf-8"
               )
```

12.1.6 缺失值處理

雖然我們在前面的資料預處理過程中已經處理了缺失值，但是在資料分析過程中也可能會產生一些缺失值。如果匯出時資料表中有缺失值，就要對表中的缺失值進行填充，使用的參數為 na_rep，具體實現如下所示。

```
>>>df.to_excel(excel_writer = r"C:\ACD019600\ 匯出文件 .xlsx",
               sheet_name = " 測試文件 ",
               index = False,
               encoding = "utf-8",
               na_rep = 0# 缺失值填充為 0
               )
```

12.1.7 無窮值處理

無窮值（inf）與缺失值（Nan）都是異常資料，當你用一個浮點數除以 0 時，就會得到一個無窮值。無窮值的存在會導致接下來的計算發生錯誤，所以需要對無窮值進行處理。

可以透過下面這種方式產生正無窮值與負無窮值：

```
>>>float("inf")
inf
>>>float("-inf")
-inf
```

下面的資料表中含有 inf 值，要把 inf 值取代掉，就要設定參數 inf_rep 的值。

	使用者ID	客戶分類	區域	7月銷量	8月銷量	9月銷量
0	59224	A類	北區	6.0	20	0
1	55295	B類	南區	inf	27	35
2	46035	A類	中區	8.0	1	8
3	2459	C類	北區	7.0	8	14
4	22179	B類	南區	9.0	12	4
5	22557	A類	中區	42.0	20	55

把 inf_rep 的值填充為 0，具體實現如下所示。

```
>>>df.to_excel(excel_writer = r"C:\ACD019600\ 匯出文件 .xlsx",
               sheet_name = " 測試文件 ",
               index = False,
               encoding = "utf-8",
               na_rep = 0,# 缺失值填充為 0
               inf_rep = 0# 無窮值填充為 0
)
```

下圖為匯出到本地的文檔，可以看到 inf 值已經被取代成 0 了。

使用者ID	客戶分類	區域	7月銷量	8月銷量	9月銷量
59224	A類	北區	6	20	0
55295	B類	南區	0	27	35
46035	A類	中區	8	1	8
2459	C類	北區	7	8	14
22179	B類	南區	9	12	4
22557	A類	中區	42	20	55

12.2 匯出為 .csv 檔

在 Excel 中若要將檔案儲存為 .csv 格式，可直接將檔案另存新檔。在另存新檔時有兩種 .csv 檔可選，雖然副檔名都是 .csv，但是編碼方式不同，CSV UTF-8（逗號分隔）(*.csv) 採用的編碼格式是 UTF-8，而 CSV（逗號分隔）(*.csv) 採用的編碼格式是 big5 編碼，如下圖所示。

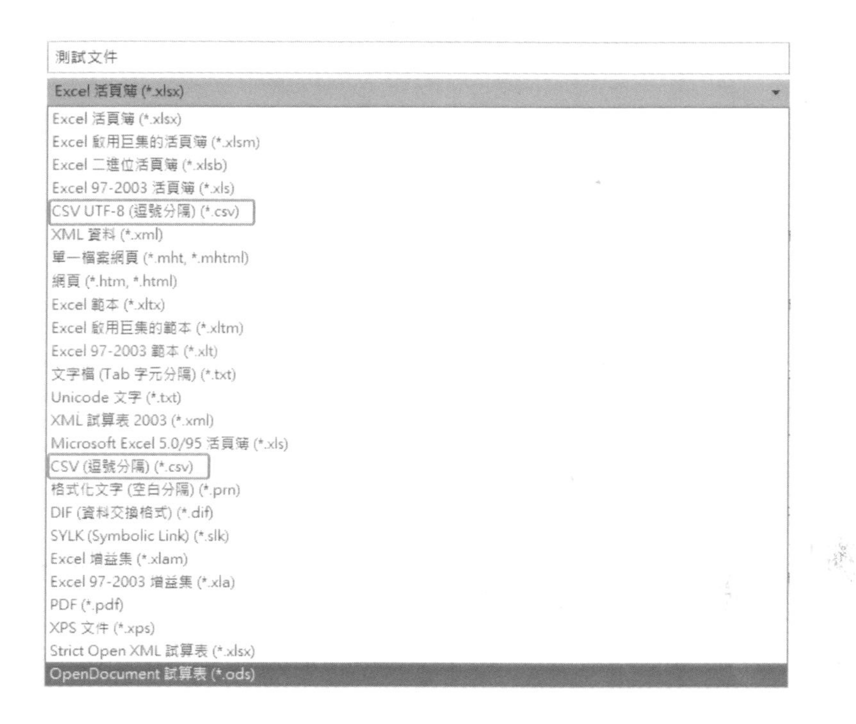

在 Python 中，將文件匯出為 .csv 檔使用的是 to_csv 方法，接下來的幾個小節具體講解 to_csv 方法的一些參數。

12.2.1 設定檔案匯出路徑

設定 .csv 檔的匯出路徑時，與設定 .xlsx 檔的匯出路徑一樣，但是參數不同，.csv 檔的匯出路徑需藉由 path_or_buf 參數來設定。

```
>>>df.to_csv(path_or_buf = r"C:\ACD019600\匯出文件.csv")
```

匯出 .csv 時的注意事項與匯出 .xlsx 的一致：如果同一匯出檔已經開啟，則不能再次執行匯出程式，那樣會出現錯誤，需要將檔案關閉以後再執行匯出程式。

12.2.2 設定索引

匯出 .csv 文件時與匯出 .xlsx 檔時對索引的設定是一致的，可以透過設定 index 參數，讓從 0 開始的預設自然數索引不展示出來。

```
>>>df.to_csv(path_or_buf = r"C:\ACD019600\ 匯出文件 .csv",
             index = False)
```

12.2.3 設定要匯出的欄位

匯出 .csv 檔時也可以設定要匯出哪些欄位，用的參數同樣是 columns。

```
>>>df.to_csv(path_or_buf = r"C:\ACD019600\ 匯出文件 .csv",
             index = False,
             columns = [" 用戶 ID","7 月銷量 ","8 月銷量 ","9 月銷量 "])
```

12.2.4 設定分隔符號

分隔符號就是用來指明匯出檔中的字元之間是用什麼來分隔的，預設使用逗號分隔，常用的分隔符號還有空格、定位字元、分號等。用參數 sep 來指明要用的分隔符號。

```
>>>df.to_csv(path_or_buf = r"C:\ACD019600\ 匯出文件 .csv",
             index = False,
             columns = [" 用戶 ID","7 月銷量 ","8 月銷量 ","9 月銷量 "],
             sep = ",")
```

12.2.5 缺失值處理

匯出 .csv 檔時用的缺失值處理方法與匯出 .xlsx 檔時用的方法是一樣的，也是透過參數 na_rep 來指明要用什麼填充缺失值。

```
>>>df.to_csv(path_or_buf = r"C:\ACD019600\ 匯出文件 .csv",
             index = False,
             columns = [" 用戶 ID","7 月銷量 ","8 月銷量 ","9 月銷量 "],
             sep = ",",
             na_rep = 0)
```

12.2.6 設定編碼格式

在 Python 3 中，匯出為 .csv 檔時，預設編碼為 UTF-8。如果使用預設的 UTF-8 編碼格式，匯出的檔案在 Excel 中開啟後中文會變成亂碼，所以一般使用 utf-8-sig 或 big5 編碼。

```
>>>df.to_csv(path_or_buf = r"C:\ACD019600\ 匯出文件 .csv",
             index = False,
             columns = [" 用戶 ID","7 月銷量 ","8 月銷量 ","9 月銷量 "],
             sep = ",",
             na_rep = 0,
             encoding = "utf-8-sig")
```

12.3 將檔案匯出到多個 Sheet

有的時候一個腳本一次會產生多個檔案，可以將多個檔案分別匯出成不同的檔案，也可以將多個檔案放在一個檔案的不同 Sheet 中，這個時候要用 ExcelWriter() 函式將多個檔案分別匯出到不同 Sheet 中，具體方法如下：

```
# 宣告一個讀寫物件
# excelpath 為檔案要存放的路徑
>>>writer = pd.ExcelWriter(excelpath,engine = "xlsxwriter")

# 分別將表 df1、df2、df3 寫入 Excel 中的 Sheet1、Sheet2、Sheet3
# 並命名為 7 月、8 月、9 月
df1.to_excel(writer,sheet_name = "7 月 ")
df2.to_excel(writer,sheet_name = "8 月 ")
df3.to_excel(writer,sheet_name = "9 月 ")

# 保存讀寫的內容
>>>writer.save()
```

13 菜品擺放－資料視覺化

13.1 資料視覺化是什麼

假設你要向老闆彙報公司 1 ～ 9 月的註冊人數，下面三種不同的表現形式，你會選擇哪種？如果你是老闆，那麼你希望收到下屬發來哪種形式的彙報呢？

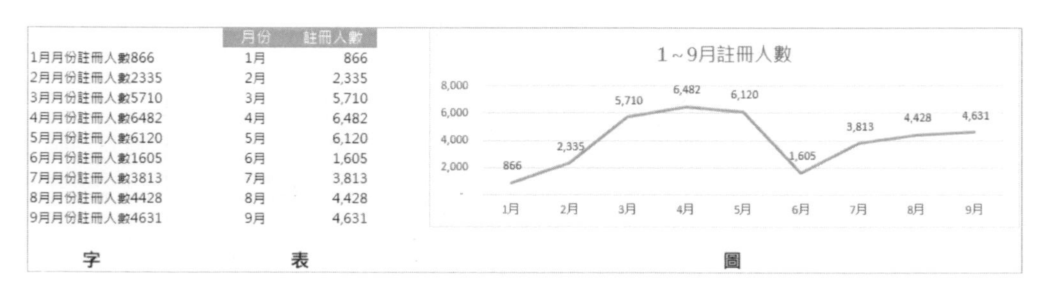

我相信大部分人對這三者的選擇順序都是圖、表、字，即所謂的字不如表，表不如圖。之所以會優先選擇圖的形式，是因為圖不僅可以看出每個月具體的數值，而且可以看出趨勢及最值點。

我們把這種借助圖形來表達資訊的方式稱為視覺化，視覺化可以幫助我們更好地傳遞資訊。

13.2 資料視覺化的基本流程

13.2.1 整理資料

資料視覺化的基礎還是資料，若要將資料圖表化，首先要整理資料，決定要將哪些資料圖表化。

舉例來說，如果我們要把最近幾個月的銷量資料圖表化。

13.2.2 明確目的

知道了要把哪些資料圖表化以後，就需要明確目的。我們前面說了，視覺化是用來表達資訊的一種方式，既然是用來表達資訊的，就應該明確要表達什麼，要傳遞哪些資訊給看圖人。例如，要表達最近幾個月的銷量呈上漲趨勢，還是要表達用戶中有超過 50% 的用戶是 1990 年以後出生的。

13.2.3 尋找合適的表現形式

明確了要表達什麼資訊以後，就可以選擇合適的表現形式了。不同的目的使用的表現形式是不一樣的。

繼續用前面的例子。若要說明最近幾個月的銷量趨勢首選折線圖，透過折線圖的走勢，可以很清楚地看出最近幾個月銷量是上升還是下降的；如果要說明不同年齡層用戶的占比首選圓形圖，這樣我們能很清楚地看出哪個年齡層占比最大，哪個占比最小。

13.3 圖表的基本組成元素

一個正規的視覺化圖表如下圖所示，該表包含了一個圖表中的基本組成元素。

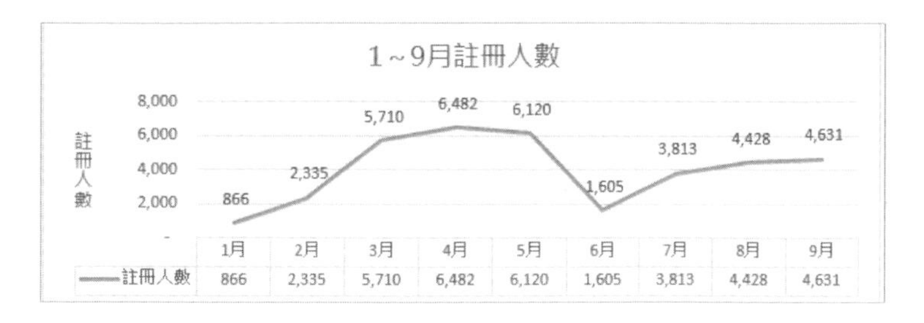

畫布

畫布就是字面意思，你首先需要找到一塊“布”，即繪圖介面，然後在這塊“布”上繪製圖表。

座標系

畫布是圖表的最大概念，在一塊畫布上可以建立多個座標系。座標系又可以分為直角座標系、球座標系和極座標系三種，其中直角座標系最常用。

座標軸

座標軸是在座標系中的概念，主要有 x 軸和 y 軸（一般簡單的視覺化均為二維），一組 x/y 值用來唯一確定座標系上的一個點。

x 軸也稱橫軸，就是上圖中的月份；y 軸也稱縱軸，就是上圖中的註冊人數。

在上圖的座標系中，透過月份和註冊人數可以唯一確定一個點。

座標軸標題

座標軸標題就是 x 軸和 y 軸的名稱，在上圖中我們把 x 軸稱為月份，把 y 軸稱為註冊人數。

圖表標題

圖表標題是用來說明整個圖表核心主題的，上圖中的核心主題就是在 1 ～ 9 月中每月的註冊人數。

資料標籤

資料標籤用於顯示圖表中的數值。上圖為折線圖，是由不同月份和註冊人數確定不同的唯一點，然後將這些點連接起來就是一個折線圖，折線圖是一條線，如果將每個點對應的數值顯示出來，這些數值就是資料標籤。

資料表

資料表在圖表下方，它以表格的形式將圖表中座標軸的值展示出來。

格線

格線是座標軸的延伸，透過格線可以更加清晰地看到每一點大概在什麼位置，值大概是多少。

圖例

圖例一般位於圖表的下方或右方，用來說明不同的符號或顏色分別代表的內容與指標，有助於認清圖。

上圖中只有一條折線，所以圖例的作用不是很大，但是當一個圖表中有多條折線，或者包含不同形狀的混合時，圖例的重要性就顯而易見了。你可以很快辨別出哪個顏色的折線代表哪個指標。

誤差線

誤差線主要用來顯示座標軸上每個點的不確定程度，一般用標準差表示，即一個點的誤差為該點的實際值加減標準差。

13.4 Excel 與 Python 視覺化

無論是 Excel 還是 Python，它們的資料視覺化的基本流程及圖表的基本組成元素都是一樣的。

在 Excel 中進行資料視覺化比較簡單，直接選取要圖表化的資料，然後按一下插入頁籤，選擇合適的圖表類型就可以對圖表格式進行設定了，如下圖所示。

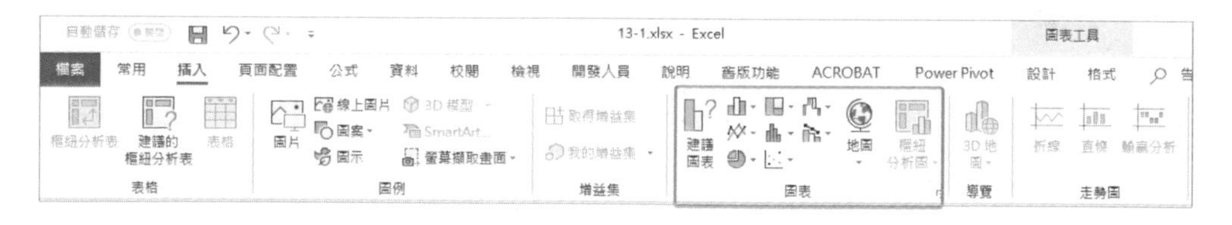

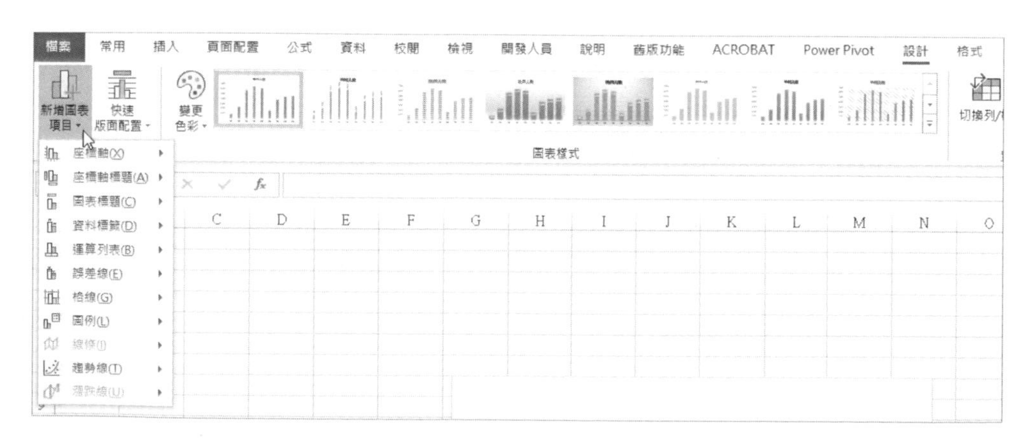

因為 Excel 圖表繪製相對簡單，所以本書就不贅述了。接下來的部分主要講解 Python 中的圖表格式設定及常用圖表繪製。

13.5 建立畫布和座標系

13.5.1 建立畫布

在開始正式的建立畫布之前，要先載入需要用到的函式庫，在 Python 中視覺化用的函式庫是 matplotlib。除了匯入 matplotlib，還要多加三行程式碼，這樣圖表才能正常顯示，程式如下：

```
# 匯入 matplotlib 函式庫中的 pyplot 並起別名為 plt
>>>import matplotlib.pyplot as plt

# 讓圖表直接在 Jupyter Notebook 中展示出來
>>>%matplotlib inline

# 解決中文亂碼問題
>>>plt.rcParams["font.sans-serif"]='Microsoft JhengHei'

# 解決負號無法正常顯示的問題
>>>plt.rcParams['axes.unicode_minus'] = False
```

在預設設定下 matplotlib 做出來的圖表不是很清晰，這時可以將圖表設定成向量圖格式顯示，這樣看起來就清楚多了，因此，要在上面的程式中加入一行程式：

```
%config InlineBackend.figure_format = 'svg'
```

匯入需要的函式庫以後，就可以正式開始建立畫布。

```
>>>fig = plt.figure()
<matplotlib.figure.Figure at 0x1d5a0384208>
```

plt.figure 裡面有一個參數 figsize，它用 width 和 height 來控制整塊畫布的寬和高。

```
# 建立寬為 8 高為 6 的畫布
>>>plt.figure(figsize = (8,6))
<matplotlib.figure.Figure at 0x256823bbcc0>
```

需要注意的一點就是，畫布建立後，畫布並不會直接顯示出來，只會輸出一串畫布相關資訊的代碼。

畫布建立好以後，就可以在畫布上繪製座標系了。在 Excel 中直接選擇插入圖表就相當於建立一個座標系，在 Python 中會有多種建立座標系的方式，接下來就來說明一下這幾種不同的建立方式。

13.5.2 用 add_subplot 函式建立座標系

利用 add_subplot 函式建立座標系時需要先有畫布，再在畫布上繪製座標系。

在畫布 fig 上繪製 1×1 個座標系，並且把座標系賦值給變數 ax1，程式如下：

```
>>>fig = plt.figure()
>>>ax1 = fig.add_subplot(1,1,1)
```

執行程式得到如下圖所示座標系。

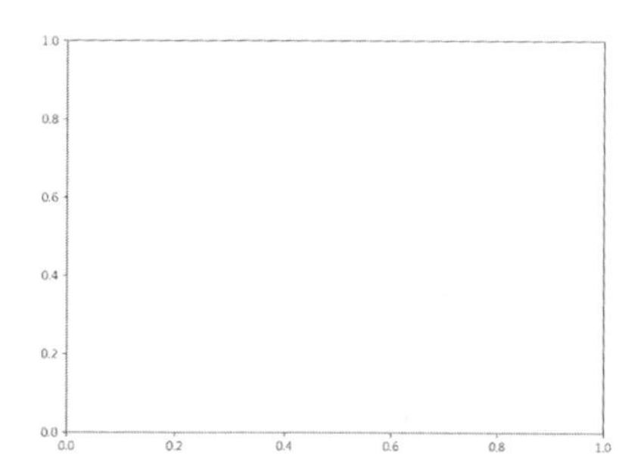

在畫布 fig 上同時繪製 2×2 個座標，即 4 個座標系，並且把第一個座標系賦值給變數 ax1；第二個座標系賦值給 ax2；第三個座標系賦值給 ax3；第四個座標系賦值給 ax4，程式如下：

```
>>>fig = plt.figure()
>>>ax1 = fig.add_subplot(2,2,1)
>>>ax2 = fig.add_subplot(2,2,2)
>>>ax3 = fig.add_subplot(2,2,3)
>>>ax4 = fig.add_subplot(2,2,4)
```

執行程式得到四個座標系，如下圖所示。

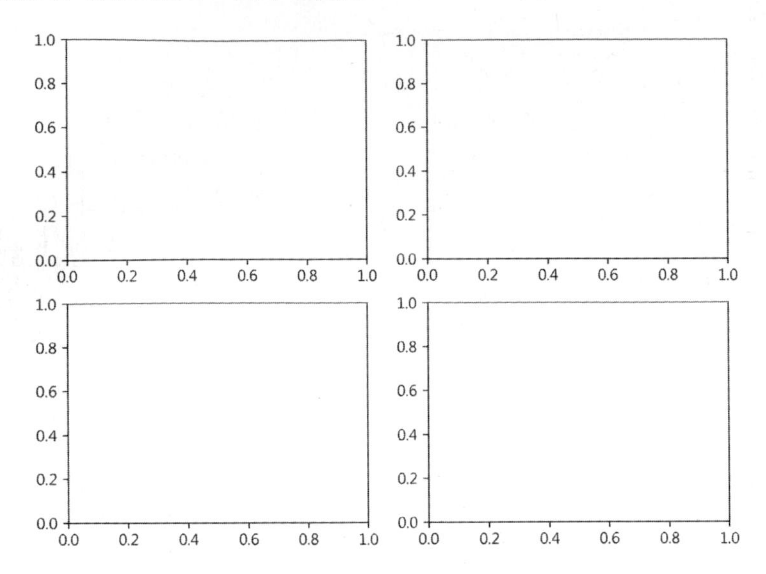

13.5.3 用 plt.subplot2grid 函式建立座標系

用 plt.subplot2grid 函式建立座標系時不需要先建立畫布，只需要匯入 plt 即可。匯入 plt 以後可以直接呼叫 plt 函式庫的 subplot2grid 方法建立座標系，範例如下：

```
>>>plt.subplot2grid((2,2),(0,0))
```

上列程式表示將圖表的整個區域分成 2 行 2 列，且在 (0,0) 位置繪圖，座標系如右圖所示。

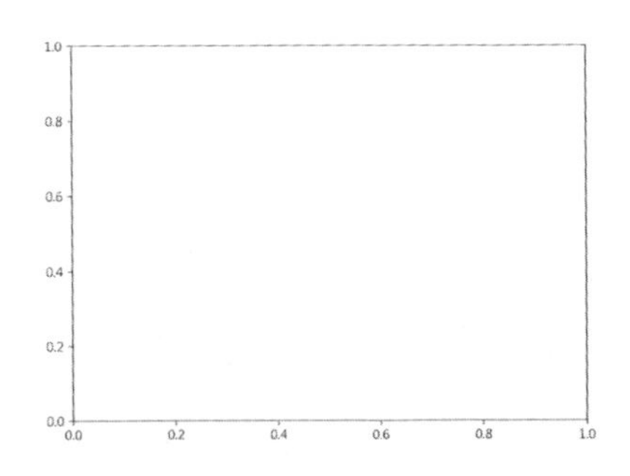

用這種方式建立座標系時，具體的繪圖程式碼需要跟在建立座標系的敘述後面。將圖表的整個區域分成 2 行 2 列，並在 (0,0) 位置做折線圖，在 (0,1) 位置做直條圖，具體實現如下所示。

```
>>>import numpy as np
>>>x = np.arange(6)
>>>y = np.arange(6)

# 將圖表的整個區域分成 2 行 2 列，且在 (0,0) 位置做折線圖
>>>plt.subplot2grid((2,2),(0,0))
>>>plt.plot(x,y)

# 將圖表的整個區域分成 2 行 2 列，且在 (0,1) 位置做直條圖
>>>plt.subplot2grid((2,2),(0,1))
>>>plt.bar(x,y)
```

執行結果如下圖所示。

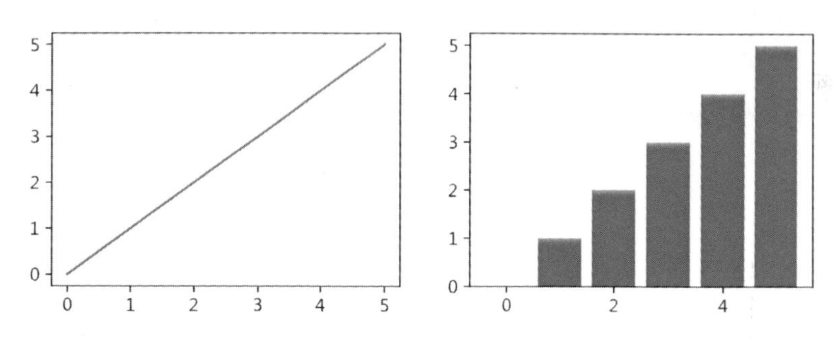

13.5.4 用 plt.subplot 函式建立座標系

與 plt.subplot2grid 函式類似，plt.subplot 也是 plt 函式庫的一個函式，也表示將區域分成幾份，並指明在哪一塊區域上繪圖，兩者的區別只是表現形式不一樣。

```
>>>plt.subplot(2,2,1)
```

上面的程式表示將圖表的整個區域分成 2 行 2 列，且在第 1 個座標系裡面繪圖，執行結果如右圖所示。

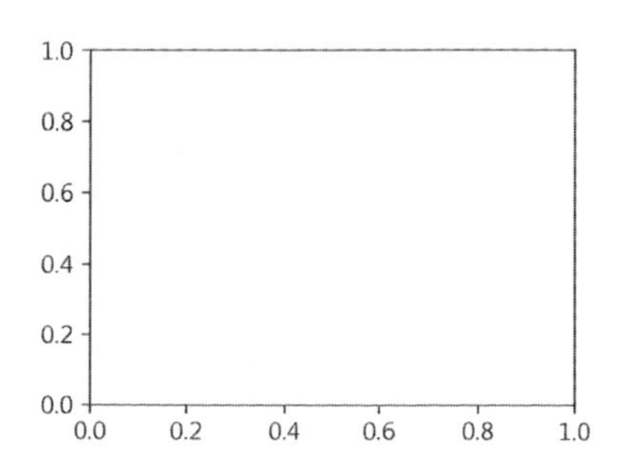

用這種方式建立座標系時，同樣需要將具體的繪圖代碼跟在建立座標系語句後面。將圖表的整個區域分成 2 行 2 列，並在第 1 個座標系上做折線圖，在第 4 個座標系上做直條圖，具體實現如下所示。

```
>>>import numpy as np
>>>x = np.arange(6)
>>>y = np.arange(6)

#將圖表的整個區域分成 2 行 2 列，且在第 1 個座標系上做折線圖
>>>plt.subplot(2,2,1)
>>>plt.plot(x,y)

#將圖表的整個區域分成 2 行 2 列，且在第 4 個座標系上做直條圖
>>>plt.subplot(2,2,4)
>>>plt.bar(x,y)
```

執行結果如下圖所示。

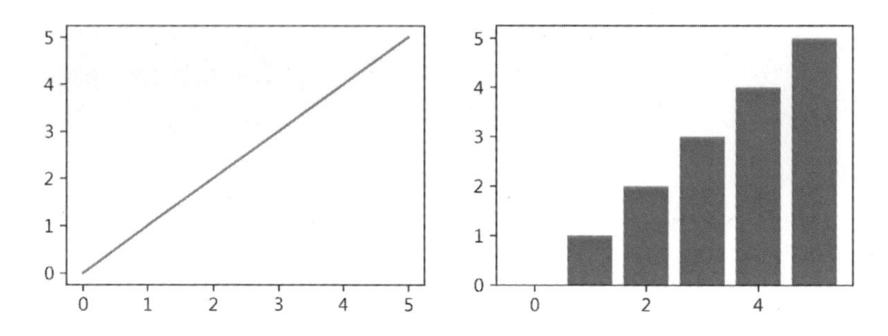

13.5.5 用 plt.subplots 函式建立座標系

plt.subplots 函式也是 plt 函式庫中的一個函式，它與 subplot2grid 函式和 subplot 函式的不同之處是，subplot2grid 函式和 subplot 函式每次只傳回一個座標系，而 subplots 函式一次可以傳回多個座標系。

```
>>>fig,axes = plt.subplots(2,2)
```

上面的程式指定將圖表的整個區域分成 2 行 2 列，並將 4 個座標系全部傳回，執行結果如下圖所示。

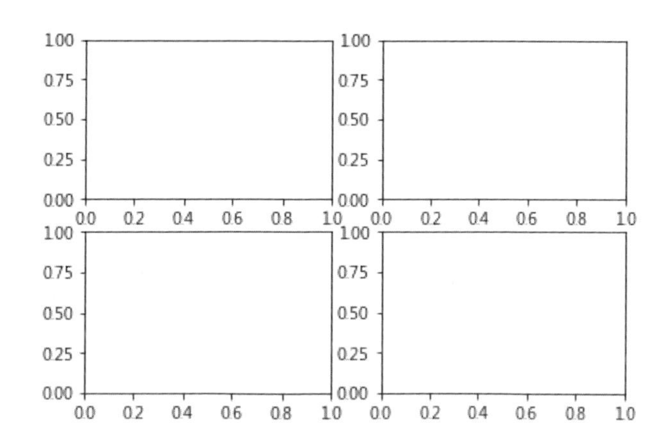

想在哪個座標系裡面繪圖，透過 axes[x,y] 指明即可。現在我們在上例的圖表中繪圖，首先在 [0,0] 座標系中繪製折線圖，然後在 [1,1] 座標系中繪製柱狀圖，程式如下：

```
>>>import numpy as np
>>>x = np.arange(6)
>>>y = np.arange(6)

# 在 [0,0] 座標系中繪製折線圖
>>>axes[0,0].plot(x,y)

# 在 [1,1] 座標系中繪製柱狀圖
>>>axes[1,1].bar(x,y)
```

執行結果如下圖所示。

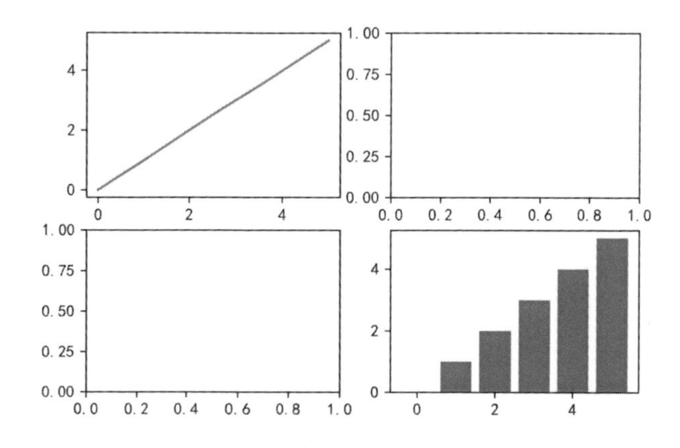

13.5.6 幾種建立座標系方法的區別

第一種建立座標系的方法 add_subplot 屬於物件式程式設計，所有的操作都是針對某個物件進行的。比如，先建立一塊畫布，然後在這塊畫布上建立座標系，進而在座標系上繪圖。而後三種建立座標系的方法屬於函式式程式設計，都是直接呼叫 plt 函式庫裡面的某個函式或者方法來達到建立座標系的目的。

物件式程式設計的代碼比較煩瑣，但是便於理解；函式式程式設計雖然代碼簡潔，但是不利於新人掌握整體的繪圖原理，因此建議讀者剛開始的時候多使用物件式程式設計，等到對整個繪圖原理都十分熟悉後，再嘗試使用函式式程式設計。

這兩種程式設計方式不僅體現在建立座標系中，在接下來的一些操作中也會有涉及。有的時候兩者會交叉使用，也就是在一段代碼中既有函式式程式設計，也有物件式程式設計。

13.6 設定座標軸

13.6.1 設定座標軸的標題

下圖中橫軸的標題為月份，縱軸的標題為註冊人數。

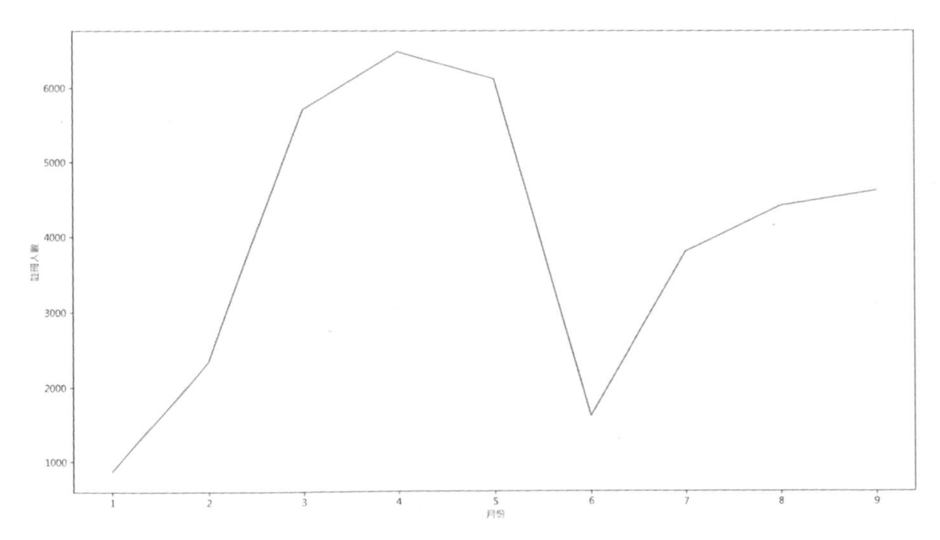

它們的設定方法如下所示。

```
>>>plt.xlabel(" 月份 ")
>>>plt.ylabel(" 註冊人數 ")
```

還可以設定 xlabel、ylabel 到 *x* 軸和 *y* 軸的距離，給參數 labelpad 傳入具體的距離數即可，實現方法如下所示。

```
>>>plt.xlabel(" 月份 ",labelpad = 10)
>>>plt.ylabel(" 註冊人數 ",labelpad = 10)
```

執行結果如下圖所示。

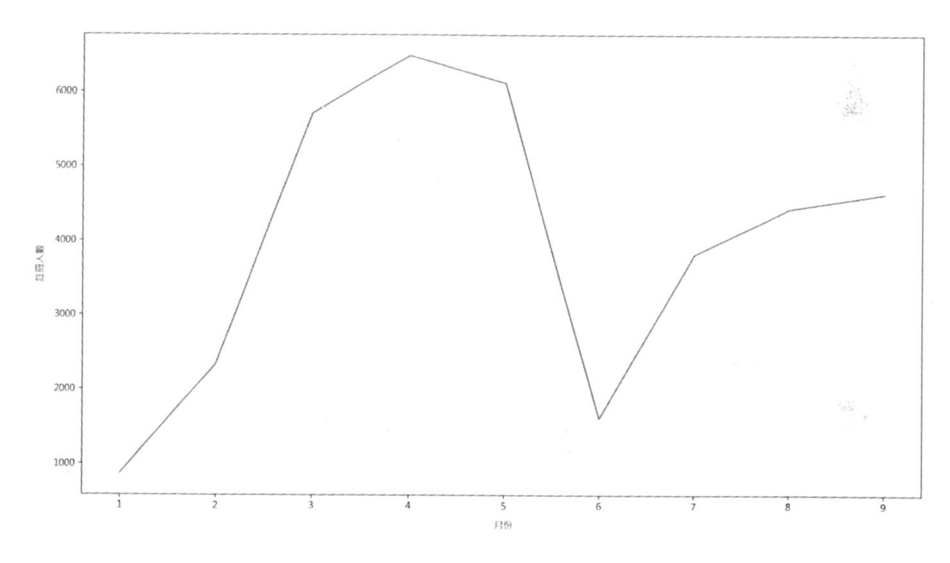

還可以對 xlabel、ylabel 的文字屬性進行設定，像是設定字體大小、字體顏色、是否加粗等。為了增加區分度，我們只對 xlabel 的文字相關性質進行了設定，程式如下所示。

```
>>>plt.xlabel(" 月份 ",fontsize='xx-large',
            color = "#70AD47",fontweight = 'bold')
>>>plt.ylabel(" 註冊人數 ")
```

執行結果如下圖所示。

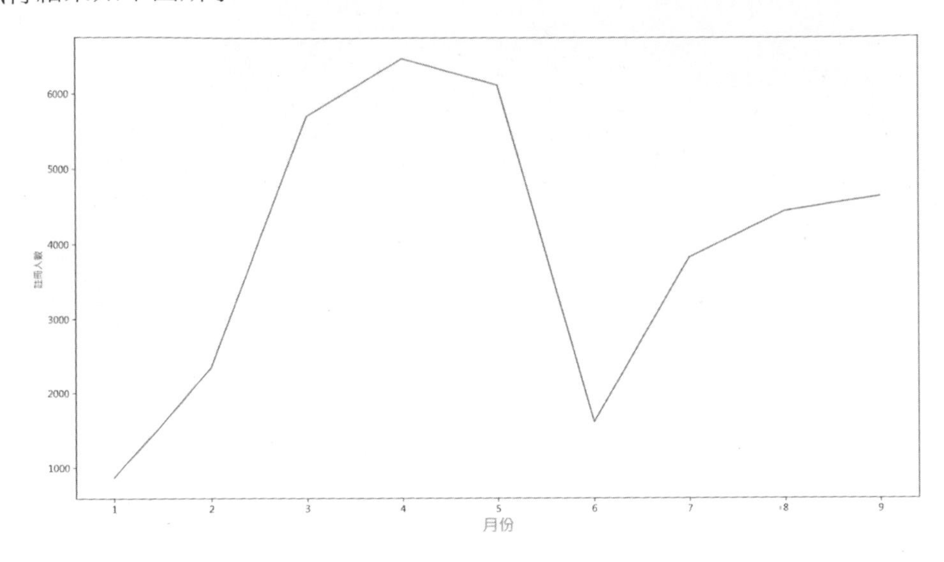

13.6.2 設定座標軸的刻度

座標軸刻度設定的第一點就是 *x* 軸、*y* 軸每個刻度處顯示什麼，預設都是顯示 *x*/*y* 的值，可以自訂顯示不同刻度處的值，使用的方法是 plt 函式庫中的 xticks、yticks 函式：

```
#ticks 表示刻度值，labels 表示該刻度處對應的標籤
plt.xticks(ticks,labels)
plt.yticks(ticks,labels)
```

xticks、yticks 中的 labels 也支援文字相關的性質設定，與 xlabel、ylabel 的文字相關性質設定方式一致。

把圖表中 *x* 軸的刻度值均定義成月份，*y* 軸的刻度值均定義成人數，程式如下所示。

```
# 設定 x 軸刻度
>>>plt.xticks(np.arange(9),["1 月份 ","2 月份 ","3 月份 ",
            "4 月份 ","5 月份 ","6 月份 ","7 月份 ","8 月份 ","9 月份 "])
# 設定 y 軸刻度
>>>plt.yticks(np.arange(1000,7000,1000),
              ["1000 人 ","2000 人 ","3000 人 ","4000 人 ","5000 人 ","6000 人 "])
```

執行結果如下圖所示。

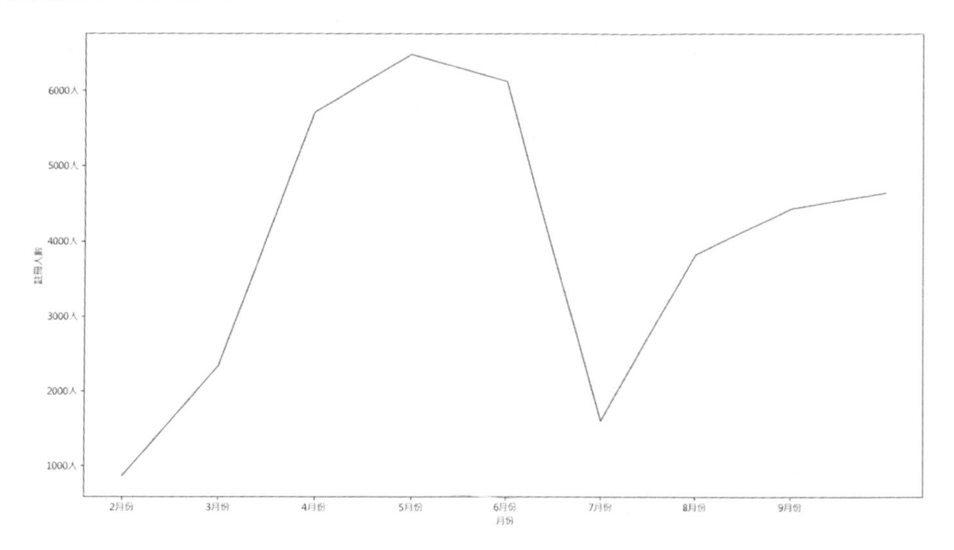

有時候為了資料安全不會把 *x*/*y* 軸的數值具體顯示出來，這個時候只需要給 xticks、yticks 傳入一個空列表就可以把 *x*/*y* 軸的數值隱藏起來，程式如下：

```
>>>plt.xticks([])
>>>plt.yticks([])
```

執行結果如下圖所示。

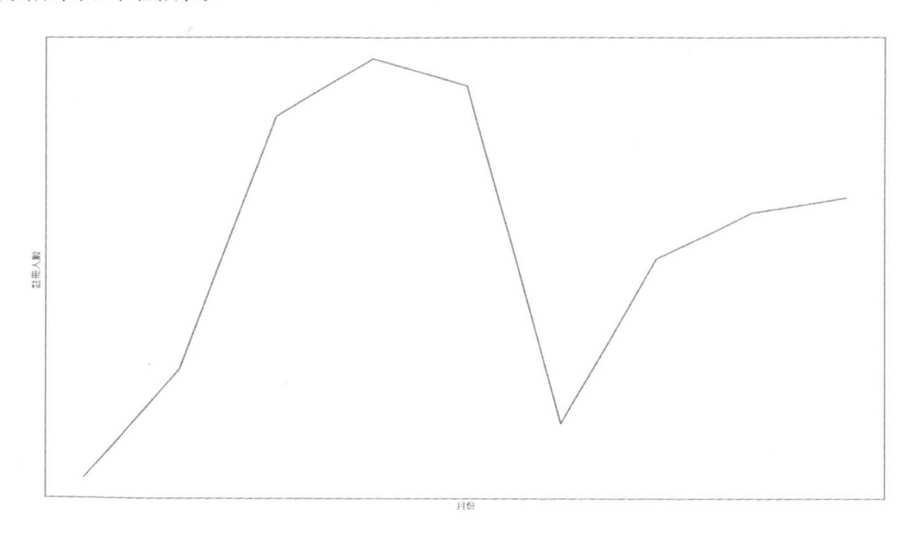

除了 xticks、yticks 方法，還可以使用 plt 函式庫中 tick_params 函式對軸刻度線進行設定。

```
plt.tick_params(axis,reset,which,direction,length,width,color,pad,
labelsize,labelcolor,bottom, top, left, right,labelbottom, labeltop,
labelleft, labelright,)
```

tick_params 函式中的參數及說明如下表所示。

參數	說明
axis	對哪個軸的刻度線進行設定，有 x、y、both 三個可選
reset	是否重置所有設定，True/False
which	對哪種刻度線進行設定，有 major（主刻度線）、minor（次刻度線）、both 三個可選
direction	刻度線的朝向，有 in（朝裡）、out（朝外）、inout（裡外均有）三個可選
length	刻度線長度
width	刻度線寬度
color	刻度線顏色
pad	刻度線與刻度標籤之間的距離
labelsize	刻度標籤大小
labelcolor	刻度標籤顏色
top、bottom、left、right	可選擇 True/False，控制上、下、左、右刻度線是否顯示
labeltop、Labelbottom、labelleft、labelright	可選擇 True/False，控制上、下、左、右刻度標籤是否顯示

在 2×1 個座標系上的第 1 個座標系中繪圖，軸刻度線設定成雙向且下軸刻度線不顯示；同時在它的第 2 個座標系中繪圖，軸刻度線設定成雙向且下軸刻度標籤不顯示，程式如下：

```
>>>x = np.array([1, 2, 3, 4, 5, 6, 7, 8, 9])
>>>y = np.array([ 866, 2335, 5710, 6482, 6120, 1605, 3813, 4428, 4631])

# 在 2×1 座標系上的第 1 個座標系中繪圖
>>>plt.subplot(2,1,1)
>>>plt.plot(x,y)
>>>plt.xlabel(" 月份 ")
>>>plt.ylabel(" 註冊人數 ")

# 軸刻度線設定成雙向且下軸刻度線不顯示
>>>plt.tick_params(axis = "both",which = "both",direction =
"inout",bottom = "false")

# 在 2×1 座標系上的第 2 個座標系中繪圖
>>>plt.subplot(2,1,2)
>>>plt.plot(x,y)
>>>plt.xlabel(" 月份 ")
>>>plt.ylabel(" 註冊人數 ")

# 軸刻度線設定成雙向且下軸刻度標籤不顯示
>>>plt.tick_params(axis = "both",which = "both",
                   direction = "inout",labelbottom = "false")
```

執行結果如下圖所示。

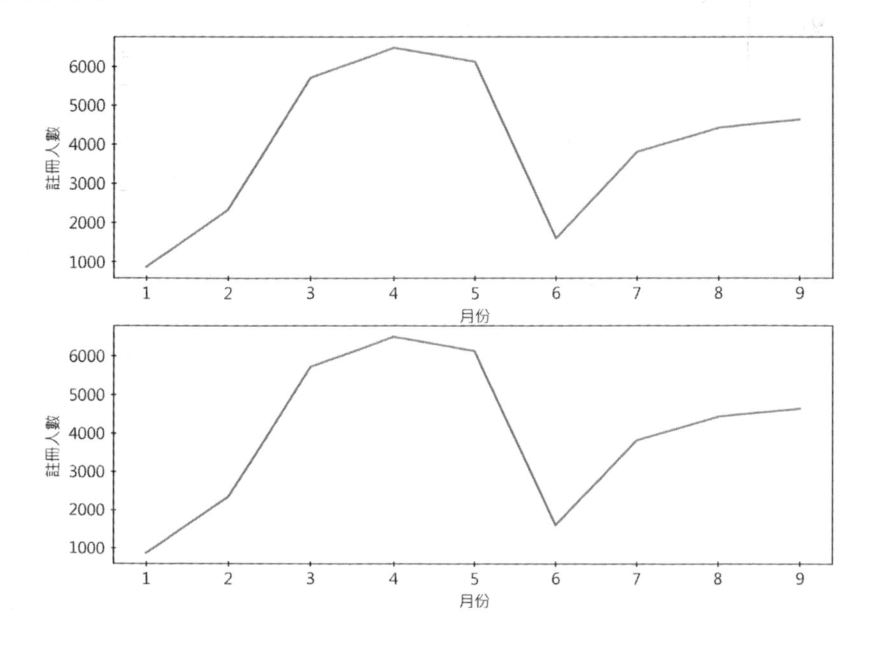

13.6.3 設定座標軸的範圍

座標軸刻度範圍就是設定座標軸的最大值和最小值，把圖表中 *x* 軸的刻度範圍設定為 0~10，*y* 軸的刻度範圍設定為 0~8000。

```
>>>plt.xlim(0,10)
>>>plt.ylim(0,8000)
```

執行結果如下圖所示。

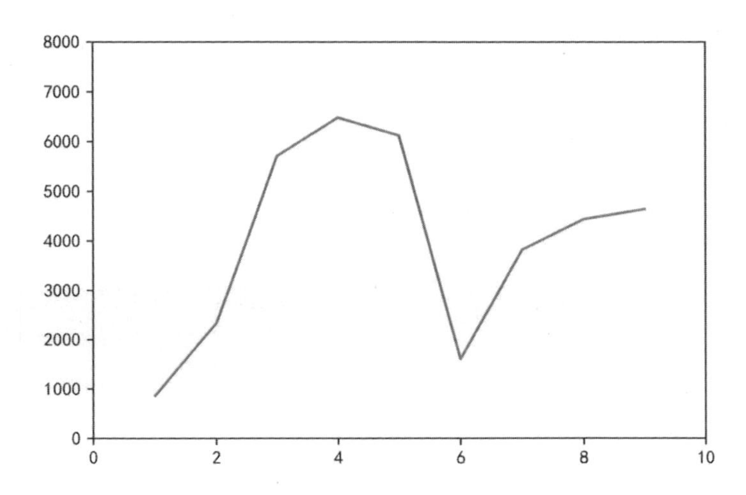

13.6.4 座標軸的軸顯示設定

有時候為了美觀，會把一些不需要顯示的軸關閉，這個時候就可以透過座標軸的軸顯示設定達到目的。座標軸中的軸預設都是顯示出來的，可以透過如下方式進行關閉。

```
>>>plt.axis("off")
```

關閉座標軸的軸顯示如下圖所示。

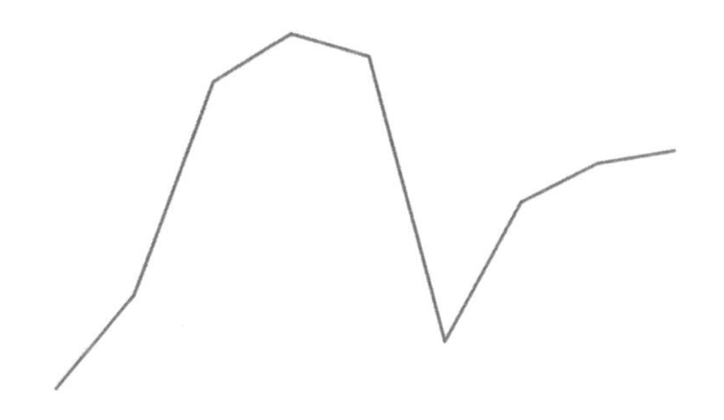

13.7 其他圖表格式的設定

13.7.1 格線設定

格線是相比於座標軸更小的單位，格線預設是關閉的，可以透過修改參數 b 的值，讓其等於 True 來啟用格線。

```
>>>plt.grid(b = "True")
```

參數 b = True，預設是將 x 軸和 y 軸的格線全部開啟，執行結果如下圖所示。

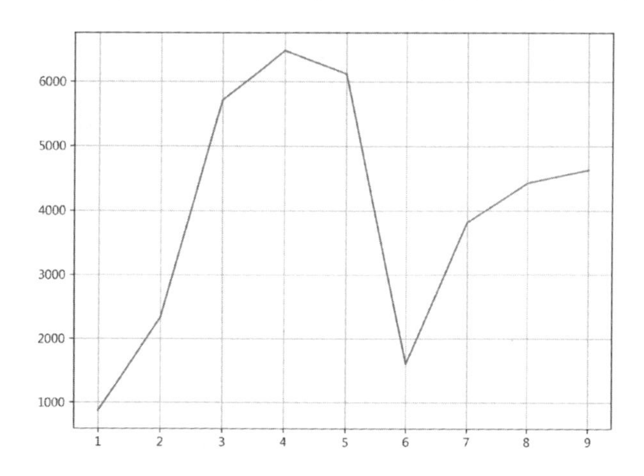

可以透過修改參數 axis 的值來控制開啟哪個軸的格線。

只開啟 *x* 軸的格線：

```
>>>plt.grid(b = "True",axis = "x") # 只開啟 x 軸的格線
```

執行結果如下圖所示。

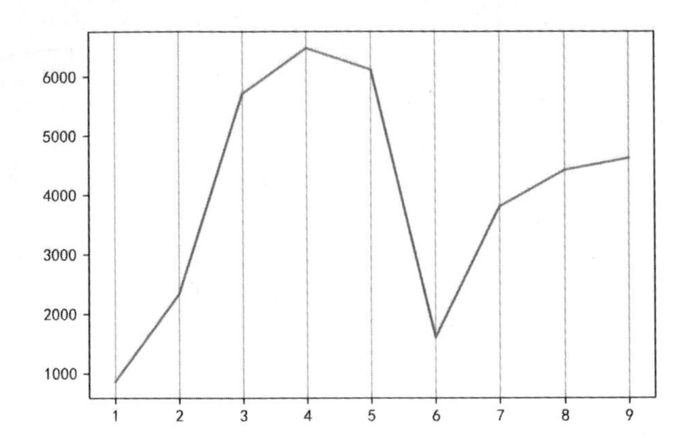

只開啟 *y* 軸的格線：

```
>>>plt.grid(b = "True",axis = "y") # 只開啟 y 軸的格線
```

執行結果如下圖所示。

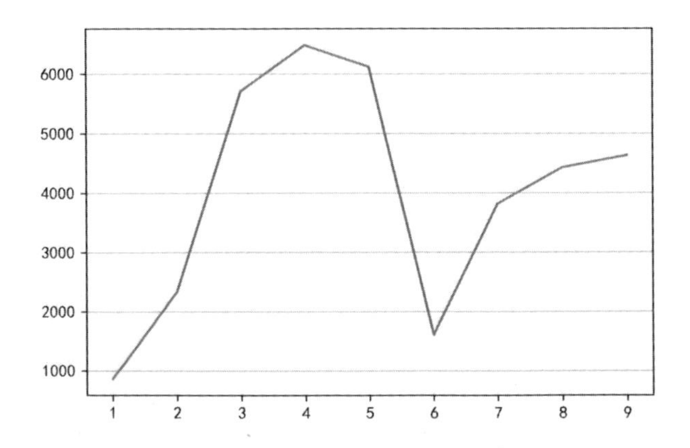

格線也屬於線，所以除了可以設定顯示 *x* 軸或 *y* 軸，還可以對格線本身進行設定，比如線寬、線型、線的顏色等，關於線相關的設定會在折線圖繪製部分詳細講解。現在只舉一個例子，把格線的線型（linestyle）設定成虛線（dashed），線寬（linewidth）設定為 1，程式如下：

```
#線型設定成虛線，線寬設定成1
>>>plt.grid(b = "True",linestyle='dashed', linewidth=1)
```

執行結果如下圖所示。

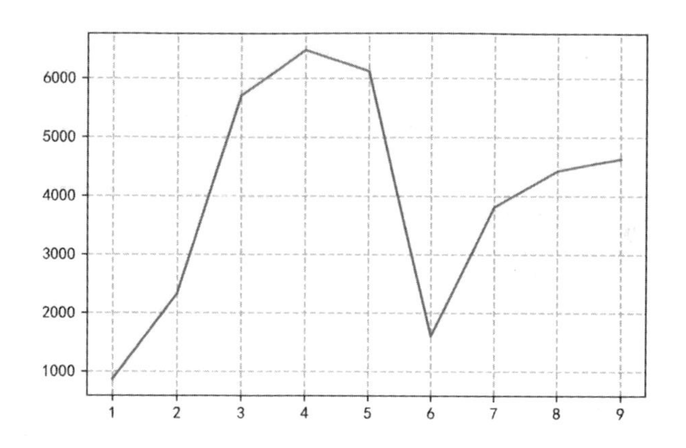

13.7.2 設定圖例

圖例在圖表中有註解的作用，在繪圖時，透過 label 參數傳入值表示該圖表的圖例名，再由 plt.legend() 方法將圖例顯示出來，使用方法如下：

```
>>>plt.plot(x,y,label = " 折線圖 ")
>>>plt.bar(x,y,label = " 直條圖 ")
>>>plt.legend()
```

折線圖和直條圖的圖例如下圖所示。

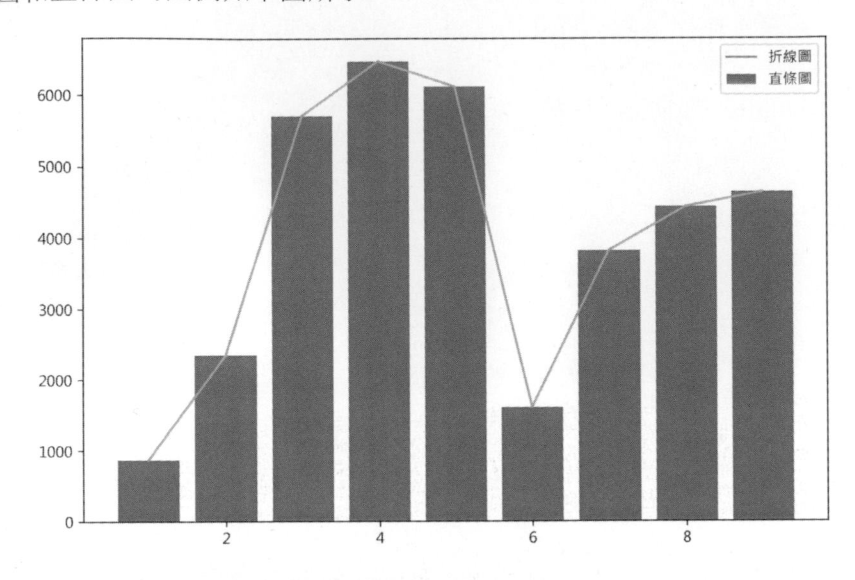

還可以透過修改 loc 參數的參數值來調整圖例的顯示位置，loc 參數的參數值及說明如下表所示。

字串	位置代碼	說明
best	0	根據圖表區域自動選擇最合適的展示位置
upper right	1	圖例顯示在右上角
upper left	2	圖例顯示在左上角
lower left	3	圖例顯示在左下角
lower right	4	圖例顯示在右下角
right	5	圖例顯示在右側
center left	6	圖例顯示在左側中心位置
center right	7	圖例顯示在右側中心位置
lower center	8	圖例顯示在底部中心位置
upper center	9	圖例顯示在頂部中心位置
center	10	圖例顯示在正中心位置

在具體設定圖例位置時，既可以給參數 loc 傳入字串，也可以給參數 loc 傳入位置代碼，下面兩行程式表達的意思是一樣的，都是讓圖例顯示在左上角位置：

```
>>>plt.legend(loc = "upper left")
>>>plt.legend(loc = 2)
```

執行結果如下圖所示。

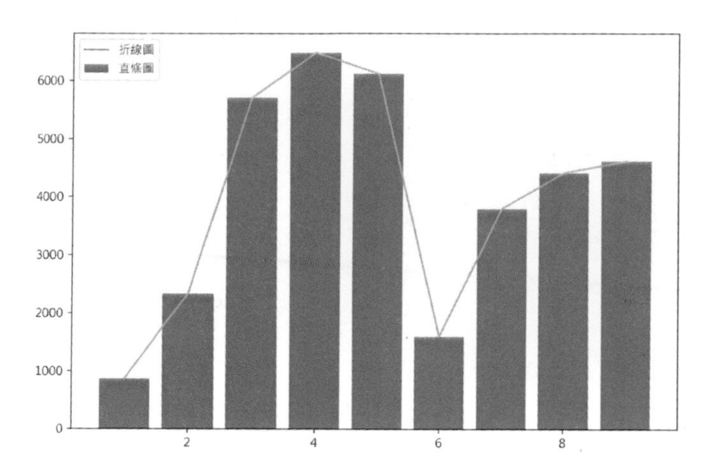

圖例的顯示預設是 1 列，可以透過參數 ncol 設定顯示列數。

```
>>>plt.plot(x,y,label = " 折線圖 ")
>>>plt.bar(x,y,label = " 直條圖 ")
>>>plt.legend(ncol = 2)
```

執行結果如下圖所示。

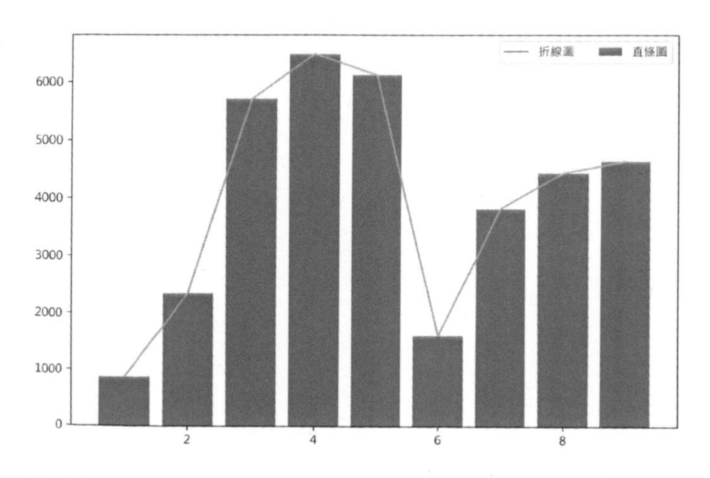

除了上面幾個常用參數，還有一些參數可以設定，參數及說明如下表所示。

參數	說明
fontsize	圖例字型大小大小
prop	關於文本的相關設定，以字典形式傳給參數 prop
facecolor	圖例框的背景顏色
edgecolor	圖例框的邊框顏色
title	圖例標題
title_fontsize	圖例標題的大小
shadow	是否給圖例框添加陰影，預設為 False

13.7.3 圖表標題設定

圖表的標題是用來說明整個圖表的核心思想的，主要透過如下方式給圖表設定標題：

```
>>>plt.title(label= "1—9 月 XXX 公司註冊用戶數 ")
```

執行結果如下圖所示。

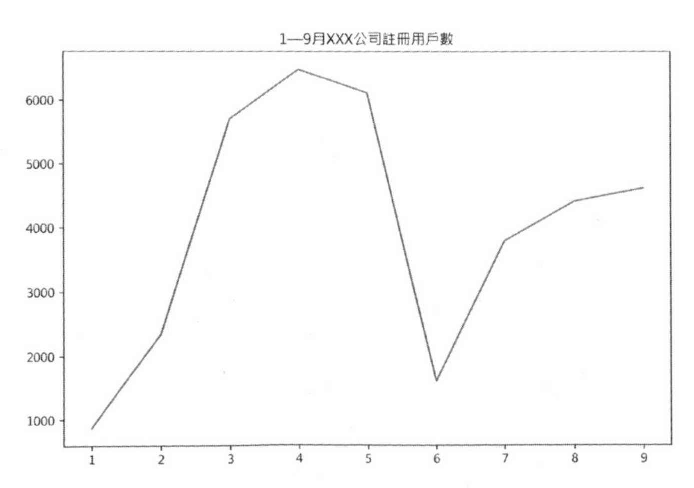

還可以藉由修改參數 loc 的值來修改標題的顯示位置，預設都是居中顯示的，loc 參數值有三個可選，如下表所示。

字串	說明
center	居中顯示
left	靠左顯示
right	靠右顯示

圖表標題靠左顯示，程式如下：

```
#圖表標題靠左顯示
>>>plt.title(label= "1—9 月 XXX 公司註冊用戶數 ",loc = "left")
```

執行結果如下圖所示。

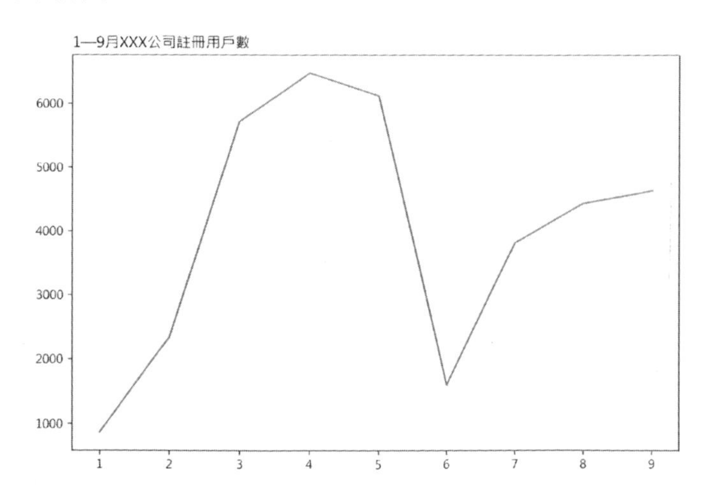

還可以透過 fontdict 參數對標題文字的相關性質進行設定。

13.7.4 設定資料標籤

資料標籤實現就是根據座標值在對應位置顯示相應的數值，可以利用 text 函式實現，程式如下：

```
plt.text(x,y,str,ha,va,fontsize)
```

text 函式中的參數及說明如下表所示。

參數	說明
參數 (x,y)	分別表示要在哪裡顯示數值
str	表示要顯示的具體數值
horizontalalignment	簡稱 ha，表示 str 在水平方向的位置，有 center、left、right 三個值可選
verticalalignment	簡稱 va，表示 str 在垂直方向的位置，有 center、top、bottom 三個值可選
fontsize	設定 str 字體的大小

設定資料標籤範例如下：

```
# 在 (6,1605) 處顯示該點的 y 值
>>>plt.text(6,1605,1605)
```

結果如下圖所示。

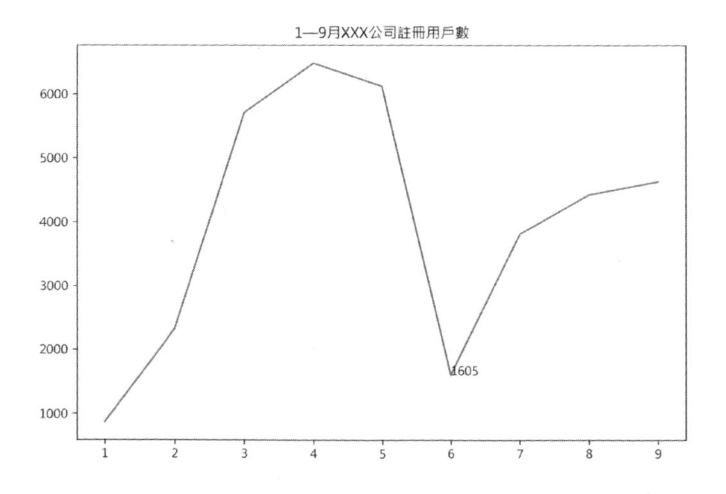

plt.text 函式只是針對座標軸中的具體某一點 (x,y) 顯示數值 str，要想對整個圖表顯示資料標籤，需要利用 for 進行遍歷，範例如下：

```
# 在 (x,y) 處顯示 y 值
>>>for a,b in zip(x,y):
    plt.text(a,b,b,ha ='center', va ="bottom",fontsize=11)
```

執行結果如下圖所示。

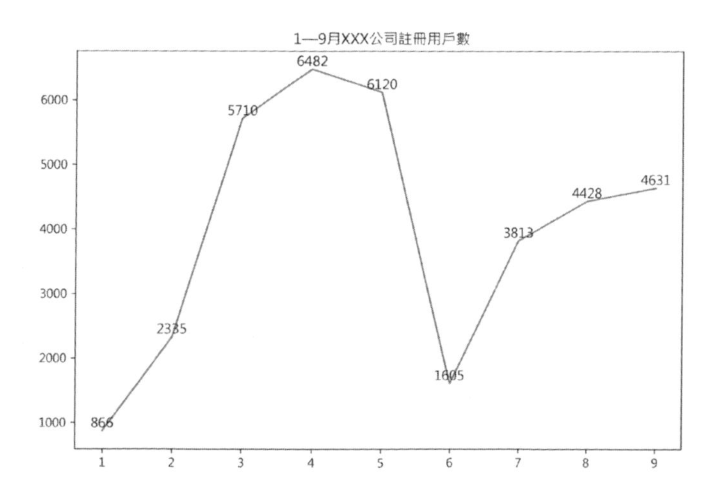

13.7.5 圖表註解

圖表註解與資料標籤的作用類似，都是便於看圖者更快地取得圖表資訊，實現方法如下：

```
plt.annotate(s,xy,xytext,arrowprops)
```

plt.annotate 函式中的參數及說明，如下表所示。

參數	說明
s	表示要註解的文字內容
xy	表示要註解的位置
xytext	表示要註解文字的顯示位置
arrowprops	設定箭頭相關參數，顏色、箭頭類型設定

圖表註解範例如下：

```
>>>plt.annotate(" 伺服器當機了 ",
                xy = (6,1605), xytext = (7,1605),
                arrowprops=dict(facecolor='black',arrowstyle = '->'))
```

執行結果如下圖所示。

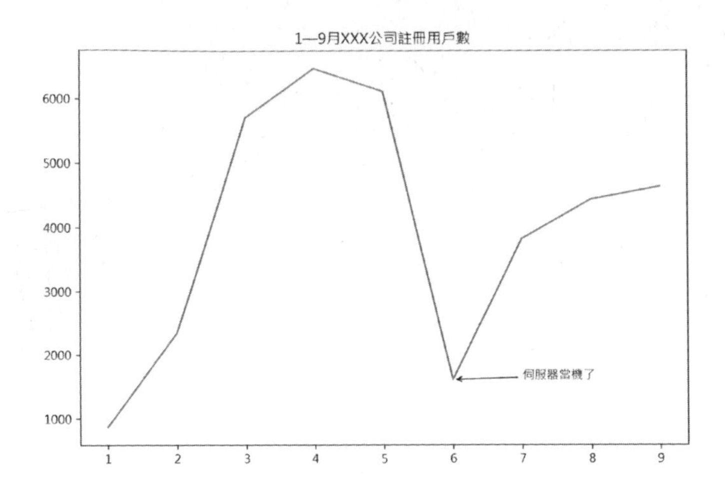

facecolor 表示箭的顏色，arrowstyle 表示箭的類型，主要有如下幾種：

```
# 箭的類型
'-'
'->'
'-['
'
'-
'<-'
'<->'
'<
'fancy'
'simple'
'wedge'
```

13.7.6 資料表

資料表就是在圖表基礎上再添加一個表格，使用的是 plt 函式庫中的 table 函式。

```
table(cellText=None,cellColours=None,
      cellLoc='right',colWidths=None,
      rowLabels=None, rowColours=None, rowLoc='left',
      colLabels=None, colColours=None, colLoc='center',
      loc='bottom')
```

table 函式中的參數及說明如下表所示。

參數	說明
cellText	資料表內的值
cellColours	資料表的顏色
cellLoc	資料表中數值的位置，可選 left、right、center
colWidths	列寬
rowLabels	列標籤
rowColours	列標籤的顏色
rowLoc	列標籤的位置
colLabels	欄標籤
colColours	欄標籤的顏色
colLoc	欄標籤的位置
loc	整個資料表的位置，可選座標系的上、下、左、右

table 函式中的參數的使用範例如下所示。

```
>>>cellText = [[ 8566, 5335, 7310, 6482],
               [4283,2667,3655,3241]]
>>>rows = ["任務量","完成量"]
>>>columns = ["東區","南區","西區","北區"]
>>>plt.table(cellText = cellText,
             cellLoc='center',
             rowLabels=rows,
             rowColours = ["red","yellow"],
             rowLoc = "center",
             colLabels=columns,
             colColours = ["red","yellow","red","yellow"],
             colLoc='left',
             loc='bottom')
```

執行結果如下圖所示。

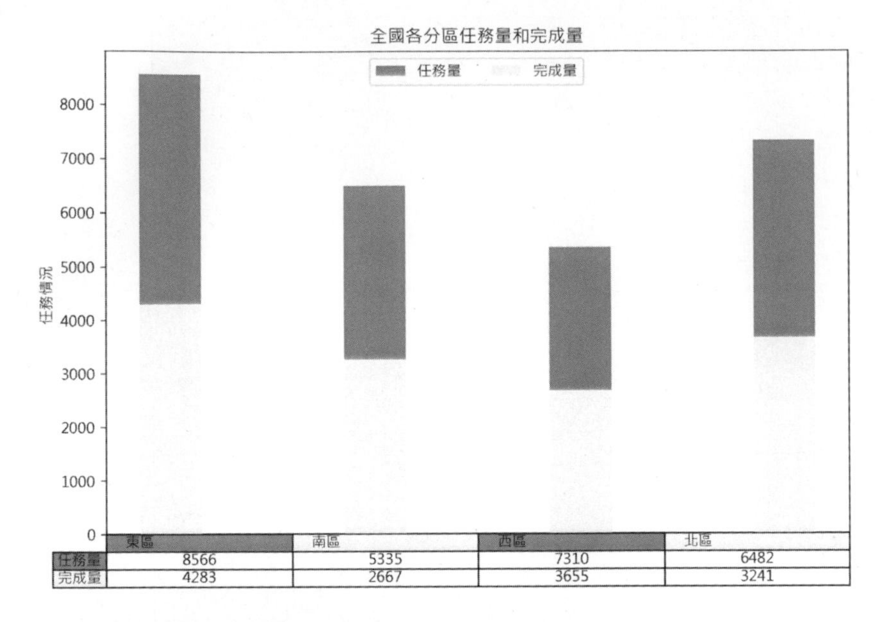

	東區	南區	西區	北區
任務量	8566	5335	7310	6482
完成量	4283	2667	3655	3241

13.8 繪製常用圖表

13.8.1 繪製折線圖

折線圖常用於表示隨著時間推移某指標的變化趨勢，使用的是 plt 函式庫中的 plot 方法。

參數詳解

plot 方法的具體參數如下：

```
plt.plot(x,y,color,linestyle,linewidth,marker,markeredgecolor,
         markeredgwidth,markerfacecolor,markersize,label)
```

其中，參數 x、y 分別表示 *x* 軸和 *y* 軸的資料；color 表示折線圖的顏色，主要參數值如右表所示。

代碼	顏色
b	藍色
g	綠色
r	紅色
c	青色
m	品紅
y	黃色
k	黑色
w	白色

上面的顏色參數值是顏色縮寫代碼，color 參數值除了用顏色縮寫代碼表示，還可以用標準顏色名稱、十六進位顏色值、RGB 元組等方式表示，比如黑色用不同方式表示如右表所示。

表示方式	具體值
顏色縮寫代碼	k
標準顏色名稱	black
十六進位顏色值	#000000
RGB 元組	0,0,0

這些顏色參數值在其他圖表中是通用的。

linestyle 表示線的風格，主要參數值如右表所示。

代碼	線形
solid	實線（-）
dashed	短線（--）
dashdot	線點相接（-.）
dotted	虛點線（…）

linewidth 表示線的寬度，傳入一個表示寬度的浮點數即可。

marker 表示折線圖中每點的標記物的形狀，主要參數值如下表所示。

代碼	說明	代碼	說明
.	點標記	*	五角星標記
'o	圓圈標記	h	六邊形標記
v	下三角形標記	+	+ 號標記
^	上三角形標記	x	x 標記
<	左三角形標記	D	大菱形標記
>	右三角形標記	d	小菱形標記
s	正方形標記	_	橫線標記
p	五邊形標記		

marker 相關的參數及說明如下表所示。

參數	說明
markeredgecolor	表示標記外邊顏色
markeredgewidth	表示標記外邊線寬
markerfacecolor	表示標記實心顏色
markersize	表示標記大小
label	表示該圖的圖例名稱

注：以上代碼中的參數除 x、y 為必選項，其他參數均為可選項。

實例

繪製 ××× 公司 1—9 月註冊使用者量的圖表，程式如下：

```
#建立一個座標系 >>>plt.subplot(1,1,1)

#指明 x 和 y 值
>>>x = np.array([1, 2, 3, 4, 5, 6, 7, 8, 9])
>>>y = np.array([ 866, 2335, 5710, 6482, 6120, 1605, 3813, 4428, 4631])
```

```
#繪圖
>>>plt.plot(x,y,color="k",linestyle="dashdot",
          linewidth=1,marker="o",markersize=5,label="註冊用戶數")

#設定標題
#標題名稱及標題的位置
>>>plt.title("XXX公司1—9月註冊用戶數",loc="center")

#添加資料標籤
>>>for a,b in zip(x,y):
       plt.text(a,b,b,ha='center', va= "bottom",fontsize=10)

>>>plt.grid(True)#設定格線

>>>plt.legend()#設定圖例，呼叫顯示出plot中的label值

#儲存圖表
>>>plt.savefig("C:/ACD019600/plot.jpg")
```

執行結果如下圖所示。

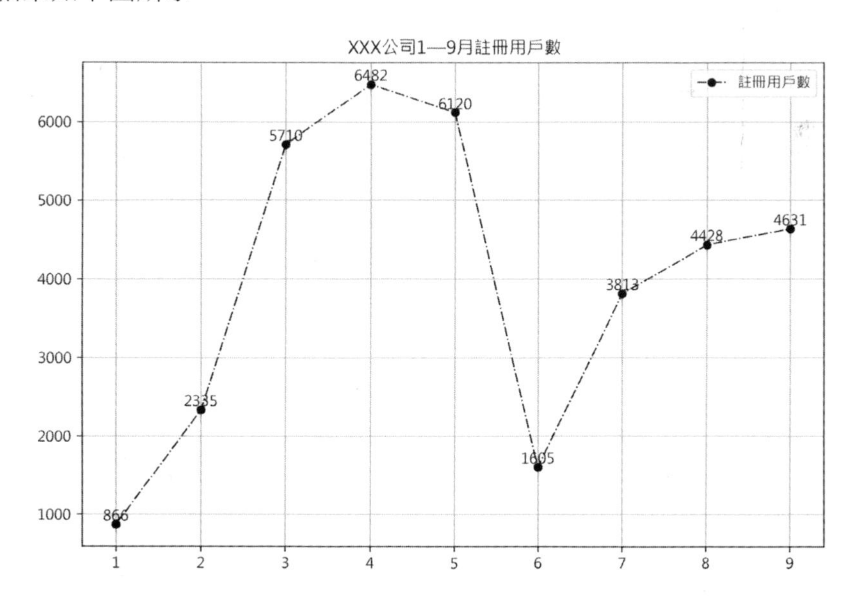

13.8.2 繪製直條圖

直條圖常用於比較不同類別之間的資料情況，使用的是 plt 函式庫中的 bar 方法。

參數詳解

bar 方法的實現如下所示。

```
plt.bar(x, height, width=0.8, bottom=None, align='center',color,
edgecolor)
```

bar 方法的參數及說明如下表所示。

參數	說明
x	表示在什麼位置顯示直條圖
height	表示每根柱子的高度
width	表示每根柱子的寬度，每根柱子的寬度可以都一樣，也可以各不相同
bottom	表示每根柱子的底部位置，每根柱子的底部位置可以都一樣，也可以各不相同
align	表示柱子的位置與 x 值的關係，有 center、edge 兩個參數可選，center 表示柱子位於 x 值的中心位置，edge 表示柱子位於 x 值的邊緣位置
color	柱子顏色
edgecolor	表示柱子邊緣的顏色

普通直條圖實例

繪製一張全國各分區任務量的普通直條圖，程式如下：

```
#建立一個座標系 >>>plt.subplot(1,1,1)

#指明 x 和 y 值
>>>x = np.array([" 東區 "," 北區 "," 南區 "," 西區 "])
>>>y = np.array([ 8566, 6482, 5335, 7310])

#繪圖
```

```
>>>plt.bar(x,y,width=0.5,align="center",label=" 任務量 ")

# 設定標題
>>>plt.title(" 全國各分區任務量 ",loc="center")

# 添加資料標籤
>>>for a,b in zip(x,y):
       plt.text(a,b,b,ha='center', va= "bottom",fontsize=12)

# 設定 x 軸和 y 軸的名稱
>>>plt.xlabel(' 分區 ')
>>>plt.ylabel(' 任務量 ')

>>>plt.legend()# 顯示圖例

# 儲存圖表
>>>plt.savefig("C:/ACD019600/bar.jpg")
```

保存的圖表如下圖所示。

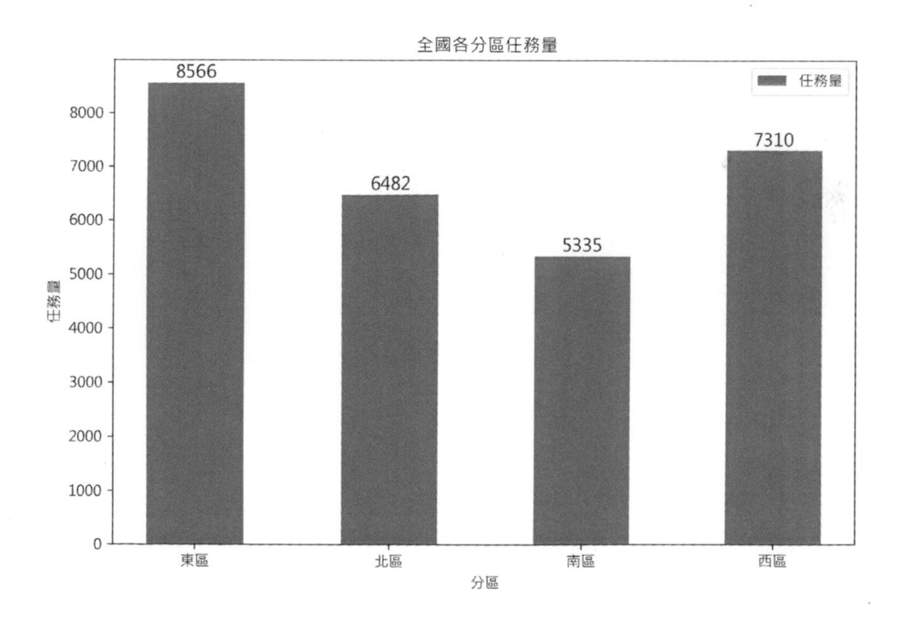

簇狀直條圖實例

簇狀直條圖常用來表示不同類別隨著同一變數的變化情況，使用的同樣是 plt 函式庫中的 bar 方法，只不過需要調整柱子的顯示位置。

繪製全國各分區任務量和完成量的簇狀直條圖，程式如下：

```
#建立一個座標系
>>>plt.subplot(1,1,1)

#指明 x 和 y 值
>>>x = np.array([1,2,3,4])
>>>y1 = np.array([8566,5335,7310,6482])
>>>y2 = np.array([4283,2667,3655,3241])

#繪圖
>>>plt.bar(x,y1,width=0.3,label=" 任務量 ") # 直條圖的寬度為 0.3
>>>plt.bar(x+0.3,y2,width=0.3,label=" 完成量 ") # x+0.3 相當於把完成量的每個
柱子右移 0.3

#設定標題
>>>plt.title(" 全國各分區任務量和完成量 ",loc="center")# 標題名及標題的位置

#添加資料標籤
>>>for a,b in zip(x,y1):
       plt.text(a,b,b,ha='center', va= "bottom",fontsize=12)

>>>for a,b in zip(x+0.3,y2):
       plt.text(a,b,b,ha='center', va= "bottom",fontsize=12)

#設定 x 軸和 y 軸的名稱
>>>plt.xlabel(' 區域 ')
>>>plt.ylabel(' 任務情況 ')

#設定 x 軸刻度值
>>>plt.xticks(x+0.15,[" 東區 "," 南區 "," 西區 "," 北區 "])

>>>plt.grid(False)# 設定格線

>>>plt.legend()# 圖例設定

#儲存圖表
>>>plt.savefig("C:/ACD019600/bar.jpg")
```

保存的圖表如下圖所示。

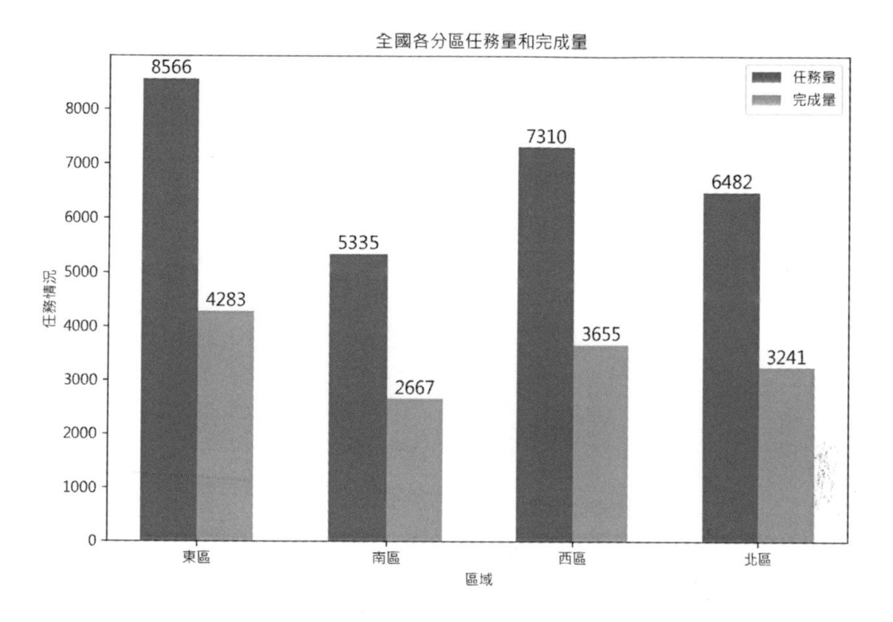

堆積直條圖實例

堆積直條圖常用來比較同類別各變數和不同類別變數的總和差異，使用的同樣是 plt 函式庫中的 bar 方法，只要在相同的 x 位置繪製不同的 y，y 就會自動疊加。

繪製全國各分區任務量和完成量的堆積直條圖，程式如下。

```
#建立一個座標系
>>>plt.subplot(1,1,1)

#指明 x 和 y 值
>>>x = np.array([" 東區 "," 北區 "," 南區 "," 西區 "])
>>>y1 = np.array([8566,6482,5335,7310])
>>>y2 = np.array([4283,3241,2667,3655])

#繪圖
#直條圖的寬度為 0.3
>>>plt.bar(x,y1,width=0.3,label=" 任務量 ")
>>>plt.bar(x,y2,width=0.3,label=" 完成量 ")

#設定標題
```

```
>>>plt.title(" 全國各分區任務量和完成量 ",loc="center")# 標題名及標題的位置

# 添加資料標籤
>>>for a,b in zip(x,y1):
       plt.text(a,b,b,ha='center', va= "bottom",fontsize=12)

>>>for a,b in zip(x,y2):
       plt.text(a,b,b,ha='center', va= "top",fontsize=12)

# 設定 x 軸和 y 軸的名稱
>>>plt.xlabel(' 區域 ')
>>>plt.ylabel(' 任務情況 ')

>>>plt.grid(False)# 設定格線

# 圖例設定
>>>plt.legend(loc = "upper center",ncol = 2)

# 儲存圖表
>>>plt.savefig("C:/ACD019600/bar.jpg")
```

保存的圖表如下圖所示。

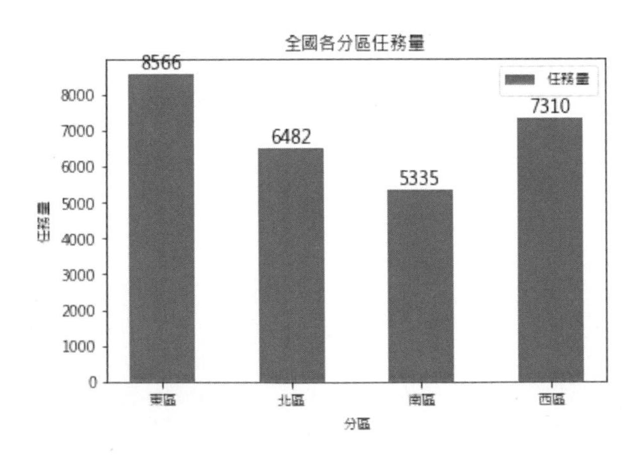

13.8.3 繪製橫條圖

橫條圖與直條圖類似，只不過是將直條圖的 *x* 軸和 *y* 軸進行調換，縱向直條圖變成了橫向直條圖，使用的是 plt 函式庫中的 barh 方法。

參數詳解

barh 方法如下所示。

```
plt.barh(y,width,height,align,color,edgecolor)
```

barh 方法的參數及說明如下表所示。

參數	說明
y	表示在什麼位置顯示柱子，即縱座標
width	表示柱子在橫向的寬度，即橫座標
height	表示柱子在縱向的高度，即柱子的實際寬度
align	表示柱子的對齊方式
color	表示柱子的顏色
edgecolor	表示柱子邊緣的顏色

實例

繪製全國各分區任務量的橫條圖，程式如下。

```
#建立一個座標系
>>>plt.subplot(1,1,1)

#指明 x 和 y 值
>>>x = np.array([" 東區 "," 北區 "," 南區 "," 西區 "])
>>>y = np.array([ 8566, 6482, 5335, 7310])

#繪圖
#width 指明橫條圖的寬度，align 指明橫條圖的位置，還可以選 edge，預設是 center
>>>plt.barh(x,height=0.5,width=y,align="center")

#設定標題
>>>plt.title(" 全國各分區任務量 ",loc="center")

#添加資料標籤
>>>for a,b in zip(x,y):
       plt.text(b,a,b,ha='center', va= "center",fontsize=12)
```

```
# 設定 x 軸和 y 軸的名稱
>>>plt.ylabel(' 區域 ')
>>>plt.xlabel(' 任務量 ')

>>>plt.grid(False)# 設定格線

# 儲存圖表
>>>plt.savefig("C:/ACD019600/barh.jpg")
```

保存的圖表如下所示。

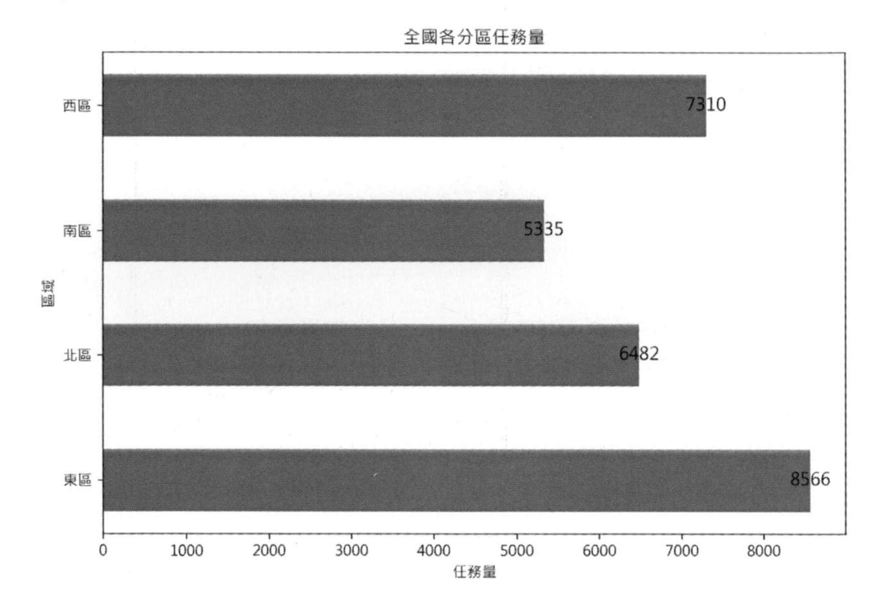

13.8.4 繪製散點圖

散點圖常用來發現各變數之間的相關關係，使用的是 plt 函式庫中的 scatter 方法。

參數詳解

scatter 方法如下所示。

```
>>>plt.scatter(x,y,s,c,marker,linewidths,edgecolors)
```

scatter 方法的參數及說明如下表所示。

參數	說明
(x,y)	表示散點的位置
s	表示每個點的面積，即散點的大小。如果只有一個具體值時，則所有點的大小都一樣。也可以呈現多個值，讓每個點的大小都不一樣，這個時候就成了氣泡圖
c	表示每個點的顏色，如果只有一種顏色時，則所有點的顏色都相同，也可以呈現多個顏色值，讓不同點的顏色不同
marker	表示每個點的標記，和折線圖中的 marker 一致
linewidths	表示每個散點的線寬
edgecolors	表示每個散點外輪廓的顏色

實例

繪製 1—8 月平均氣溫與啤酒銷量關係的散點圖，程式如下：

```
#建立一個座標系
>>>plt.subplot(1,1,1)

#指明 x 和 y 值
>>>x = [5.5,6.6,8.1,15.8,19.5,22.4,28.3,28.9]
>>>y = [2.38,3.85,4.41,5.67,5.44,6.03,8.15,6.87]

#繪圖
>>>plt.scatter(x,y,marker="o",s=100)

#設定標題
>>>plt.title("1—8 月平均氣溫與啤酒銷量關係圖 ",loc="center")

#設定 x 軸和 y 軸名稱
>>>plt.xlabel(' 平均氣溫 ')
>>>plt.ylabel(' 啤酒銷量 ')

>>>plt.grid(False)#設定格線

#儲存圖表
>>>plt.savefig("C:/ACD019600/scatter.jpg")
```

保存的圖表如下圖所示。

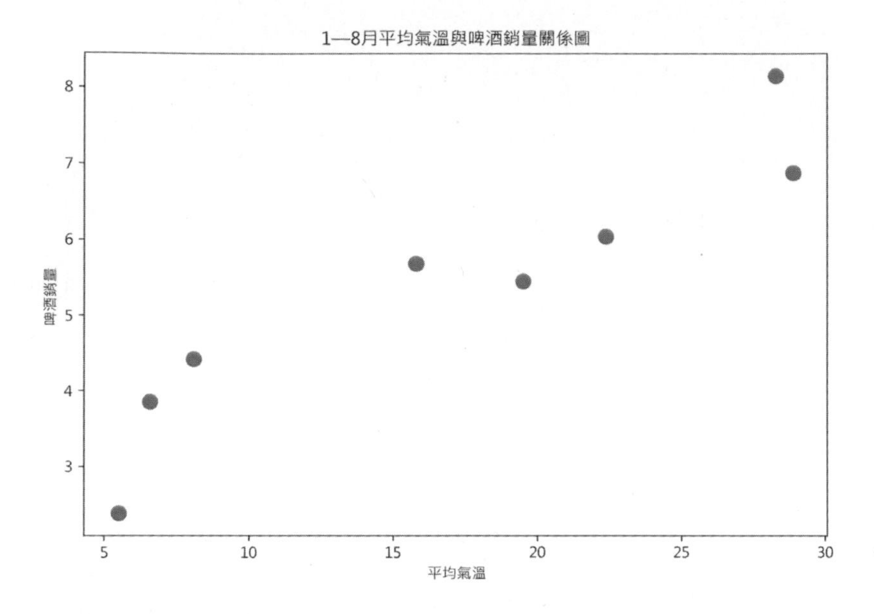

13.8.5 繪製氣泡圖

氣泡圖與散點圖類似，散點圖中各點的大小一致，氣泡圖中各點的大小不一致，使用的方法同樣是 plt 函式庫中的 scatter 方法，只需要讓不同點的大小不一樣即可。

參數詳解

氣泡圖中的參數與散點圖中的參數完全一致，故此處不再贅述。

實例

繪 1—8 月平均氣溫與啤酒銷量關係的氣泡圖，程式如下：

```
#建立一個座標系
>>>plt.subplot(1,1,1)

#指明 x 和 y 值
>>>x = np.array([5.5,6.6,8.1,15.8,19.5,22.4,28.3,28.9])
>>>y = np.array([2.38,3.85,4.41,5.67,5.44,6.03,8.15,6.87])
```

```
#繪圖
>>>colors = y*10#根據y值的大小產生不同的顏色
>>>area = y*100#根據y值的大小產生大小不同的形狀

>>>plt.scatter(x,y,c = colors,marker = "o",s = area)

#設定標題
>>>plt.title("1—8月平均氣溫與啤酒銷量關係圖",loc="center")

#添加資料標籤
>>>for a,b in zip(x,y):
       plt.text(a,b,b,ha='center', va= "center",fontsize=10,color =
"white")

#設定x軸和y軸的名稱
>>>plt.xlabel('平均氣溫')
>>>plt.ylabel('啤酒銷量')

>>>plt.grid(False)#設定格線

#儲存圖表
>>>plt.savefig("C:/ACD019600/scatter.jpg")
```

保存的圖表如下圖所示。

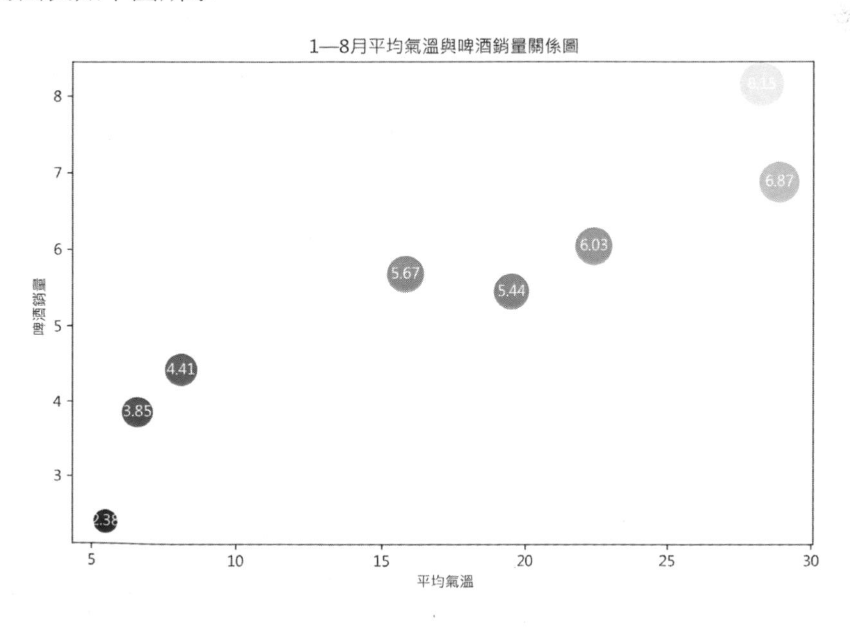

13.8.6 繪製面積圖

面積圖是與折線圖類似的一種圖形，使用的是 plt 函式庫中的 stackplot 方法。

參數詳解

stackplot 方法如下所示。

```
plt.stackplot(x,y,labels,colors)
```

stackplot 方法的參數及說明如下表所示。

參數	說明
(x,y)	x/y 座標數值
labels	不同系列圖表的圖例名
colors	不同系列圖表的顏色

實例

繪製 ××× 公司 1—9 月註冊與啟動人數的面積圖，程式如下：

```
#建立一個座標系
>>>plt.subplot(1,1,1)

#指明 x 和 y 的值
>>>x = np.array([1, 2, 3, 4, 5, 6, 7, 8, 9])
>>>y1 = np.array([ 866, 2335, 5710, 6482, 6120, 1605, 3813, 4428, 4631])
>>>y2 =np.array([ 433, 1167, 2855, 3241, 3060,  802, 1906, 2214, 2315])

#繪圖
>>>labels = [" 註冊人數 ", " 啟動人數 "] #指明系列標籤
>>>plt.stackplot(x,y1,y2,labels=labels)


#設定標題
>>>plt.title("XXX 公司 1—9 月註冊與啟動人數 ",loc="center")

#設定 x 軸和 y 軸名稱
>>>plt.xlabel(' 月份 ')
```

```
>>>plt.ylabel('註冊與啟動人數')

>>>plt.grid(False)#設定格線

>>>plt.legend()

#儲存圖表
>>>plt.savefig("C:/ACD019600/stackplot.jpg")
```

保存的圖表如下圖所示。

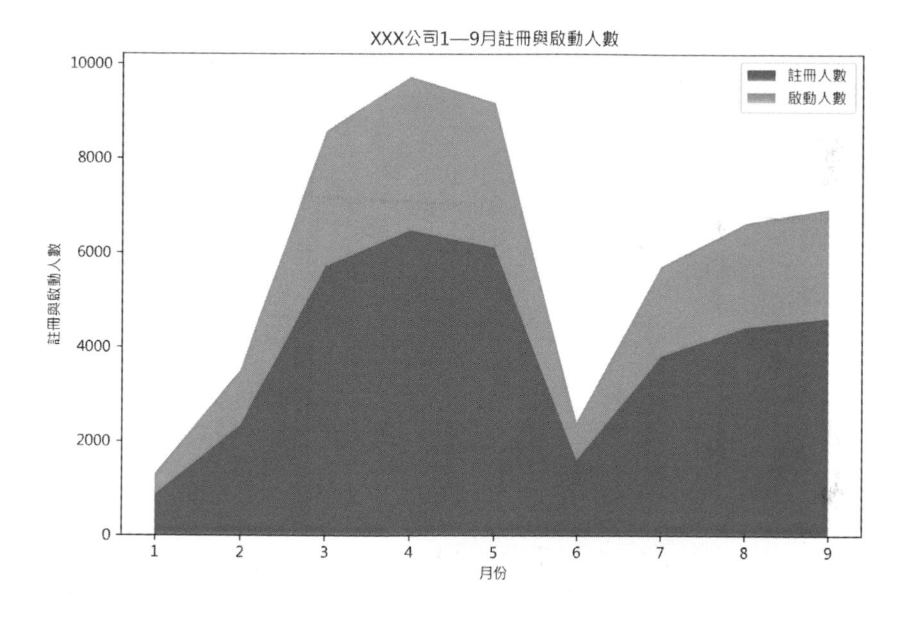

13.8.7 繪製樹地圖

樹地圖（Tree Map）常用來表示同一等級中不同類別的占比關係，使用的是 squarify 函式庫。在使用這個函式庫前必須先安裝，安裝方法是 pip install squarify。

參數詳解

plot 方法如下所示。

```
squarify.plot(sizes,label,color,value,edgecolor,linewidth)
```

plot 方法的參數及說明如下表所示。

參數	說明
sizes	待繪圖數據
label	不同類別的圖例標籤
color	不同類別的顏色
value	不同類別的資料標籤
edgecolor	不同類別之間邊框的顏色
linewidth	邊框線寬

實例

繪製菊粉星座分佈的樹地圖，程式如下：

```
>>>import squarify
# 指定每一塊的大小
>>>size = np.array([3.4,0.693,0.585,0.570,0.562,0.531,
                    0.530,0.524,0.501,0.478,0.468,0.436])

# 指定每一塊的文字標籤
>>>xingzuo = np.array([" 未知 "," 摩羯座 "," 天秤座 "," 雙魚座 "," 天蠍座 ",
" 金牛座 "," 處女座 "," 雙子座 "," 射手座 "," 獅子座 "," 水瓶座 "," 白羊座 "])

# 指定每一塊的數值標籤
>>>rate = np.array(["34%","6.93%","5.85%","5.70%","5.62%","5.31%",
                    "5.30%","5.24%","5.01%","4.78%","4.68%","4.36%"])

# 指定每一塊的顏色
>>>colors = ['steelblue','#9999ff','red','indianred',
             'green','yellow','orange']

# 繪圖
>>>plot = squarify.plot(sizes = size,
                        label = xingzuo,
                        color = colors,
                        value = rate,
                        edgecolor = 'white',
                        linewidth =3
```

```
                    )

# 設定標題大小
>>>plt.title(' 菊粉星座分佈 ',fontdict = {'fontsize':12})

# 去除座標軸
>>>plt.axis('off')

# 去除上邊框和右邊框的刻度
>>>plt.tick_params(top = 'off', right = 'off')

#指定圖表儲存路徑
>>>plt.savefig("C:/ACD019600/squarify.jpg")
```

樹地圖的顯示效果如下所示。

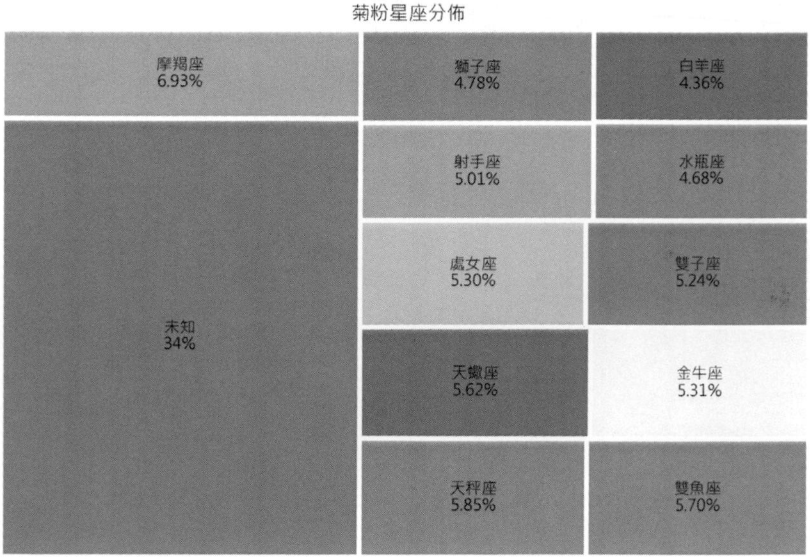

13.8.8 繪製雷達圖

雷達圖常用來綜合評價某一事物，它可以直觀地看出該事物的優勢與不足。雷達圖使用的是 plt 函式庫中的 polar 方法，polar 是用來建立極座標系的。其實雷達圖就是先將各點展示在極座標系中，然後用線將各點連接起來。

參數詳解

polar 方法如下所示。

```
plt.polar(theta,r,color,marker,linewidth)
```

polar 方法的參數及說明如下表所示。

參數	說明
theta	每一點在極座標系中的角度
r	每一點在極座標系中的半徑
color	連接各點之間線的顏色
marker	每點的標記物
linewidth	連接線的寬度

實例

繪製某資料分析師的綜合評級的雷達圖，程式如下：

```
#建立座標系
>>>plt.subplot(111,polar = True) #參數 polar 等於 True 表示建立一個極座標系

>>>dataLenth = 5 #把整個圓均分成 5 份
# np.linspace 表示在指定的間隔內傳回均勻間隔的數字
>>>angles = np.linspace(0,2*np.pi,dataLenth,endpoint=False)
>>>labels = ['溝通能力','業務理解能力','邏輯思維能力',
            '快速學習能力','工具使用能力']
>>>data = [2,3.5,4,4.5,5]

>>>data = np.concatenate((data, [data[0]])) # 閉合
>>>angles = np.concatenate((angles, [angles[0]])) # 閉合

#繪圖
>>>plt.polar(angles,data,color = "r",marker = "o")

#設定 x 軸刻度
>>>plt.xticks(angles,labels)
```

```
#設定標題
>>>plt.title(label = "某資料分析師的綜合評級")

#儲存圖表
>>>plt.savefig("C:/ACD019600/polarplot.jpg")
```

雷達圖的顯示效果如下所示。

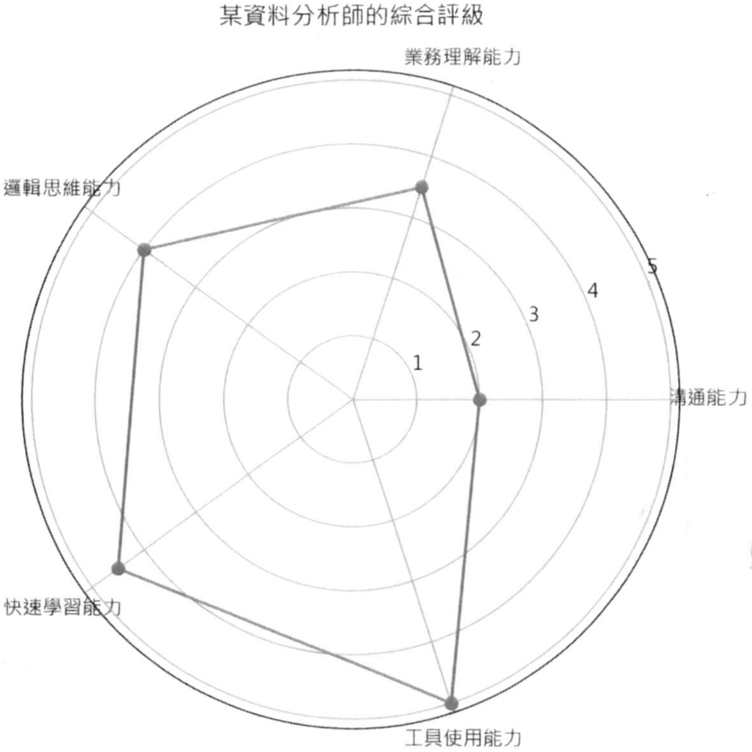

13.8.9 繪製箱形圖

箱形圖用來反映一組資料的離散情況，它使用的是 plt 函式庫中的 boxplot 方法。

參數詳解

boxplot 方法如下所示。

```
plt.boxplot(x,vert,widths,labels)
```

boxplot 方法的參數及說明如下表所示。

參數	說明
x	待繪圖來源資料
vert	箱形圖方向，如果為 True 則表示縱向；如果為 False 則表示橫向；預設為 True
widths	箱形圖的寬度
labels	箱形圖的標籤

實例

繪製 ××× 公司 1—9 月註冊與啟動人數的箱形圖，程式如下：

```
#建立一個座標系
>>>plt.subplot(1,1,1)

#指明 x 值
>>>y1 = np.array([ 866, 2335, 5710, 6482, 6120, 1605, 3813, 4428, 4631])
>>>y2 = np.array([ 433, 1167, 2855, 3241, 3060, 802, 1906, 2214, 2315])
>>>x = [y1,y2]

#繪圖
>>>labels=["註冊人數","啟動人數"]
>>>plt.boxplot(x,labels=labels,vert=True,widths = [0.2,0.5])

#設定標題
>>>plt.title("XXX 公司 1—9 月註冊與啟動人數",loc="center")

>>>plt.grid(False)#設定格線

#儲存圖表
>>>plt.savefig("C:/ACD019600/boxplot.jpg")
```

箱形圖的顯示效果如下圖所示。

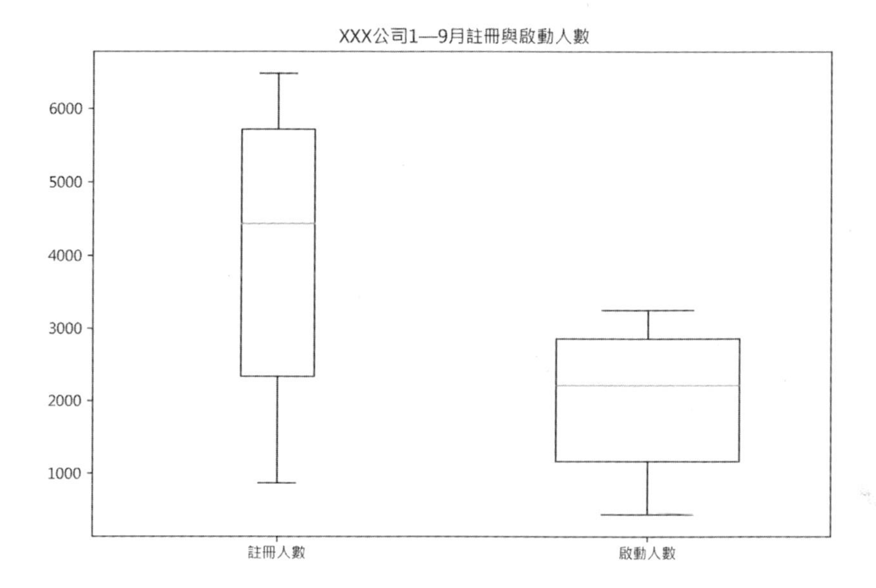

注：上列程式中的 x 和 labels 也可以只有一個。

13.8.10　繪製圓形圖

圓形圖也常用來表示同一等級中不同類別的占比情況，使用的方法是 plt 函式庫中的 pie 方法。

參數詳解

pie 方法如下所示。

```
plt.pie(x,explode,labels,colors,autopct,pctdistance,shadow,
        labeldistance,startangle,radius,counterclock,wedgeprops,
        textprops,center,frame)
```

pie 方法的參數及說明如下表所示。

參數	說明
x	待繪圖數據
explode	圓形圖中每一塊離圓心的距離
labels	圓形圖中每一塊的標籤
colors	圓形圖中每一塊的顏色
autopct	控制圓形圖內數值的百分比格式
pctdistance	資料標籤距中心的距離
shadow	圓形圖是否有陰影
labeldistance	每一塊索引距離中心的距離
startangle	圓形圖的初始角度
radius	圓形圖的半徑
counterclock	是否讓圓形圖逆時針顯示
wedgeprops	圓形圖內外邊界屬性
textprops	圓形圖中文本相關屬性
center	圓形圖中心位置
frame	是否顯示圓形圖背後的圖框

實例

繪製全國各區域任務量占比的圓形圖，程式如下：

```
#建立一個座標系
>>>plt.subplot(1,1,1)

#指明 x 值
>>>x = np.array([ 8566, 5335, 7310, 6482])

>>>labels=[" 東區 "," 北區 "," 南區 "," 西區 "]
>>>explode=[0.05,0,0,0]#讓第一塊離圓心遠一點
>>>labeldistance=1.1
```

```
>>>plt.pie(x,labels=labels,autopct='%.0f%%',shadow=True,
          explode=explode,radius=1.0,labeldistance=labeldistance)

# 設定標題
>>>plt.title(" 全國各區域任務量占比 ",loc="center")

# 指定圖表儲存路徑
>>>plt.savefig("C:/ACD019600/pie.jpg")
```

圓形圖的顯示效果如下圖所示。

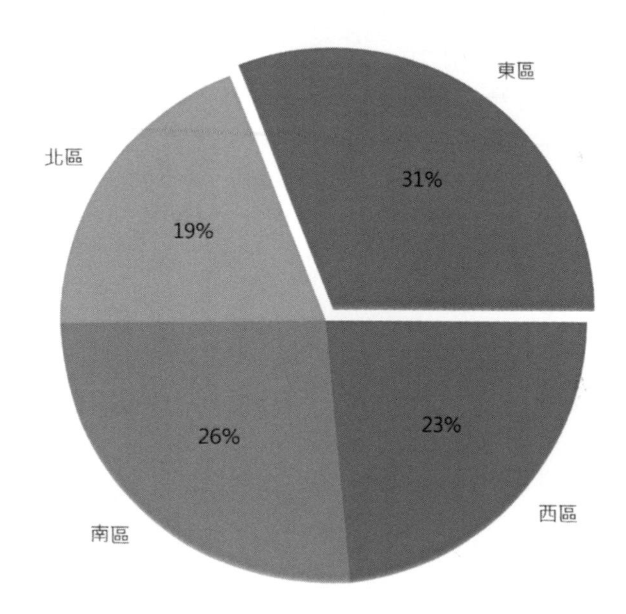

13.8.11 繪製圓環圖

圓環圖是與圓形圖類似的一種圖表，常用來表示同一層級不同類別之間的占比關係，使用的也是 plt 函式庫中的 pie 方法。

參數詳解

圓環圖的參數與圓形圖的參數完全一致。

實例

在圓形圖的基礎上調整 wedgeprops 參數即可實現圓環圖。

```
# 建立座標系
>>>plt.subplot(1,1,1)

# 指明 x 值
>>>x1 = np.array([ 8566, 5335, 7310, 6482])
>>>x2 = np.array([4283,2667,3655,3241])

# 繪圖
>>>labels = [" 東區 "," 北區 "," 南區 "," 西區 "]
>>>plt.pie(x1,labels=labels,radius=1.0,
wedgeprops=dict(width=0.3, edgecolor='w'))
>>>plt.pie(x2,radius=0.7,wedgeprops=dict(width=0.3, edgecolor='w'))

# 添加註解
>>>plt.annotate(" 完成量 ",
xy = (0.35,0.35),xytext = (0.7,0.45),
arrowprops=dict(facecolor='black',arrowstyle = '->'))
>>>plt.annotate(" 任務量 ",
xy = (0.75,0.20),xytext = (1.1,0.2),
arrowprops=dict(facecolor='black',arrowstyle = '->'))

# 設定標題
# 標題名及標題的位置
>>>plt.title(" 全國各區域任務量與完成量占比 ",loc="center")

# 儲存圖表
>>>plt.savefig("C:/ACD019600/pie.jpg")
```

圓環圖的顯示效果如下圖所示。

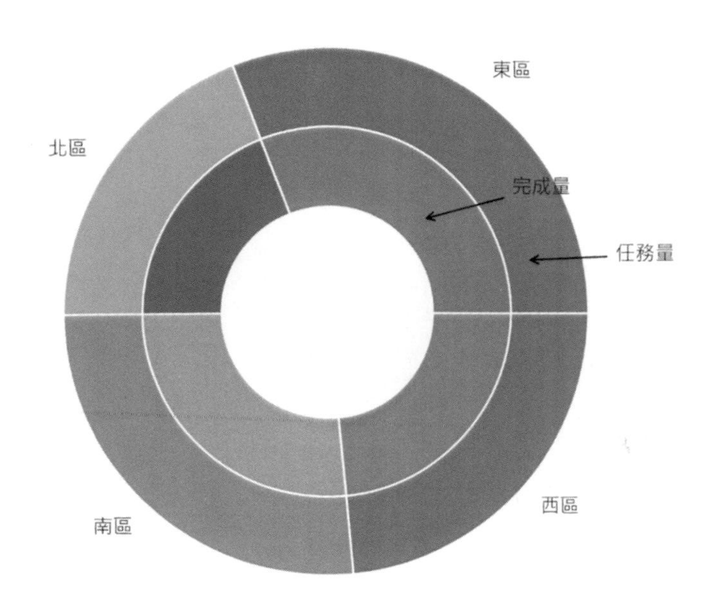

13.8.12 繪製熱力圖

熱力圖是將某一事物的回應度反映在圖表上，可以快速發現需重點關注的區域，使用的是 plt 函式庫中的 imshow 方法。

參數詳解

imshow 方法如下所示。

```
plt.imshow(x,cmap)
```

imshow 方法的參數及說明如下表所示。

參數	說明
x	表示待繪圖的資料，需要是矩陣形式
cmap	配色方案，用來表明圖表漸變的主題色

cmap 的所有可選值都封裝在 plt.cm 裡，在 Jupyter Notebook 中輸入 plt.cm. 後按 Tab 鍵就可以看到，如下圖所示。

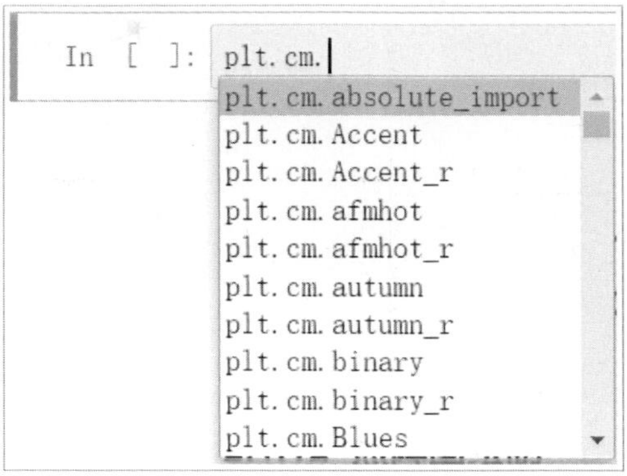

```
In [ ]: plt.cm.
        plt.cm.absolute_import
        plt.cm.Accent
        plt.cm.Accent_r
        plt.cm.afmhot
        plt.cm.afmhot_r
        plt.cm.autumn
        plt.cm.autumn_r
        plt.cm.binary
        plt.cm.binary_r
        plt.cm.Blues
```

實例

熱力圖的程式如下所示。

```
>>>import itertools
# 幾個相關指標之間的相關性
>>>cm = np.array([[1,0.082,0.031,-0.0086],
                  [0.082,1,-0.063,0.062],
                  [0.031,-0.09,1,0.026],
                  [-0.0086,0.062,0.026,1]])

>>>cmap=plt.cm.cool # 設定配色方案
>>>plt.imshow(cm,cmap = cmap)
>>>plt.colorbar() # 顯示右邊的顏色條

# 設定 x 軸和 y 軸的刻度標籤
>>>classes=[" 負債率 "," 信貸數量 "," 年齡 "," 眷屬數量 "]
>>>tick_marks = np.arange(len(classes))
>>>plt.xticks(tick_marks,classes)
>>>plt.yticks(tick_marks,classes)


# 將數值顯示在指定位置
>>>for i, j in itertools.product(range(cm.shape[0]), range(cm.
shape[1])):
       plt.text(j, i,cm[i, j],horizontalalignment="center")
```

```
>>>plt.grid(False)# 設定格線

# 儲存圖表
>>>plt.savefig("C:/ACD019600/imshow.jpg")
```

熱力圖的顯示效果如下圖所示。

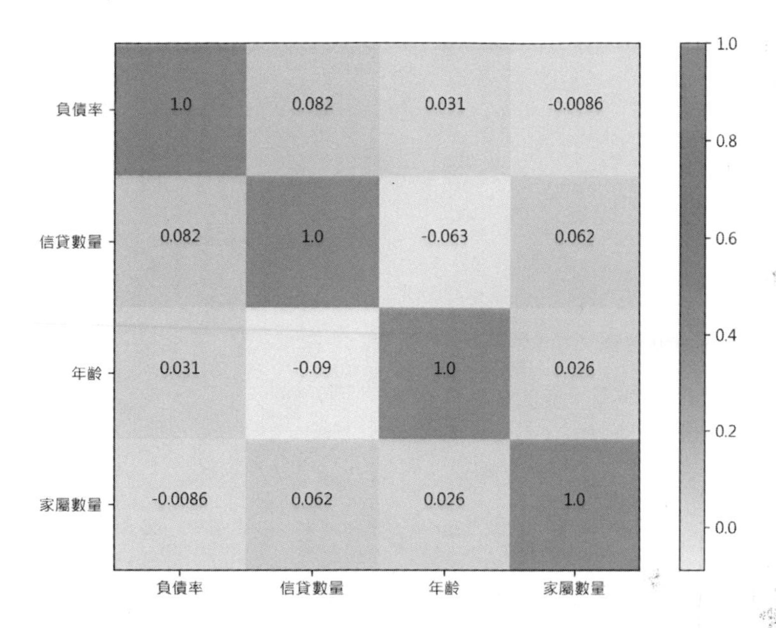

13.8.13 繪製水平線和垂直線

水平線和垂直線主要用來做對比參考，它們使用的是 plt 函式庫中的 axhline 和 axvline 方法。

參數詳解

axhline 和 axvline 方法如下所示。

```
plt.axhline(y,xmin,xmax)
plt.axvline(x,ymin,ymax)
```

二者的參數及說明如下表所示。

參數	說明
y/x	畫水平 / 垂直線時的橫 / 縱座標
xmin/xmax	水平線的起點和終點
ymin/ymax	垂直線的起點和終點

實例

繪製水平線和垂線的例子如下所示。

```
#建立座標系
>>>plt.subplot(1,2,1)

#繪製一條 y 等於 2 且起點是 0.2，終點是 0.6 的水平線
>>>plt.axhline(y = 2,xmin = 0.2,xmax = 0.6)

>>>plt.subplot(1,2,2)

#繪製一條 x 等於 2 且起點是 0.2，終點是 0.6 的垂直線
>>>plt.axvline(x = 2,ymin = 0.2,ymax = 0.6)
```

程式執行結果如下所示。

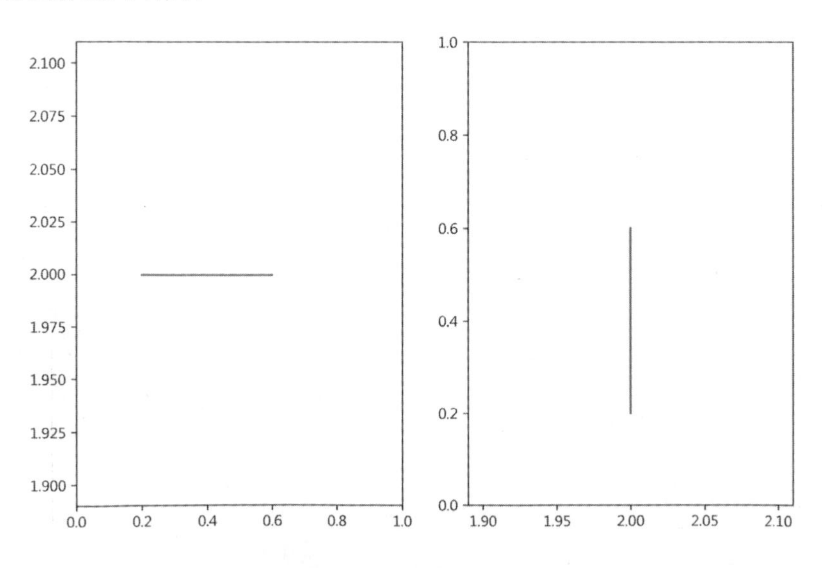

13.9 繪製組合圖表

組合圖表就是在同一座標系中繪製多張圖表，常見的有折線圖 + 折線圖、折線圖 + 直條圖、直條圖 + 直條圖等幾種形式。直條圖 + 直條圖其實就是簇狀直條圖，因此此處不再贅述。

13.9.1 折線圖 + 折線圖

折線圖 + 折線圖就是將兩條及兩條以上的折線畫在同一座標系中，具體繪製方法就是在建立座標系以後，直接執行多行繪製折線圖程式即可，程式如下：

```
#建立一個座標軸
>>>plt.subplot(1,1,1)

#指明 x 和 y 的值
>>>x = np.array([1, 2, 3, 4, 5, 6, 7, 8, 9])
>>>y1 = np.array([ 866, 2335, 5710, 6482, 6120, 1605, 3813, 4428, 4631])
>>>y2 = np.array([ 433, 1167, 2855, 3241, 3060,  802, 1906, 2214, 2315])

#直接繪製兩條折線
>>>plt.plot(x,y1,color="k",linestyle="solid",linewidth=1,
marker="o",markersize=3,label=" 註冊人數 ")
>>>plt.plot(x,y2,color="k",linestyle="dashdot",linewidth=1,
marker="o",markersize=3,label=" 啟動人數 ")

#設定標題
#標題名及標題的位置
>>>plt.title("XXX 公司 1—9 月註冊與啟動人數 ",loc="center")

#添加資料標籤
>>>for a,b in zip(x,y1):
       plt.text(a,b,b,ha='center', va= "bottom",fontsize=11)

>>>for a,b in zip(x,y2):
       plt.text(a,b,b,ha='center', va= "bottom",fontsize=11)

#設定 x 軸和 y 軸的名稱
>>>plt.xlabel(' 月份 ')
>>>plt.ylabel(' 註冊量 ')

#設定 x 軸和 y 軸的刻度
```

```
>>>plt.xticks(np.arange(1,10,1),["1 月份 ","2 月份 ","3 月份 ",
          "4 月份 ","5 月份 ","6 月份 ","7 月份 ","8 月份 ","9 月份 "])
>>>plt.yticks(np.arange(1000,7000,1000),
          ["1000 人 ","2000 人 ","3000 人 ","4000 人 ","5000 人 ","6000 人 "])

>>>plt.legend()# 設定圖例

# 儲存圖表
>>>plt.savefig(r"C:\ACD019600\plot2.jpg")
```

折線圖 + 折線圖的效果如下圖所示。

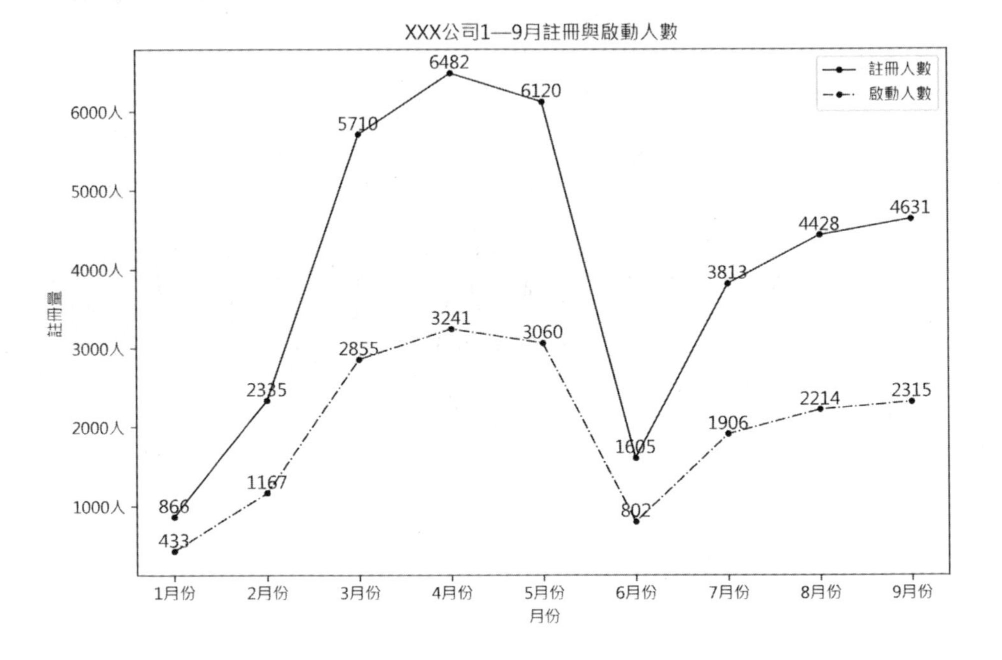

13.9.2 折線圖 + 直條圖

折線圖 + 直條圖與折線圖 + 折線圖的繪製原理一樣，建立好座標系以後，先執行繪製折線圖的程式，然後執行繪製直條圖的程式，這樣兩個圖表就顯示在一個座標系中了，程式如下：

```
#建立一個座標軸
>>>plt.subplot(1,1,1)

#指明 x 和 y 的值
>>>x = np.array([1, 2, 3, 4, 5, 6, 7, 8, 9])
>>>y1 = np.array([ 866, 2335, 5710, 6482, 6120, 1605, 3813, 4428, 4631])
>>>y2 = np.array([ 433, 1167, 2855, 3241, 3060,  802, 1906, 2214, 2315])

#直接繪製折線圖和直條圖
>>>plt.plot(x,y1,color="k",linestyle="solid",linewidth=1,
marker="o",markersize=3,label="註冊人數")
>>>plt.bar(x,y2,color="k",label="啟動人數")

#設定標題
#標題名及標題的位置
>>>plt.title("XXX 公司 1—9 月註冊與啟動人數",loc="center")

#添加資料標籤
>>>for a,b in zip(x,y1):
       plt.text(a,b,b,ha='center', va= "bottom",fontsize=11)

>>>for a,b in zip(x,y2):
       plt.text(a,b,b,ha='center', va= "bottom",fontsize=11)

#設定 x 軸和 y 軸的名稱
>>>plt.xlabel('月份')
>>>plt.ylabel('註冊量')

#設定 x 軸和 y 軸的刻度
>>>plt.xticks(np.arange(1,10,1),["1 月份","2 月份","3 月份",
           "4 月份","5 月份","6 月份","7 月份","8 月份","9 月份"])
>>>plt.yticks(np.arange(1000,7000,1000),
           ["1000 人","2000 人","3000 人","4000 人","5000 人","6000 人"])

>>>plt.legend()#設定圖例

#儲存圖表
>>>plt.savefig(r"C:\ACD019600\bar2.jpg")
```

折線圖 + 直條圖的效果如下圖所示。

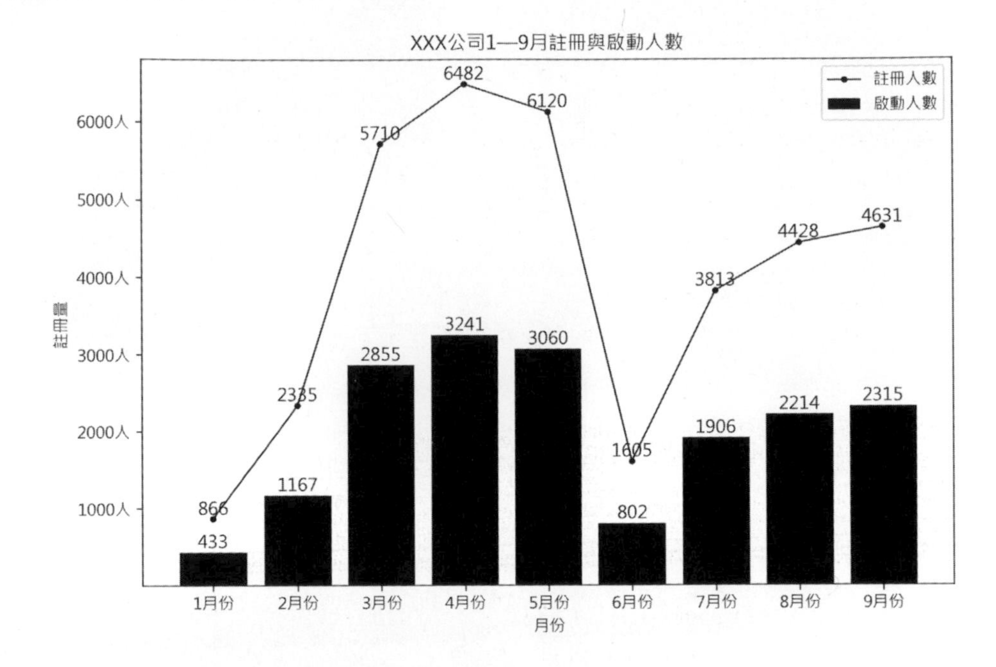

如果想將其他組合圖表繪製在同一座標系中也是同樣的道理。

13.10 繪製雙座標軸圖表

雙座標軸圖表就是既有主座標軸，又有次座標軸的圖表。當兩個不同量級的指標放在同一座標系中時，就需要開啟雙座標軸，比如任務量和完成率就是兩個不同量級的指標。

13.10.1 繪製雙 y 軸圖表

雙 *y* 軸圖表就是一個座標系中有兩條 *y* 軸，使用的是 plt 函式庫中的 twinx 方法，具體繪製流程為：先建立座標系，然後繪製主座標軸上的圖表，再呼叫 plt.twinx 方法，最後繪製次座標軸上的圖表，程式如下：

```
#建立一個座標軸
>>>plt.subplot(1,1,1)

#指明 x 和 y 的值
>>>x = np.array([1,2,3,4,5,6,7,8,9])
>>>y1 = np.array([ 866, 2335, 5710, 6482, 6120, 1605, 3813, 4428, 4631])
>>>y2 = np.array([0.54459448, 0.32392354, 0.39002751,
0.41121879, 0.32063077, 0.33152276,
0.92226226, 0.02950071, 0.15716906])

#繪製主座標軸上的圖表
>>>plt.plot(x,y1,color="k",linestyle="solid",linewidth=1,
marker="o",markersize=3,label="註冊人數")

#設定主 x 軸和 y 軸的名稱
>>>plt.xlabel('月份')
>>>plt.ylabel('註冊量')

#設定主座標軸圖表的圖例
>>>plt.legend(loc = "upper left")

#呼叫 twinx 方法
>>>plt.twinx()

#繪製次座標軸的圖表
>>>plt.plot(x,y2,color="k",linestyle="dashdot",linewidth=1,
marker="o",markersize=3,label="啟動率")

#設定次 x 軸和 y 軸的名稱
>>>plt.xlabel('月份')
>>>plt.ylabel('啟動率')

#設定次座標軸圖表的圖例
>>>plt.legend()

#設定標題
#標題名以及標題的位置
>>>plt.title("XXX 公司 1—9 月註冊量與啟動率",loc="center")

#儲存圖表
>>>plt.savefig(r"C:\ACD019600\twinx.jpg")
```

雙 *y* 軸圖表如下圖所示。

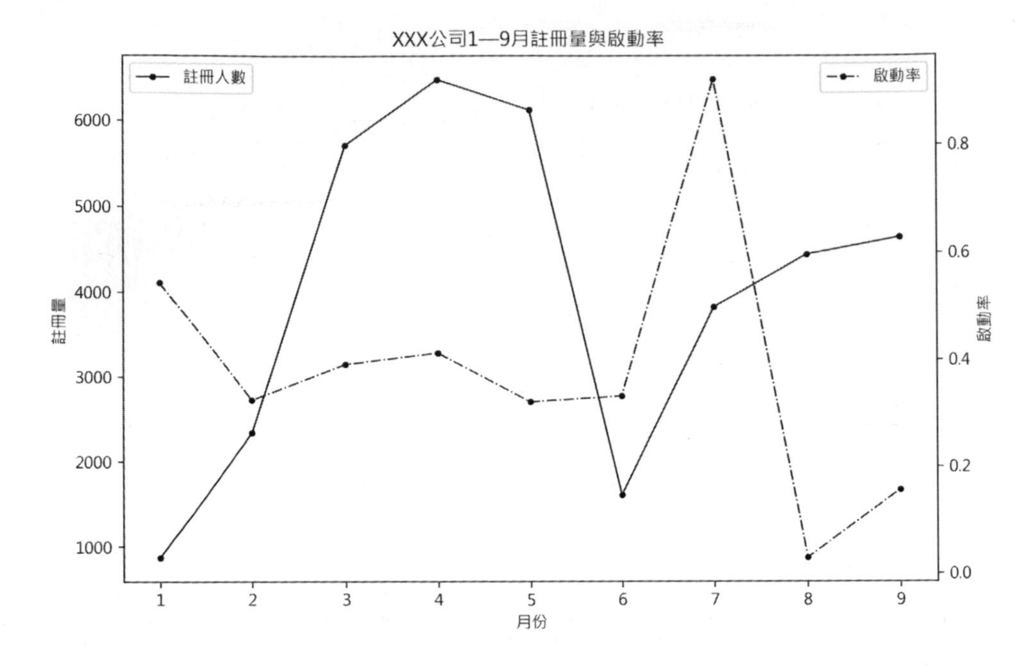

13.10.2 繪製雙 x 軸圖表

雙 *x* 軸圖表就是一個座標系中有兩條 *x* 軸，使用的是 plt 函式庫中的 twiny 方法，具體的繪製流程和雙 *y* 軸圖表的完全一樣，在實務上使用的機會較少，所以不詳細介紹了。

13.11 繪圖樣式設定

matplotlib 函式庫預設的樣式看起來都不是那麼好看，但是 matplotlib 可以呼叫其他樣式，讓你有更多的選擇。使用 plt.style.available 即可查看 matplotlib 函式庫支援的所有樣式，程式如下：

```
>>>plt.style.available
['bmh',
 'classic',
 'dark_background',
 'fast',
```

```
 'fivethirtyeight',
 'ggplot',
 'grayscale',
 'seaborn-bright',
 'seaborn-colorblind',
 'seaborn-dark-palette',
 'seaborn-dark',
 'seaborn-darkgrid',
 'seaborn-deep',
 'seaborn-muted',
 'seaborn-notebook',
 'seaborn-paper',
 'seaborn-pastel',
 'seaborn-poster',
 'seaborn-talk',
 'seaborn-ticks',
 'seaborn-white',
 'seaborn-whitegrid',
 'seaborn',
 'Solarize_Light2',
 '_classic_test']
```

如果要使用其中的某種樣式，只要在程式的開頭加上以下這行程式即可。

```
>>>plt.style.use( 樣式名 )
```

需要注意的一點是，一旦在一段程式開頭指明了使用哪種樣式，那麼該程式接下來的所有圖表都會使用這種樣式。

下面列舉了 matplotlib 支援的幾種樣式。

（1）預設樣式如下圖所示。

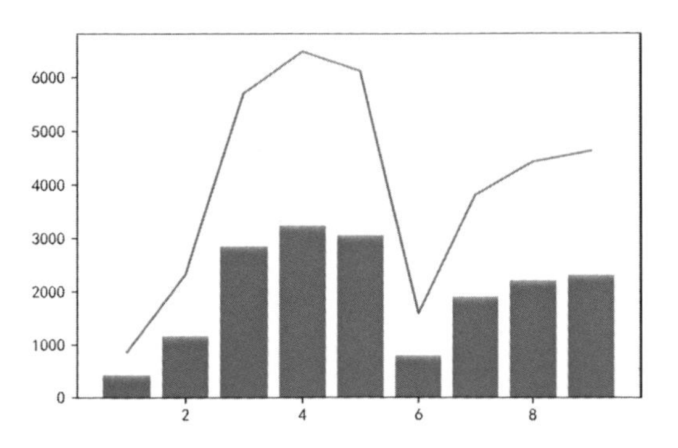

（2）bmh 樣式如下圖所示。

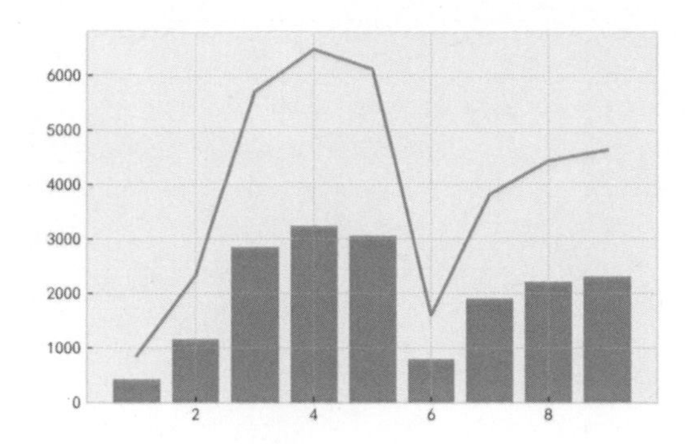

（3）classic 樣式如下圖所示。

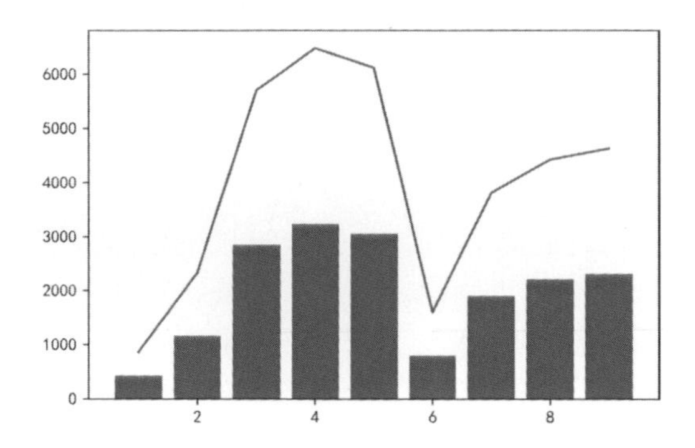

（4）dark_background 樣式如下圖所示。

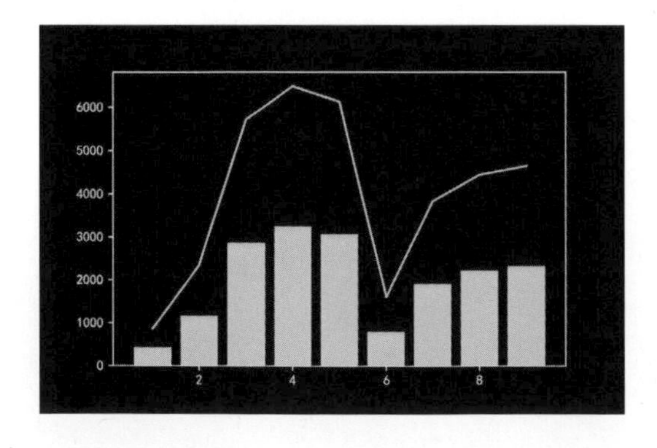

（5）fast 樣式如下圖所示。

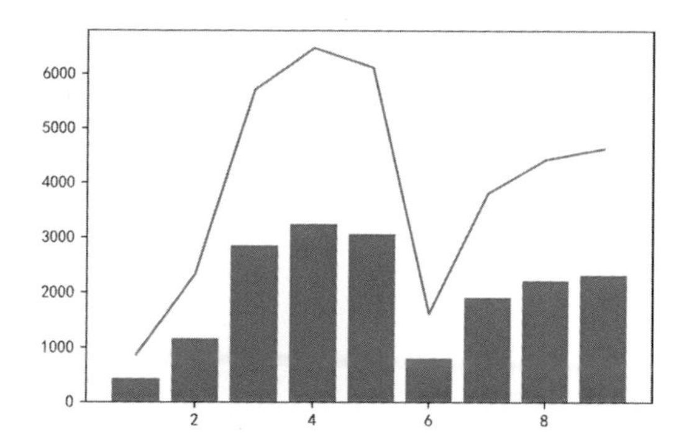

（6）fivethirtyeight 樣式如下圖所示。

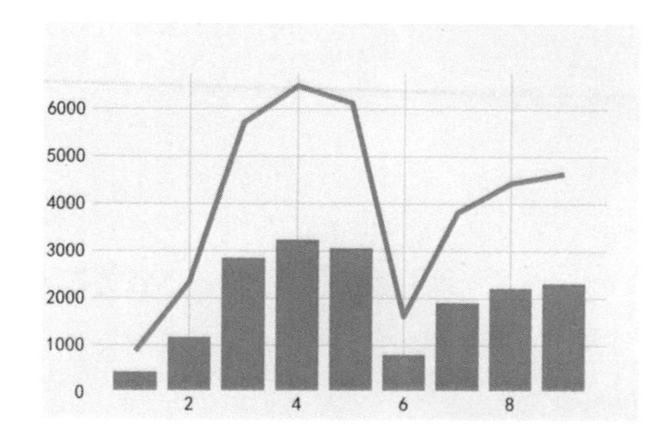

（7）ggplot 樣式如下圖所示。

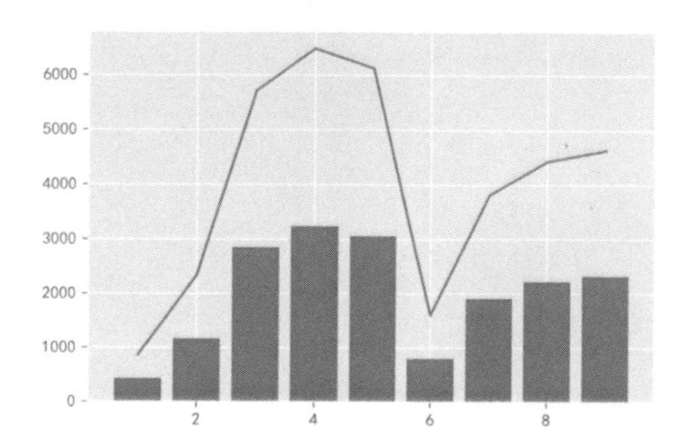

（8）grayscale 樣式如下圖所示。

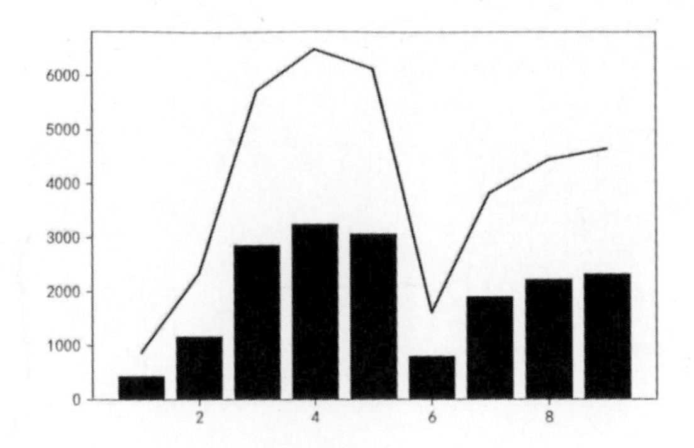

（9）seaborn-bright 樣式如下圖所示。

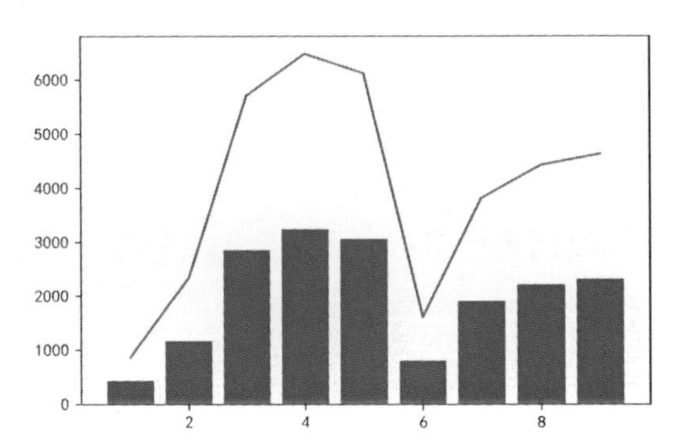

進階篇

進階篇會介紹幾個實戰案例，讓你體會一下在實務中，Python 是如何使用的。案例主要有利用 Python 實現報表自動化、自動發送電子郵件，以及不同產業的業務分析案例。此外，還會介紹 Python 的補充知識——Numpy 陣列的一些常用方法。

14 典型資料分析案例

14.1 利用 Python 實現報表自動化

一個資料分析師經常要做很多報表，報表太多的時候只顧做報表，根本沒有時間分析。但是一個資料分析師的核心價值應該是透過報表發現資料背後隱藏的資訊，而不是簡單的資料呈現。如果只是做簡單的資料呈現其實就不算是資料分析師，而是一個“製表師”。在實際工作中，我們避免不了要做一些表格製作的工作，那該怎麼辦呢？把這些固定的「表格製作」型工作寫成腳本，讓程式自己去做，這樣我們就有更多的時間去做分析了。我們把讓程式自己執行的這個過程稱為自動化。

14.1.1 為什麼要進行報表自動化

提高工作效率

前面說過，我們可以把一些「表格製作」型態的工作寫成腳本，讓程式自己去做，這樣會節省很多時間，讓我們有空去做更多有價值、有意義的工作。

減少錯誤

只要涉及手動操作就有可能出錯，比如日報需要你每天修改一下當天的日期，如果這個事情每天都需要手動完成，說不準哪天你工作不在狀態就會把它忘記。如果忘記修改，那麼資料就是錯的。但是程式是不會忘記的，你只要告訴程式每天怎麼做就可以了。透過自動化可以降低出錯的概率。

14.1.2 什麼樣的報表適合自動化

雖然自動化的好處顯而易見，但並不是所有的報表都適合自動化，對報表進行自動化時，需要綜合考慮以下幾點。

使用頻率

對於日報、週報、月報等使用頻率較高的報表，有必要進行自動化，而偶爾使用的一些報表就沒有必要進行自動化了。

開發時間

對報表進行自動化需要寫相應的腳本去實現，有的自動化實現起來比較難，寫腳本耗費的時間也可能比較長，這個時候就要衡量一下開發腳本和人工做表所耗費的時間哪個短了。

需求變更頻率

需求變更頻率就是指報表裡涉及的指標，以及展現方式的變更頻率。如果你做的報表是為了反映一個新業務的發展情況，這個時候報表的變更頻率就會比較高。因為一個新業務需要不停地嘗試不同的方向，這個時候是不適合做自動化的。但如果是相對成熟的業務，報表格式也相對固定了，就可以考慮做自動化了。

流程是否標準

因為自動化是需要讓電腦自己完成，所以製作流程應該是比較標準的，這樣有利於電腦理解每一步該做什麼。

14.1.3 如何實現報表自動化

如何實現報表自動化，其實就是把人做的事情交給電腦，你第一步做什麼、第二步做什麼，同樣也告訴電腦，只要你告訴了它，以後它就可以自動完成了，這就是自動化。

接下來我們用一個小案例給大家示範一下怎麼實現報表自動化。假設現在每天需要做一個表格（如下圖所示），這個表要包括銷售額、客流量、客單價這三個指標的本月累計、上月同期、去年同期、環比、同比這幾個數值。

	本月累計	上月同期	去年同期	環比	同比
銷售量					
客流量					
客單價					

假設你每天做報表的來源資料存放在一張訂單表裡，該表包含了從去年至今的所有訂單資料，部分資料如下圖所示。

	商品ID	類別ID	門市編號	單價	銷量	成交時間	訂單ID
0	30006206	915000003	CDNL	25.23	0.328	2018/1/1	20170103CDLG000210052759
1	30163281	914010000	CDNL	2	2	2018/1/2	20170103CDLG000210052759
2	30200518	922000000	CDNL	19.62	0.23	2018/1/3	20170103CDLG000210052759
3	29989105	922000000	CDNL	2.8	2.044	2018/1/4	20170103CDLG000210052759
4	30179558	915000100	CDNL	47.41	0.226	2018/1/5	20170103CDLG000210052759

先對程式中將會涉及的指標做以下說明：

```
#指標說明
銷售額 = 單價 * 銷量
客流量 = 訂單 ID 去重計數
客單價 = 銷售額 / 客流量
本月 = 2018 年 2 月
上月 = 2018 年 1 月
去年同期 = 2017 年 2 月
```

現在開始正式的報表製作過程，為了便於大家理解程式，所以將整個過程分成以下若干個小的步驟來實現。

匯入來源資料

直接利用 pandas 模組中的 read_csv 方法將來源資料匯入，程式如下：

```
>>>import pandas as pd
>>>from datetime import datetime
>>>data = pd.read_csv(r"C:\ACD019600\data\order-14.1.csv",
                      parse_dates = ["成交時間"])
>>>data.head() #預覽數據
>>>data.info() #查看來源資料類型
<class 'pandas.core.frame.DataFrame'>
```

```
RangeIndex: 3744 entries, 0 to 3743
Data columns (total 7 columns):
商品ID    3478 non-null float64
類別ID    3478 non-null float64
門市編號   3478 non-null object
單價      3478 non-null float64
銷量      3478 non-null float64
成交時間   3478 non-null datetime64[ns]
訂單ID    3478 non-null object
dtypes: datetime64[ns](1), float64(4), object(2)
memory usage: 204.8+ KB
```

parse_dates 參數表示將資料解析為時間格式。

計算本月相關指標

首先，根據成交時間將本月的全部資料索引出來，然後在本月訂單資料的基礎上進行運算，程式如下：

```
>>>This_month = data[(data["成交時間"] >= datetime(2018,2,1))&
                (data["成交時間"] <= datetime(2018,2,28))]
>>>sales_1 = (This_month["銷量"]*This_month["單價"]).sum()#銷售額計算
#客流量計算
>>>traffic_1 = This_month["訂單ID"].drop_duplicates().count()
>>>s_t_1 = sales_1/traffic_1#客單價計算
>>>print("本月銷售額為:{:.2f},客流量為:{},
          客單價為:{:.2f}".format(sales_1,traffic_1,s_t_1))
本月銷售額為：10412.78,客流量為:315,客單價為:31.56。
```

計算上月相關指標

上月相關指標的計算邏輯與本月相關指標的計算邏輯完全一致，只不過資料範圍是上月。首先，根據成交時間將上月的全部資料索引出來，然後在上月訂單資料的基礎上進行運算，程式如下：

```
>>>last_month = data[(data["成交時間"] >= datetime(2018,1,1))&
                (data["成交時間"] <= datetime(2018,1,31))]
>>>sales_2 = (last_month["銷量"]*last_month["單價"]).sum() #銷售額計算
#客流量計算
>>>traffic_2 = last_month["訂單ID"].drop_duplicates().count()
>>>s_t_2 = sales_2/traffic_2 #客單價計算
```

```
>>>print(" 本月銷售額為 :{:.2f}, 客流量為 :{},
          客單價為 :{:.2f}".format(sales_2,traffic_2,s_t_2))
本月銷售額為 :9940.97, 客流量為 :315, 客單價為 :31.56
```

計算去年同期相關指標

去年同期相關指標的計算邏輯與本月相關指標的計算邏輯完全一致，資料範圍換成去年同期的時間即可。首先，根據成交時間將去年同期的全部資料索引出來，然後在去年同期訂單資料的基礎上進行運算，程式如下：

```
>>>same_month = data[(data[" 成交時間 "] >= datetime(2017,2,1))&
                (data[" 成交時間 "] <= datetime(2017,2,28))]
>>>sales_3 = (same_month[" 銷量 "]*same_month[" 單價 "]).sum() # 銷售額計算
# 客流量計算
>>>traffic_3 = same_month[" 訂單 ID"].drop_duplicates().count()
>>>s_t_3 = sales_3/traffic_3# 客單價計算
>>>print(" 本月銷售額為 :{:.2f}, 客流量為 :{},
          客單價為 :{:.2f}".format(sales_3,traffic_3,s_t_3))
本月銷售額為 :8596.31, 客流量為 :262, 客單價為 :32.81
```

利用函式提高程式編寫效率

大家有沒有發現上面三個時段內相關指標的計算邏輯都一樣，唯一不同的就是在哪一部分訂單資料上進行計算。我們回想一下函式的定義，即一段可以重複利用的程式碼，因此我們可以利用函式來計算上述三個時段內的指標，如下所示：

```
>>>def get_month_data(data):
       sale = ((data[" 單價 "]*data[" 銷量 "]).sum())
       traffic = data[" 訂單 ID"].drop_duplicates().count()
       price = sale/traffic
       return (sale,traffic,price)

# 計算本月相關指標
>>>sale_1,traffic_1,s_t_1 = get_month_data(This_month)

# 計算上月相關指標
>>>sale_2,traffic_2,s_t_2 = get_month_data(last_month)

# 計算去年同期相關指標
>>>sale_3,traffic_3,s_t_3 = get_month_data(same_month)
```

將三個時段的指標進行合併，如下所示。

```
>>>report = pd.DataFrame([[sale_1,sale_2,sale_3],
                          [traffic_1,traffic_2,traffic_3],
                          [s_t_1,s_t_2,s_t_3]],
                          columns = ["本月累計","上月同期","去年同期"]
                          index = ["銷售額","客流量","客單價"])
>>>report
        本月累計     上月同期     去年同期
銷售額 10412.78     9940.97     8586.31
客流量 343.0        315.0        262.0
客單價 30.36        31.56         32.81

#添加同比和環比欄位
>>>report["環比"] = report["本月累計"]/report["上月同期"] - 1
>>>report["同比"] = report["本月累計"]/report["去年同期"] - 1
>>>report
        本月累計 上月同期    去年同期     環比         同比
銷售額  10412.78 9940.97   8596.31 0.047461  0.211308
客流量  343.0   315.0      262.0    0.088889  0.309160
客單價  30.36    31.56      32.81     -0.038046 -0.074745
```

將結果檔匯出。

```
>>>report.to_csv(r"C:\ACD019600\data\report.csv",
                 encoding = "utf-8-sig")
```

上面所有的步驟只要事先編寫好了，那麼每次當你需要這個表的時候，只要按一下執行，就會在目的檔案夾下產生一個結果檔，省去了人工計算的時間。

上面的報表看起來可能比較簡單，但不管多麼複雜的報表，實現原理都是一樣的，你只要把每一步需要幹什麼告訴電腦，那麼當你需要做的時候，按一下執行，程式就會執行出你想要的結果。

14.2 自動發送電子郵件

報表做出來以後一般都要發給別人看，對於一些每天需要發的報表或者需要發送多份的報表，可以考慮借助 Python 來自動發送郵件。

利用 Python 發送郵件時主要借助 smtplib 和 email 兩個模組，其中 smtplib 主要用來建立和斷開與伺服器連接的工作，而 email 模組主要用來設定一些與郵件本身相關的內容，比如收件人、寄件者、主題。

不同郵件的伺服器連接位址不一樣，大家根據自己使用的郵件設定相應的伺服器連接。本書以 outlook.com 為例，說明如何利用 Python 自動發送郵件。

編寫自動發送電子郵件的程式碼如下：

```
>>>import smtplib
>>>from email import encoders
>>>from email.header import Header
>>>from email.mime.multipart import MIMEMultipart
>>>from email.mime.text import MIMEText
>>>from email.utils import parseaddr, formataddr
>>>from email.mime.application import MIMEApplication

# 寄件者 email
>>>asender="this_is_demo@outlook.com"
# 收件人 email
>>>areceiver="service@gotop.com.tw"
# 副本 email
>>>acc = 'this_is_demo@outlook.com'
# 郵件主題
>>>asubject = ' 這是一份測試郵件 '

# 寄件者地址
>>>from_addr = " this_is_demo@outlook.com "
#email 密碼（請填入寄件人使用 email 的登入密碼）
>>>password="123data"

# 郵件設定
>>>msg = MIMEMultipart()
>>>msg['Subject'] = asubject
>>>msg['to'] = areceiver
>>>msg['Cc'] = acc
>>>msg['from'] =  " 你的名字 "

# 郵件正文
>>>body = " 你好，這是一份測試郵件 "

# 添加郵件正文
>>>msg.attach(MIMEText(body, 'plain', 'utf-8'))
```

```
# 添加附件
# 注意，這裡的檔案路徑是分隔線
>>>xlsxpart = MIMEApplication(open('C:/ACD019600/ 這是附件 .xlsx', 'rb').
read())
>>>xlsxpart.add_header('Content-Disposition',
                            'attachment',
                            filename=' 這是附件 .xlsx')
>>>msg.attach(xlsxpart)

# 設定郵件伺服器位址及埠
>>>smtp_server ="smtp-mail.outlook.com"
>>>server = smtplib.SMTP(smtp_server, 587)
>>>server.set_debuglevel(1)
>>>server.ehlo()
>>>server.starttls()
# 登入郵件伺服器
>>>server.login(from_addr, password)
# 發送郵件
>>>server.sendmail(from_addr,
                        areceiver.split(',')+acc.split(','),
                        msg.as_string())
# 斷開伺服器連接
>>>server.quit()
```

收到的郵件如下圖所示。

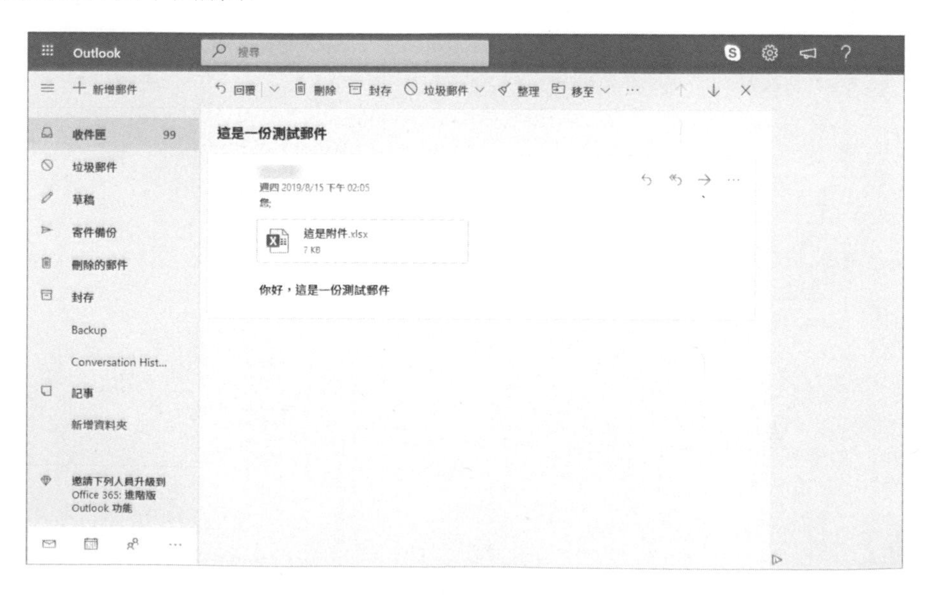

如果需要同時發送多封郵件，可以把上述郵件發送程序定義成一個函式，把收件人及其他內容產生一個清單，然後讀取這份清單，並呼叫發送郵件函式進行多封郵件的發送。

關於自動發送郵件還有很多內容，像是定時發送、正文顯示 html 內容、附件添加圖片等，大家有興趣可以進一步學習。

14.3 假如你是某連鎖超市的資料分析師

假如你是一家連鎖超市的資料分析師，以下幾個小節講的問題可能會是你經常需要關注的。資料來源如下圖所示。

	商品ID	類別ID	門市編號	單價	銷量	成交時間	訂單ID
0	30006206	915000003	CDNL	25.23	0.328	2018/1/1	20170103CDLG000210052759
1	30163281	914010000	CDNL	2	2	2018/1/2	20170103CDLG000210052759
2	30200518	922000000	CDNL	19.62	0.23	2018/1/3	20170103CDLG000210052759
3	29989105	922000000	CDNL	2.8	2.044	2018/1/4	20170103CDLG000210052759
4	30179558	915000100	CDNL	47.41	0.226	2018/1/5	20170103CDLG000210052759

執行如下程式匯入資料來源：

```
#匯入資料來源
>>> data = pd.read_csv(r"C:\ACD019600\data\order-14.3.csv",
>>>                         parse_dates = ["成交時間"])
```

14.3.1 哪些類別的商品比較暢銷

要看哪些類別的商品比較暢銷，只要將訂單表中的資料按照類別 ID 進行分組，然後對分組後的銷量求和，就會得到每一類在一段時間內的銷量。

```
>>>data.groupby("類別ID")["銷量"].sum().reset_index()
   類別ID        銷量
0  910000000    24.0
1  910010000    7.0
2  910010002    1.0
3  910010101    6.0
4  910010301    2.0
5  910010400    1.0
6  910010500    4.0
7  910020000    10.0
```

```
8   910020102    1.0
9   910020104    31.0
10  910020105    1.0
......
```

執行上面的程式得到了所有類別在一段時間內對應的銷量，我們想看銷量最好的前 10 個類別，就要先對銷量做一個降冪排列，然後取前 10 行即可。

```
>>>data.groupby(" 類別 ID")[" 銷量 "].sum().reset_index()
    .sort_values(by = " 銷量 ",ascending = False).head(10)
    類別 ID          銷量
240 922000003    425.328
239 922000002    206.424
251 923000006    190.294
216 915030104    175.059
238 922000001    121.355
367 960000000    121.000
234 920090000    111.565
249 923000002    91.847
237 922000000    86.395
247 923000000    85.845
```

14.3.2 哪些商品比較暢銷

計算哪些商品比較暢銷，其實與計算哪些類別比較暢銷的邏輯一致，上面用了資料分組，這次用樞紐分析表來計算哪些商品比較暢銷，同樣取前十名的商品。

```
>>>pd.pivot_table(data,index = " 商品 ID",values = " 銷量 ",
        aggfunc = "sum").reset_index().sort_values(by = " 銷量 ",ascending
= False).head(10)
    商品 ID          銷量
8   29989059     391.549
18  29989072     102.876
469 30022232     101.000
523 30031960     99.998
57  29989157     72.453
476 30023041     64.416
505 30026255     62.375
7   29989058     56.052
510 30027007     48.757
903 30171264     45.000
```

14.3.3 不同門市的銷售額占比

商品暢銷程度直接用銷量來表示即可，銷售額等於銷量乘單價，訂單表中沒有銷售額欄位，所以需要新增一個銷售額欄位。新增欄位以後，按照門市編號進行分組，對分組後的營業額求和運算，最後計算不同門市的銷售額占比，程式如下。

```
>>>data["銷售額"] = data["銷量"]*data["單價"]
>>>data.groupby("門市編號")["銷售額"].sum()
門市編號
CDLG      10908.82612
CDNL      8059.47867
CDXL      9981.76166
Name: 銷售額, dtype: float64
>>>data.groupby("門市編號")["銷售額"].sum()/data["銷售額"].sum()
門市編號
CDLG    0.376815
CDNL    0.278392
CDXL    0.344792
Name: 銷售額, dtype: float64
#繪製圓形圖
>>>(data.groupby("門市編號")["銷售額"].sum()/data["銷售額"].sum()).
plot.pie()
```

執行程式得到了不同門市銷售額占比的圓形圖，如下圖所示。

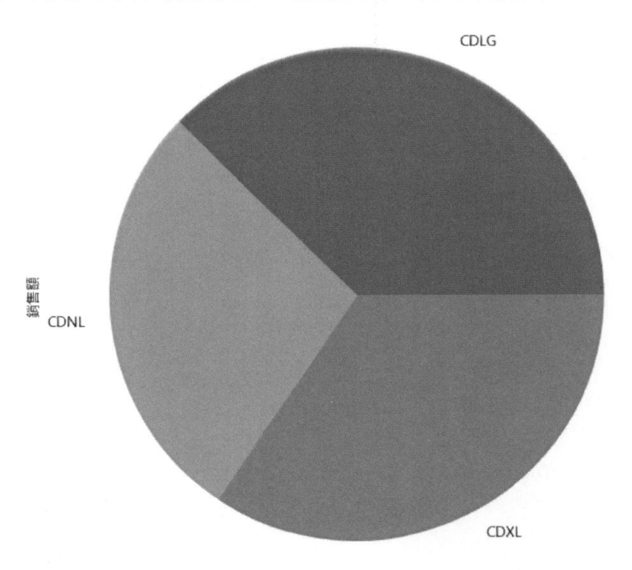

14.3.4 哪些時段是超市的客流高峰期

瞭解清楚哪些時段是超市客流的高峰期是很有必要的，可以幫助超市管理人員提前安排工作人員，幫助超市管理人員決定在什麼時段開展促銷活動。

現在我們想知道一天中什麼時段（哪幾個小時）是高峰期，要想找出高峰期的時段，需要知道每個時段對應的客流量，但是訂單表中的成交時間既有日期又有時間，我們需要從中提取出小時數。這裡依然用訂單 ID 去重計數代表客流量：

```
#利用自訂時間格式函式 strftime 提取小時數
>>>data[" 小時 "] = data[" 成交時間 "].map(lambda x:int(x.strftime("%H")))
#對小時和訂單刪除重複
>>>traffic = data[[" 小時 "," 訂單 ID"]].drop_duplicates()
#求每小時的客流量
>>>traffic.groupby(" 小時 ")[" 訂單 ID"].count()
小時
6      10
7      37
8     106
9     156
10    143
11     63
13     30
14     36
15     17
16     50
17     73
18     71
19     71
20     39
21     16
Name: 訂單 ID, dtype: int64
#繪製每小時客流量折線圖
>>>traffic.groupby(" 小時 ")[" 訂單 ID"].count().plot()
```

上述程式中之所以要對小時和訂單進行刪除重複的處理，是因為我們用的訂單表是以商品 ID 為主鍵，在一個小時內可能會出現多個相同的訂單 ID，這些訂單 ID 其實都來自同一個人，所以算作一個人。

分小時客流量折線圖如下圖所示，可以看出 8 點到 10 點是超市一天中的銷售高峰期，17 點到 19 點又有一個銷售小高峰。

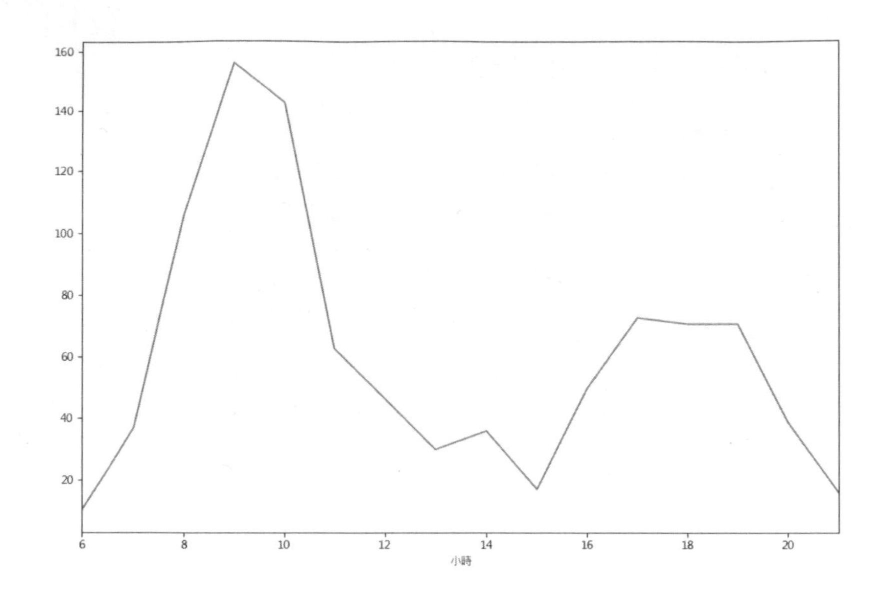

14.4 假如你是某銀行的資料分析師

假如你是任職於銀行的資料分析師，那麼壞帳率肯定是你日常需要關注的重點指標。壞帳率的高低主要會受哪些因素影響呢？現在有一份歷史借款人員明細表，透過這份歷史記錄來看一下壞帳率都會受哪些因素的影響，記錄表如下圖所示。

	用戶ID	好壞客戶	年齡	負債率	月收入	眷屬數量
0	1	1	45	0.802982	9120	2
1	2	0	40	0.121876	2600	1
2	3	0	38	0.085113	3042	0
3	4	0	30	0.03605	3300	0
4	5	0	49	0.024926	63588	0

匯入資料來源如下所示。

```
#匯入資料來源
>>>data = pd.read_csv(r"C:\ACD019600\data\loan.csv")
>>>data.info()
<class 'pandas.core.frame.DataFrame'>
RangeIndex: 150000 entries, 0 to 149999
Data columns (total 6 columns):
用戶 ID     150000 non-null int64
好壞客戶    150000 non-null int64
```

```
年齡         150000 non-null int64
負債率       150000 non-null float64
月收入       120269 non-null float64
眷屬數量      146076 non-null float64
dtypes: float64(3), int64(3)
memory usage: 6.9 MB
```

14.4.1 是不是收入越高的人壞帳率越低

按理來說收入越高的人越不缺錢，壞帳率應該越低，那麼實際情況是什麼樣的呢？我們透過資料來看一下。在借款人員明細表的基本資訊中，月收入是有缺失值的，所以在具體分析以前，我們要先做一個缺失值處理。這裡選擇用均值填充的方法，如下所示：

```
>>>data = data.fillna({"月收入":data["月收入"].mean()})
>>>data.info()
<class 'pandas.core.frame.DataFrame'>
RangeIndex: 150000 entries, 0 to 149999
Data columns (total 6 columns):
用戶 ID      150000 non-null int64
好壞客戶      150000 non-null int64
年齡         150000 non-null int64
負債率       150000 non-null float64
月收入       150000 non-null float64
眷屬數量      146076 non-null float64
dtypes: float64(3), int64(3)
memory usage: 6.9 MB
```

可以看到，月收入已經沒有缺失值，可以正式分析了。

因為月收入屬於連續值，對於連續值進行分析時，我們一般都會將連續值離散化，就是將連續值進行區間切分，分成若干類別。

```
>>>cut_bins=[0,5000,10000,15000,20000,100000]
>>>income_cut=pd.cut(data["月收入"],cut_bins)
>>>income_cut
[(5000, 10000], (0, 5000], (20000, 100000], (10000, 15000],(15000,
20000]]
Categories (5, interval[int64]): [(0, 5000] < (5000, 10000] < (10000,
15000] < (15000, 20000] < (20000, 100000]]
```

區間切分好以後就可以看每個區間內的壞帳率，壞帳率又該怎麼計算呢？壞帳率就是所有借款用戶中逾期不還用戶的占比。逾期不還使用者的好壞客戶欄位標記為 1，非逾期不還使用者的好壞客戶欄位標記為 0。壞帳率就等於好壞客戶欄位之和（壞帳客戶數）與好壞客戶欄位的計數（所有借款用戶）的比值。

```
>>>all_income_user = data[" 好壞客戶 "].groupby(income_cut).count()
>>>bad_income_user = data[" 好壞客戶 "].groupby(income_cut).sum()
>>>bad_rate = bad_income_user/all_income_user
>>>bad_rate
月收入
(0, 5000]          0.087543
(5000, 10000]      0.058308
(10000, 15000]     0.041964
(15000, 20000]     0.041811
(20000, 100000]    0.053615
Name: 好壞客戶 , dtype: float64
# 繪製月收入與壞帳率關係圖
>>>bad_rate.plot.bar()
```

如下圖所示，當月收入在 1 萬元以下時，收入越高，壞帳率越低，當月收入超過 1.5 萬元時，壞帳率又出現了上漲。所以並不完全是月收入越高，壞帳率越低，只是在一定範圍內，月收入越高壞帳率會越低。

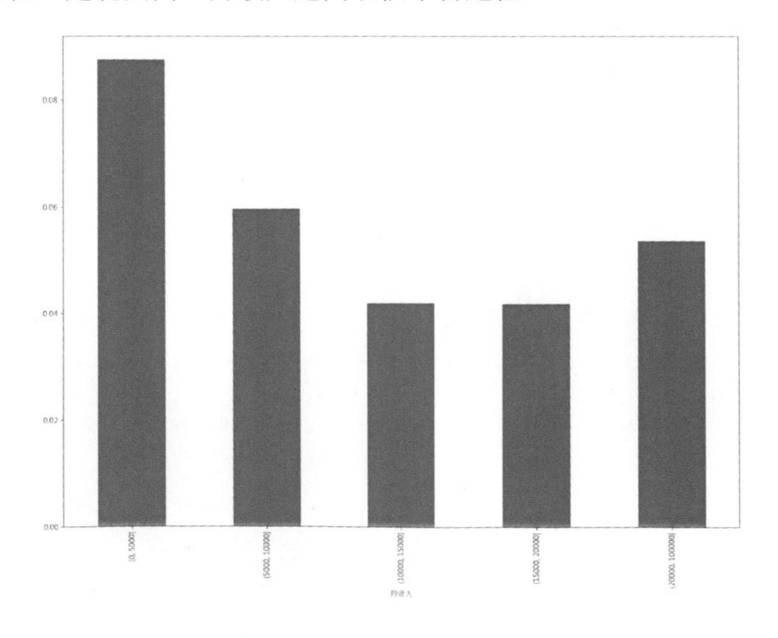

14.4.2 年齡和壞帳率有什麼關係

年齡和壞帳率有什麼關係呢？是不是年齡越大消費越理性，對信用越看重，壞帳率越低呢？

年齡也是連續值，也是用連續值離散化方式處理，程式如下：

```
>>>age_cut=pd.qcut(data[" 年齡 "],6)
>>>all_age_user = data[" 好壞客戶 "].groupby(age_cut).count()
>>>bad_age_user = data[" 好壞客戶 "].groupby(age_cut).sum()
>>>bad_rate = bad_age_user/all_age_user
年齡
(-0.001, 37.0]     0.108201
(37.0, 45.0]       0.086841
(45.0, 52.0]       0.078956
(52.0, 59.0]       0.059600
(59.0, 67.0]       0.039205
(67.0, 109.0]      0.022498
Name: 好壞客戶 , dtype: float64
# 繪製年齡與壞帳率關係圖
>>>bad_rate.plot.bar()
```

37 歲以下的人壞帳率最高，超過 37 歲的人隨著年齡的增加，壞帳率呈下降趨勢，如下圖所示。

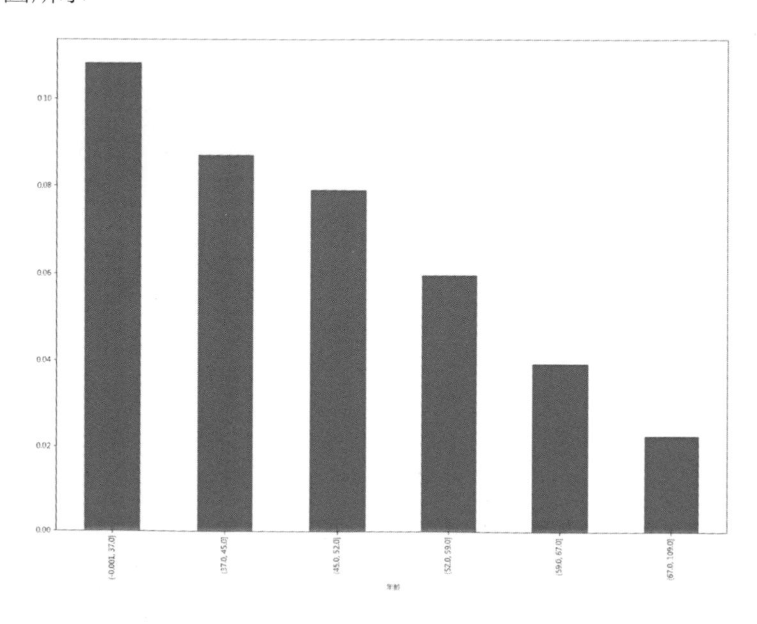

14.4.3 家庭人口數量和壞帳率有什麼關係

家庭人口數量和壞帳率有什麼關係呢？是家庭人口越多，負擔越重，壞帳率越高？還是家庭人口越多，勞動力越多，壞帳率越低呢？我們具體看一下家庭人口數量和壞帳率的關係。

雖然人口數量也是連續值，但是因為數值不是很大，所以我們就當作離散值處理，不進行區間切分。

```
>>>all_age_user = data.groupby(" 眷屬數量 ")[" 好壞客戶 "].count()
>>>bad_age_user = data.groupby(" 眷屬數量 ")[" 好壞客戶 "].sum()
>>>bad_rate = bad_age_user/all_age_user
眷屬數量
0.0      0.058629
1.0      0.073529
2.0      0.081139
3.0      0.088263
4.0      0.103774
5.0      0.091153
6.0      0.151899
7.0      0.098039
8.0      0.083333
9.0      0.000000
10.0     0.000000
13.0     0.000000
20.0     0.000000
Name: 好壞客戶 , dtype: float64
# 繪製眷屬數量與壞帳率關係圖
>>>bad_rate. plot()
```

眷屬數量與壞帳率關係如下圖所示。從下圖可知，我們的第一個猜想是對的，眷屬數量越多，負擔越重，壞帳率越高。但是當眷屬數量大於 8 人時，壞帳率反而變為 0 了，由於正常家庭人口數量不會有這麼多人，因此這部分資料可以視為異常值，刪除不看即可。

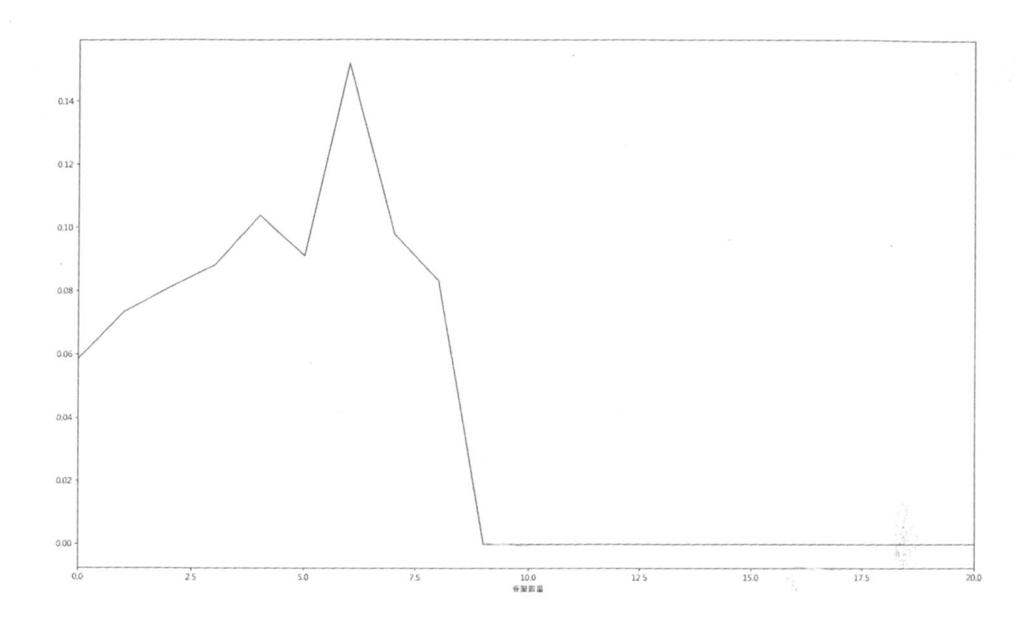
0.14
0.12
0.10
0.08
0.06
0.04
0.02
0.00
0.0
2.5
5.0
7.5
10.0
12.5
15.0
17.5
20.0

15 NumPy 陣列

Pandas 和 NumPy 有一定歷史淵源。Python 最開始被開發出來後，人們應用時有數值計算的需求，不過當時的數值主要指矩陣相關的運算，為了滿足這種需求，NumPy 問世了。但是，在實際工作中，我們的很多資料都不是以矩陣的形式存放，而是用資料庫或者 Excel 表格存放的。為了讓人們使用更加方便，所以前輩們就在 NumPy 的基礎上開發出了 Pandas。其實這兩個套件所提供的計算函式差不多，你會看到這兩個套件在實現同一功能時用的函式都是一樣的，例如，求和用的都是 sum() 函式。我們在資料分析領域用最多的還是 Pandas，所以前面關於資料分析流程中介紹的操作都是透過 Pandas 來實現。由於 Pandas 是建立在 NumPy 基礎上的，因此本章將介紹 NumPy 中比較常用的操作。

15.1 NumPy 簡介

NumPy 是針對多維陣列（Ndarray）的一個科學計算（就是各種運算）套件，這個套件封裝了多個可以用於陣列間計算的函式供你直接呼叫。

陣列是相同資料類型的元素按一定順序排列的組合，這裡需要注意的是必須是相同資料類型的，比如全是整數、全是字串或者其他。

```
array([1, 2, 3, 4, 5, 6]) #數值型陣列
array(['a', 'b', 'c', 'd', 'e', 'f'], dtype='<U1') #字元型陣列
```

15.2 NumPy 陣列的產生

要使用 NumPy，首先要有符合 NumPy 陣列的資料。不同的套件需要的資料結構是不一樣的，比如 Pandas 需要的是 DataFrame 和 Series 資料結構。

本節會介紹幾種產生陣列的方法。在 Python 中建立陣列使用的是 array() 函式，array() 函式的參數可以為任何序列型的物件（清單、元組、字串等）。

在使用 NumPy 陣列的函式或方法之前，首先要將這個套件載入進來：

```
import numpy as np
```

在一段程式中只要載入一次即可，以下關於 NumPy 中的方法，我們都假設 NumPy 已載入完成。

15.2.1 產生一般陣列

給 array() 函式傳入一個清單，直接將資料以清單的形式作為一個參數傳給 array() 函式即可。

```
>>>arr = np.array([2,4,6,8])
>>>arr
array([2, 4, 6, 8])
```

給 array() 函式傳入一個元組，直接將資料以元組的形式作為一個參數傳給 array() 函式即可。

```
>>>arr = np.array((2,4,6,8))
>>>arr
array((2, 4, 6, 8))
```

給 array() 函式傳入一個嵌套清單，直接將資料以嵌套清單的形式作為一個參數傳給 array() 函式，這個時候會產生一個多維陣列。

```
>>>arr = np.array([[1,2,3],[4,5,6]])
>>>arr
array([[1, 2, 3],
       [4, 5, 6]])
```

15.2.2 產生特殊類型陣列

產生固定範圍的亂數組

產生固定範圍的亂數組要用到 arange() 函式。

```
np.arange(start,stop,step)
```

上面的程式表示產生一個以 start 開始（包括 start 這個值），stop 結束（不包括 stop 這個值），step 為步長（步長就是數與數之間的間隔）的隨機序列，具體例子如下所示。

```
#產生一個以 1 為開始，15 為結束，3 為步長的隨機序列
>>>np.arange(1,15,3)
array([ 1,  4,  7, 10, 13])
```

當 step 參數省略不寫時，步長預設為 1：

```
#產生一個以 1 開始，15 為結束，步長預設的隨機序列
>>>np.arange(1,15)
array([ 1,  2,  3,  4,  5,  6,  7,  8,  9, 10, 11, 12, 13, 14])
```

當 start 參數省略不寫時，預設從 0 開始：

```
#產生一個以 15 為結束，步長預設為 1 的隨機序列
>>>np.arange(15)
array([ 0,  1,  2,  3,  4,  5,  6,  7,  8,  9, 10, 11, 12, 13, 14])
```

產生指定形狀全為 0 的陣列

產生指定形狀全為 0 的陣列要用到 zeros() 函式。

當給 zeros() 函式傳入一個具體的值時，會產生相應長度的一個全為 0 的一維陣列，具體例子如下所示。

```
#產生長度為 3 的 0 陣列
>>>np.zeros(3)
[0. 0. 0.]
```

當給 zeros() 函式傳入一對值時，會產生相應欄、列數的全為 0 的多維陣列。

```
# 產生 2 欄 3 列的一個陣列
>>>np.zeros((2,3))
[[0. 0. 0.]
 [0. 0. 0.]]
```

產生指定形狀全為 1 的陣列

產生指定形狀全為 1 的陣列，需要用到 ones() 函式。產生全為 1 的陣列和產生全為 0 的陣列的思路是一致的，只不過把全為 0 的陣列中的 0 全部換成 1。

當給 ones() 函式傳入一個具體值時，產生相應長度的一個全為 1 的一維陣列，具體例子如下所示。

```
# 產生長度為 3 的 1 陣列
>>>np.ones(3)
[ 1.  1.  1.]
```

當給 ones() 函式傳入一對值時，會產生相應欄列數全為 1 的多維陣列。

```
>>>np.ones((2,3))
[[ 1.  1.  1.]
 [ 1.  1.  1.]]
```

產生一個正方形單位矩陣

單位矩陣就是對角線的元素值全為 1，其餘位置的元素值全為 0，需要用到 eye() 函式。

eye() 函式需要在括弧中指明正方形邊長，具體例子如下所示。

```
# 產生一個 3×3 的單位矩陣
>>>np.eye(3)
[[1. 0. 0.]
 [0. 1. 0.]
 [0. 0. 1.]]
```

15.2.3 產生亂數組

亂數組的產生主要用到 NumPy 中的 random 模組。

np.random.rand() 方法

np.random.rand() 方法主要用於產生 (0,1) 之間的亂數組。

當給 rand() 函式傳入一個具體值時，產生一個相應長度的且值位於 (0,1) 之間的亂數組，具體例子如下所示。

```
#產生長度為 3 的位於 (0,1) 之間的亂數組
>>>np.random.rand(3)
[0.85954324 0.94129099 0.33485322]
```

當給 rand() 函式傳入一對值時，產生相應欄、列數的多維陣列，且陣列中的值介於 (0,1) 之間，具體例子如下所示。

```
#產生 2 欄 3 列值位於 (0,1) 之間的陣列
>>>np.random.rand(2,3)
[[0.76607317 0.66620877 0.2951136 ]
 [0.96297267 0.25171215 0.99923204]]
```

np.random.randn() 方法

np.random.randn() 方法用來產生滿足正態分佈的指定形狀陣列。

當給 randn() 函式傳入一個具體值時，產生一個相應長度的滿足正態分佈的亂數組，具體例子如下所示。

```
#產生長度為 3 的滿足常態分佈的亂數組
>>>np.random.randn(3)
[-0.30826271  0.38873466 -0.62074553]
```

當給 randn() 函式傳入一對值時，產生相應欄、列數的多維陣列，且陣列中的值滿足常態分佈，具體例子如下所示。

```
# 產生 2 欄 3 列的滿足常態分佈的亂數組
>>>np.random.randn(2,3)
[[2.22566558 0.97700653 0.18360011]
 [0.53133955 0.41699539 0.23905268]]
```

np.random.randint() 方法

np.random.randint() 方法與 np.arange() 方法類似，用於產生一定範圍內的亂數組。

```
np.random.randint(low,high = None,size = None)
```

上面的程式碼表示在左閉右開區間 [low,high) 產生陣列大小為 size 的均勻分佈的整數值，例子如下所示。

```
# 在區間 [1,5) 產生長度為 10 的亂數組
>>>np.random.randint(1,5,10)
[3 3 2 2 1 2 4 2 2 3]
```

有的時候 high 參數為空，這個時候取值區間就變成 [0,low)，例子如下所示。

```
# 在區間 [0,5) 上產生長度為 10 的亂數組
>>>np.random.randint(5,size=10)
[2 0 2 2 3 4 0 3 3 3]
```

參數 size 可以是一個值，這個時候產生的亂數組是一維的，參數 size 也可以是一對值，這個時候產生的亂數組就是多維的了，例子如下所示。

```
# 在區間 [0,5) 產生 2 欄 3 列的亂數組
>>>np.random.randint(5,size = (2,3))
[[4 4 3]
 [2 0 0]]
```

np.random.choice() 方法

np.random.choice() 方法主要用來從已知數組中隨機選取相應大小的陣列。

```
np.random.choice(a,size = None,replace = None,p = None)
```

上面的程式表示從陣列 a 中選取 size 大小的陣列作為一個新的陣列，a 可以是一個陣列，也可以是一個整數。當 a 是一個陣列時，表示從該陣列中隨機採樣；當 a 為整數時，表示從 range(int) 中採樣。

```
#從陣列 a 中選取 3 個值組成一個新的陣列
>>>np.random.choice(5,3)
[2 1 1]
```

當 size 是一個具體數值時，產生一維陣列；當 size 是一對值時，產生一個指定欄列的多維陣列。

```
#從陣列 a 中選取 2 欄 3 列的數值組成一個新的陣列
>>>np.random.choice(5,(2,3))
[[2 4 2]
 [0 3 2]]
```

np.random.shuffle() 方法

np.random.shuffle() 方法主要是用來將原陣列順序打亂，類似於打撲克牌中的洗牌操作。

```
>>>arr = np.arange(10)
>>>arr
[0 1 2 3 4 5 6 7 8 9] #原陣列順序
>>>np.random.shuffle(arr)
>>>arr
[2 7 1 6 3 0 5 8 4 9] #亂序後的陣列
```

15.3 NumPy 陣列的基本屬性

NumPy 陣列的基本屬性主要包括陣列的形狀、大小、類型和維數。

陣列的形狀

陣列的形狀就是指這個陣列有幾欄幾列資料，直接呼叫陣列的 shape 方法就可以看到，例子如下所示。

```
# 3 欄 3 列的陣列
>>>arr=np.array([[1,2,3],[4,5,6],[7,8,9]])
>>>arr
array([[1, 2, 3],
       [4, 5, 6],
       [7, 8, 9]])
>>>arr.shape
(3, 3)
```

陣列的大小

陣列的大小是指這個陣列中總共有多少個元素，直接呼叫陣列的 size 方法就可以看到，例子如下所示。

```
# arr 陣列共有 9 個元素
>>>arr.size
9
```

陣列的類型

陣列的類型是指構成這個陣列的元素都是什麼類型，在 NumPy 中主要有五種資料類型，如下表所示。

類型	說明
int	整型數，即整數
float	浮點數，即含有小數點
object	Python 對象類型
string_	字串類型，經常用 S 表示，S10 表示長度為 10 的字串
unicode_	固定長度的 unicode 類型，跟字串定義方式一樣，經常用 U 表示

我們要想知道某個陣列具體是什麼資料類型，呼叫陣列的 dtype 方法就可以看到。

```
# arr 陣列的類型為 int
>>>arr.dtype
int32
```

陣列的維數

陣列的維數就是指數組是幾維空間的，幾維空間就對應陣列是幾維陣列，呼叫陣列的 ndim 方法就可以看到，例子如下所示。

```
# arr 陣列為 2 維陣列
>>>arr.ndim
2
#arr1 陣列為 1 維陣列
>>>arr1 = np.array([1,2,3])
>>>arr1
array([1,2,3])
>>>arr1.ndim
1
```

15.4 NumPy 陣列的資料選取

資料選取就是透過索引的方式把想要的某些值從全部資料中抽取出來。

15.4.1 一維資料選取

一維資料選取，一維可以理解成資料就是一欄或一列資料，試想當我們要從一欄或一列資料中選取想要的某些值時，我們會怎麼選。

先新增一個一維陣列供使用：

```
>>>arr = np.arange(10)
>>>arr
array([0, 1, 2, 3, 4, 5, 6, 7, 8, 9])
```

傳入某個位置

NumPy 中的位置同樣是從 0 開始計數的。取得第 4 位的數如下所示。

```
# 取得第 4 位的數，即傳入 3
>>>arr[3]
3
```

我們想要取得末端的數值時，可以直接給陣列傳入 -1，表示取得末端最後一個數值；當給陣列傳入 -2 時，表示取得末端第二個值。也就是陣列正序從 0 開始數，倒序從 -1 開始數。

```
#取得末端最後一個數值
>>>arr[-1]
9
#取得末端倒數第二個數值
>>>arr[-2]
8
```

傳入某個位置區間

陣列中每個元素都有一個位置，如果想要取得某些連續位置的元素，則可以將這些元素對應的位置表示成一個區間，只要寫明元素開始的位置和結束的位置即可。注意，位置預設是一個左閉右開區間，即選取開始位置的元素，但不選取結束位置的元素。例子如下所示。

```
#取得位置 3 到 5 的值，不包含位置 5 的值
>>>arr[3:5]
array([3, 4])
```

當你想要選取某個位置之後的所有元素，只要指明開始位置即可。例子如下所示。

```
#取得位置 3 以後的所有元素
>>>arr[3:]
array([3, 4, 5, 6, 7, 8, 9])
```

也可以取得某個位置之前的所有元素，只需指定結束位置即可。例子如下所示。

```
#取得位置 3 之前的所有元素
>>>arr[:3]
array([0, 1, 2])
```

正序位置和倒序位置還可以混用。例子如下所示。

```
#取得從第3位到倒數第2位的元素，不包括倒數第2位
>>>arr[3:-2]
array([3, 4, 5, 6, 7])
```

傳入某個條件

給陣列傳入某個判斷條件，將傳回符合該條件的元素。例子如下所示。

```
#取得陣列中大於3的元素
>>>arr[arr > 3]
array([4, 5, 6, 7, 8, 9])
```

15.4.2 多維資料選取

多維資料就是指這個陣列是多維陣列，有多欄多列。思考一下要從多欄多列的陣列中選取想要的資料，我們該怎麼選。

建立一個多維陣列供使用：

```
>>>arr = np.array([[1,2,3],[4,5,6],[7,8,9]])
>>>arr
array([[1, 2, 3],
       [4, 5, 6],
       [7, 8, 9]])
```

取得某欄資料

要取得某欄資料，直接傳入這欄的位置，即第幾欄即可。例子如下所示。

```
#取得第2欄資料
>>>arr[1]
array([4, 5, 6])
```

取得某些欄的資料

要取得某些欄的資料，直接傳入這些欄的位置區間即可。例子如下所示。

```
#取得第2欄和第3欄的資料，包括第3欄
>>>arr[1:3]
array([[4, 5, 6],
       [7, 8, 9]])
```

同樣也可以取得某欄之前或之後的所有欄的資料。例子如下所示。

```
#取得第3欄之前的所有欄資料，不包括第3欄
>>>arr[:2]
array([[1, 2, 3],
       [4, 5, 6])
```

取得某列資料

要取得某列資料，直接在列位置處傳入這個列的位置，即第幾列即可。例子如下所示。

```
#取得第2列的資料
>>>arr[:,1]
array([2, 5, 8])
```

上列程式中，逗號之前是用來指明欄位置，逗號之後則用來指明列位置。當逗號之前是一個冒號時，表示取得所有的欄。

取得某些列的資料

要取得某些列的資料，可直接在列位置處傳入這些列的位置區間。例子如下所示。

```
#取得第1到3列的資料，不包括第3列
>>>arr[:,0:2]
array([[1, 2],
       [4, 5],
       [7, 8]])
```

同樣也可以取得某列之前或之後的所有列資料。例子如下所示。

```
#取得第3列之前的所有列，不包括第3列
>>>arr[:,:2]
array([[1, 2],
       [4, 5],
       [7, 8]])
#取得第2列之後的所有列，包括第2列
>>>arr[:,1:]
array([[2, 3],
       [5, 6],
       [8, 9]])
```

欄列同時取得

欄列同時取得時，分別在欄位置、列位置處指明要取得欄、列的位置數。例子如下所示。

```
#取得第1到2欄，第2到3列的數據
>>>arr[0:2,1:3]
array([[2, 3],
       [5, 6]])
```

15.5 NumPy 陣列的資料預處理

15.5.1 NumPy 陣列的類型轉換

我們在前面說過，不同類型的數值可以做的運算是不一樣的，所以要把我們拿到的資料轉換成我們想要的資料類型。在 NumPy 陣列中，轉換資料類型用到的方法是 astype()，在 astype 後的括弧中指明要轉換成的目標類型即可。例子如下所示。

```
>>>arr = np.arange(5)
>>>arr
[0 1 2 3 4]

#陣列 arr 的原資料類型為 int32
>>>arr.dtype
```

```
int32

#將 arr 陣列從 int 類型轉換為 float 類型
>>>arr_float = arr.astype(np.float64)
>>>arr_float
array([0., 1., 2., 3., 4.])
>>>arr_float.dtype
dtype('float64')


#將 arr 陣列從 int 類型轉換為 str 類型
>>>arr_str = arr.astype(np.string_)
>>>arr_str
array([b'0', b'1', b'2', b'3', b'4'], dtype='|S11')
>>>arr_str.dtype
dtype('S11')
```

大家對這個方法可能比較熟悉，我們在 5.4.2 裡面的 Pandas 部分也講過，那這兩個有何不同呢？這是兩個函式庫中的兩個方法，但本質上是一樣的，Pandas 中的某一列其實就是 NumPy 陣列。

15.5.2 NumPy 陣列的缺失值處理

缺失值處理分兩步，第一步先判斷是否含有缺失值，將缺失值找出來；第二步對缺失值進行填充。

查詢缺失值用到的方法是 isnan()。在判斷缺失值之前，先建立一個含有缺失值的陣列，在 NumPy 中缺失值用 np.nan 表示。

```
#建立一個含有缺失值的陣列，nan 表示缺失值
>>>arr = np.array([1,2,np.nan,4])
>>>arr
array([ 1.,  2., nan,  4.])
```

建立含有缺失值的陣列以後就可以對缺失進行判斷了。如果某一位置的值為缺失值，則該位置傳回 True，否則傳回 False。

```
# 第三位為缺失值
>>>np.isnan(arr)
array([False, False,  True, False])
```

找到缺失值以後就可以對缺失值進行填充，例如用 0 填充，方法如下所示。

```
# 用 0 填充
>>>arr[np.isnan(arr)] = 0
>>>arr
array([[1., 2., 0., 4]])
```

15.5.3 NumPy 陣列的重複值處理

重複值處理比較簡單，直接呼叫 unique() 方法即可。

```
>>>arr = np.array([1,2,3,2,1])
>>>np.unique(arr)
array([1, 2, 3])
```

15.6 NumPy 陣列重塑

所謂陣列重塑就是更改陣列的形狀，比如將原來 3 欄 4 列的陣列重塑成 4 欄 3 列的陣列。在 NumPy 中用 reshape 方法來實現陣列重塑。

15.6.1 一維陣列重塑

一維陣列重塑就是將陣列從一欄或一列陣列重塑為多欄多列的陣列。例子如下所示。

```
# 新增一個一維陣列
>>>arr = np.arange(8)
>>>arr
array([0, 1, 2, 3, 4, 5, 6, 7])
# 將陣列重塑為 2 欄 4 列的多維陣列
>>>arr.reshape(2,4)
array([[0, 1, 2, 3],
       [4, 5, 6, 7]])
# 將陣列重塑為 4 欄 2 列的多維陣列
>>>arr.reshape(4,2)
array([[0, 1],
```

```
          [2, 3],
          [4, 5],
          [6, 7]])
```

上面的一維陣列既可以轉換為 2 欄 4 列的多維陣列，也可以轉換為 4 欄 2 列的多維陣列。無論是 2 欄 4 列還是 4 欄 2 列，只要重塑後陣列中值的個數等於一維陣列中值的個數即可。

15.6.2 多維陣列重塑

多維陣列的重塑如下所示。

```
#新增一個多維陣列
>>>arr = np.array([[1,2,3,4],[5,6,7,8],[9,10,11,12]])
>>>arr
array([[ 1,  2,  3,  4],
       [ 5,  6,  7,  8],
       [ 9, 10, 11, 12]])
#將陣列重塑為 4 欄 3 列
>>>arr.reshape(4,3)
array([[ 1,  2,  3],
       [ 4,  5,  6],
       [ 7,  8,  9],
       [10, 11, 12]])
#將陣列重塑為 2 欄 6 列
>>>arr.reshape(2,6)
array([[ 1,  2,  3,  4,  5,  6],
       [ 7,  8,  9, 10, 11, 12]])
```

我們同樣可以將 3 欄 4 列的多維陣列重塑為 4 欄 3 列或者 2 欄 6 列的多維陣列，只要重塑後陣列中值的個數等於重塑前陣列中值的個數即可。

15.6.3 陣列轉置

陣列轉置就是將陣列的欄旋轉為列，用到的方法是 .T，例子如下所示。

```
>>>arr
array([[ 1,  2,  3,  4],
       [ 5,  6,  7,  8],
       [ 9, 10, 11, 12]])
>>>arr.T
array([[ 1,  5,  9],
       [ 2,  6, 10],
       [ 3,  7, 11],
       [ 4,  8, 12]])
```

15.7 NumPy 陣列合併

15.7.1 橫向合併

橫向合併就是將兩個欄數相等的陣列在欄方向上進行簡單拼接。與 DataFrame 合併不太一樣，NumPy 陣列合併不需要公共列，只是將兩個陣列簡單拼接在一起，有 concatenate、hstack、欄 _stack 三種方法可以實現。

先新增兩個陣列，用來進行合併。

```
>>>arr1 = np.array([[1,2,3],
                    [4,5,6]])
>>>arr2 = np.array([[7,8,9],
                    [10,11,12]])
```

concatenate 方法

concatenate 方法中將兩個待合併的陣列以清單的形式傳給 concatenate，並透過設定 axis 參數來指明在欄方向還是在列方向上進行合併。

```
>>>np.concatenate([arr1,arr2],axis = 1)
array([[ 1,  2,  3,  7,  8,  9],
       [ 4,  5,  6, 10, 11, 12]])
```

參數 axis = 1 表示陣列在欄方向上進行合併。

hstack 方法

hstack 方法直接將兩個待合併陣列以元組的形式傳給 hstack 即可，不需要設定 axis 參數。

```
>>>np.hstack((arr1,arr2))
array([[ 1,  2,  3,  7,  8,  9],
       [ 4,  5,  6, 10, 11, 12]])
```

欄 _stack 方法

欄 _stack 方法與 hstack 方法基本一樣，也是將兩個待合併的陣列以元組的形式傳給欄 _stack 即可。

```
>>>np. 欄 _stack((arr1,arr2))
array([[ 1,  2,  3,  7,  8,  9],
       [ 4,  5,  6, 10, 11, 12]])
```

15.7.2　縱向合併

橫向合併是將兩個欄數相等的陣列在欄的方向上進行拼接，縱向合併與橫向合併類似，它將兩個列數相等的陣列在列的方向進行拼接，有 concatenate、vstack、列 _stack 三種方法可以實現。

concatenate 方法

使用 concatenate 方法對陣列進行縱向合併時，參數 axis 的值必須為 0。

```
>>>np.concatenate([arr1,arr2],axis = 0)
array([[ 1,  2,  3],
       [ 4,  5,  6],
       [ 7,  8,  9],
       [10, 11, 12]])
```

vstack 方法

vstack 是與 hstack 相對應的方法，同樣只要將待合併的陣列以元組的形式傳給 vstack 即可。

```
>>>np.vstack((arr1,arr2))
array([[ 1,  2,  3],
       [ 4,  5,  6],
       [ 7,  8,  9],
       [10, 11, 12]])
```

列 _stack 方法

列 _stack 是與欄 _stack 相對應的方法，將兩個待合併的陣列以元組的形式傳給列 _stack 即可達到陣列縱向合併的目的。

```
>>>np. 列 _stack((arr1,arr2))
array([[ 1,  2,  3],
       [ 4,  5,  6],
       [ 7,  8,  9],
       [10, 11, 12]])
```

15.8 常用資料分析函式

15.8.1 元素級函式

元素級函式就是針對陣列中的每個元素執行相同的函式操作，主要函式及其說明如下表所示。

函數	說明
abs	求取每個元素的絕對值
sqrt	求取各個元素的平方根
square	求取各個元素的平方
exp	計算各個元素的以 e 為底的指數

函數	說明
log、log10、log2、log1p	分別計算以 e 為底、10 為底、2 為底的對數，以及 log(1+x)
modf	適用於浮點數，將小數和整數部分以獨立的陣列傳回
isnan	用來判斷是否是 NaN，傳回一個布林值

元素級函式的用法如下所示。

```
# 新增一個陣列
>>>arr = np.arange(4)
>>>arr
array([0, 1, 2, 3])
# 求取各個元素的平方
>>>np.square(arr)
array([0, 1, 4, 9], dtype=int32)
# 求取各個元素的平方根
>>>np.sqrt(arr)
array([0.        , 1.        , 1.41421356, 1.73205081])
```

15.8.2 描述統計函式

描述統計函式是對整個 NumPy 陣列或某條軸的資料進行統計運算，主要的函式及其說明如下表所示。

函數	說明
sum	對陣列中全部元素或某欄 / 列的元素求和
mean	平均值求取
std、var	分別為標準差和變異數
min、max	分別為最小值和最大值
argmin、argmax	分別為最小值和最大值對應的索引
cumsum	所有元素的累計和，結果以陣列的形式傳回
cumprod	所有元素的累計積

新增一個陣列程式如下：

```
# 新增一個陣列
>>>arr = np.array([[1,2,3],[4,5,6],[7,8,9]])
>>>arr
array([[1, 2, 3],
       [4, 5, 6],
       [7, 8, 9]])
```

以下提供幾種常用的函式範例。

求和

依次對整個陣列、陣列中的每一欄、每一列求和，程式如下所示。

```
# 對整個陣列進行求和
>>>arr.sum()
45

# 對陣列中的每一欄分別求和
>>>arr.sum(axis = 1)
array([ 6, 15, 24])


# 對陣列中的每一列分別求和
>>>arr.sum(axis = 0)
array([12, 15, 18])
```

求均值

依次對整個陣列、陣列中的每一欄、每一列求均值，程式如下所示。

```
# 對整個陣列進行求均值
>>>arr.mean()
5.0

# 對陣列中的每一欄分別求均值
>>>arr.mean(axis = 1)
array([2., 5., 8.])
```

```
# 對陣列中的每一列分別求均值
>>>arr.mean(axis = 0)
array([4., 5., 6.])
```

求最值

對整個陣列求最大值，對陣列中的每一欄分別求最小值，對陣列中的每一列分別求最大值，程式如下所示。

```
# 對整個陣列求最大值
>>>arr.max()
9

# 對陣列中的每一欄分別求最小值
>>>arr.max(axis = 1)
array([3, 6, 9])

# 對陣列中的每一列分別求最大值
>>>arr.max(axis = 0)
array([7, 8, 9])
```

15.8.3 條件函式

Numpy 陣列中的條件函式 np.where(condition,x,y) 類似於 Excel 中的 if(condition,True,False) 函式，如果條件（condition）為真則傳回 x，如果條件為假則傳回 y。條件函式的例子如下所示。

```
# 新增一個陣列用來儲存學生成績
>>>arr = np.array([56,61,65])
>>>np.where(arr>60,"及格","不及格")
# 大於 60 及格，小於 60 不及格
array(['不及格', '及格', '及格'], dtype='<U3')
# 傳回滿足條件的值對應的位置
>>>np.where(arr>60)
(array([1, 2], dtype=int64),)
```

15.8.4 集合關係

每個陣列都可以當作一個集合，集合的關係其實就是兩個陣列之間的關係，主要有包含、交集、並集、差集四種。

```
# 新增兩個陣列
>>>arr1 = np.array([1,2,3,4])
>>>arr2 = np.array([1,2,5])
```

包含

判斷陣列 arr1 中包含陣列 arr2 中的哪些值，如果包含則在對應位置傳回 True，否則傳回 False。

```
>>>np.in1d(arr1,arr2)
array([ True,  True, False, False])
```

交集

交集就是傳回兩個陣列中的相同部分。

```
>>>np.intersect1d(arr1,arr2)
array([1, 2])
```

並集

並集就是傳回兩個陣列中含有所有資料元素的一個集合。

```
>>>np.union1d(arr1,arr2)
array([1, 2, 3, 4, 5])
```

差集

差集就是傳回在 arr1 陣列中存在，但是在 arr2 陣列中不存在的元素。

```
>>>np.setdiff1d(arr1,arr2)
array([3, 4])
```

用 Excel 學 Python 資料分析

作　　者：張俊紅
企劃編輯：莊吳行世
文字編輯：王雅雯
設計裝幀：張寶莉
發 行 人：廖文良

發 行 所：碁峰資訊股份有限公司
地　　址：台北市南港區三重路 66 號 7 樓之 6
電　　話：(02)2788-2408
傳　　真：(02)8192-4433
網　　站：www.gotop.com.tw
書　　號：ACD019600
版　　次：2020 年 06 月初版
　　　　　2022 年 08 月初版九刷
建議售價：NT$450

國家圖書館出版品預行編目資料

用 Excel 學 Python 資料分析 / 張俊紅原著. -- 初版. -- 臺北市：
碁峰資訊, 2020.06
面；　公分
ISBN 978-986-502-520-5(平裝)
1.Python(電腦程式語言)
312.32P97　　109006980

讀者服務

- 感謝您購買碁峰圖書，如果您對本書的內容或表達上有不清楚的地方或其他建議，請至碁峰網站：「聯絡我們」\「圖書問題」留下您所購買之書籍及問題。(請註明購買書籍之書號及書名，以及問題頁數，以便能儘快為您處理)
http://www.gotop.com.tw

- 售後服務僅限書籍本身內容，若是軟、硬體問題，請您直接與軟體廠商聯絡。

- 若於購買書籍後發現有破損、缺頁、裝訂錯誤之問題，請直接將書寄回更換，並註明您的姓名、連絡電話及地址，將有專人與您連絡補寄商品。